# FÍSICA APLICADA À CONSTRUÇÃO
## Conforto Térmico

4ª edição revisada

Blucher

ENNIO CRUZ DA COSTA

# FÍSICA APLICADA À CONSTRUÇÃO
## Conforto Térmico

4ª edição revisada

*Física aplicada à construção*
© 1991 Ennio Cruz da Costa
4ª edição - 1991
8ª reimpressão - 2017
Editora Edgard Blücher Ltda.

**Blucher**

Rua Pedroso Alvarenga, 1245, 4º andar
04531-934 - São Paulo - SP - Brasil
Tel.: 55 11 3078-5366
**contato@blucher.com.br**
**www.blucher.com.br**



FICHA CATALOGRÁFICA

Costa, Ennio Cruz da
Física aplicada à construção: conforto térmico/
Ennio Cruz da Costa - São Paulo: Blucher, 1991.

ISBN 978-85-212-0100-7

1. Física I. Título.

08-05680 CDD-530

Índices para catálogo sistemático:
1. Física: 530

*Dedico esta obra ao Mestre e Amigo*
*Professor Dr. Ricardo Cauduro,*
*meu orientador na nobre e, ao mesmo*
*tempo, árdua tarefa de bem ensinar.*

Ennio Cruz da Costa

# CONTEÚDO

## CAPÍTULO 3
Gases



## CAPÍTULO 4
Vapores



## CAPÍTULO 5
Ar úmido



## CAPÍTULO 6
Transmissão de calor

## CAPÍTULO 7
Ventilação



## CAPÍTULO 8
Refrigeração

## CAPÍTULO 9
Calefação



## CAPÍTULO 10
Ar condicionado

# INTRODUÇÃO

Esta publicação é destinada a atender os programas da cadeira de física aplicada das faculdades de arquitetura do Brasil, onde são abordados os seguintes assuntos:

1. Noções fundamentais;
2. Gases;
3. Vapores;
4. Ar úmido;
5. Transmissão de calor;
6. Ventilação;
7. Refrigeração;
8. Calefação;
9. Ar condicionado;
10. Eletricidade;
11. Iluminação;
12. Acústica.

Os nove primeiros itens estão reunidos neste trabalho sob o nome genérico de *Conforto térmico*. A orientação geral adotada foi a de estudar apenas a matéria relacionada diretamente com o projeto e a construção propriamente dita, sem entrar em detalhes de dimensionamento de equipamentos especializados.

Todos os assuntos abordados são acompanhados de dados como por exemplo, tabelas, diagramas de cálculos, planos de projetos, etc., que cremos ter dado à obra em consideração um cunho prático que a torna um auxiliar valioso na resolução objetiva de grande número de problemas técnicos relacionados com a construção.

Assim, constam deste volume 72 tabelas, 100 figuras e 35 exemplos.

# capítulo 1

# GENERALIDADES

## 1 – *A FÍSICA E SUA CLASSIFICAÇÃO*

A física é a parte da ciência que estuda os fenômenos físicos, isto é, estuda todas as modificações que se realizam nos corpos e que não alteram a constituição íntima dos mesmos.

A classificação moderna mais adotada para a física é a que segue:

mecânica;
termologia;
óptica;
acústica;
eletrologia;
física atômica ou física nuclear;
física do estado sólido;
física relativística;
física quântica.

a. *Mecânica.* É a parte da física que estuda as leis do movimento dos corpos materiais. O estudo da mecânica pode ser aplicado a um ponto material, aos corpos sólidos ou aos fluidos, donde surgem as três designações adotadas para a mecânica:

mecânica do ponto;
mecânica dos sólidos;
mecânica dos fluidos.

A mecânica, por sua vez, divide-se em cinemática, estática e dinâmica:

a *cinemática* estuda os movimentos, independentemente de suas causas, constituindo seus conceitos fundamentais o espaço e o tempo;

a *estática* estabelece o conceito de força e estuda o equilíbrio entre as mesmas;

a *dinâmica* estuda a relação entre os movimentos e suas causas e introduz o conceito de massa.

b. *Termologia.* É a parte da física que estuda as leis que regem os fenômenos caloríficos. A termologia é usualmente dividida, para fins didáticos, em:

*termometria*, que estuda as medidas das temperaturas;

*calorimetria*, que tem como objetivo a medida das quantidades de calor;

*termodinâmica*, que estuda as transformações da energia calorífica em mecânica e vice-versa.

c. *Óptica*. É a parte da física que estuda a luz e seus efeitos.

d. *Acústica*. Tem como objetivo o estudo do som.

e. *Eletrologia*. Estuda os fenômenos elétricos e magnéticos.

f. *Física atômica ou atomística*. É a parte da física que estuda os fenômenos relacionados com as modificações que ocorrem nos núcleos dos átomos.

g. *Física do estado sólido*. Ramo bastante atual da física, que se dedica ao estudo dos fenômenos característicos das estruturas cristalinas, em particular, aos relacionados com a condução e semicondução das correntes elétricas.

h. *Física relativística*. Estuda os fenômenos que ocorrem a grandes velocidades.

i. *Física quântica*. Ramo da física que estuda os fenômenos relacionados com partículas muito pequenas que caracterizam as radiações.

As ciências aplicadas, de um modo geral, acham-se profundamente vinculadas à física, da qual recebem os conhecimentos básicos necessários ao seu aprimoramento.

Assim, diz-se que a engenharia acha-se implicitamente contida na física, da qual é o desenvolvimento.

## 2 – *GRANDEZAS FÍSICAS*

Grandeza física é qualquer ente adotado para descrever um fenômeno físico, susceptível de definição quantitativa, isto é, medição.

A entidade física mais importante dentro do campo das ciências aplicadas é a energia, pois a ela estão ligadas todas nossas percepções sensoriais.

Energia é a capacidade virtual que apresentam os sistemas materiais de produzirem trabalho mecânico (força em potência, da filosofia de Aristóteles).

Mais rigorosa é, entretanto, a definição devida a lorde Kelvin e Planck:

"Energia de um sistema material e um certo estado, referido a um estado normal escolhido convenientemente, é igual à soma algébrica dos equivalentes mecânicos de todos os efeitos exteriores ao sistema, quando ele passa de um modo qualquer do primeiro ao segundo estado."

É interessante salientar que essa capacidade, embora não possa, em grande parte dos casos, ser percebida diretamente e apresente uma natureza complexa e indeterminada, constitui algo real cuja existência pode ser comprovada com toda exatidão pelos efeitos que produz.

Supunha-se que a energia era isenta de inércia e peso, isto é, era de natureza imaterial. Tal suposição caiu, entretanto, por terra, com a descoberta de que a energia luminosa possui massa inerte (Maxwell) e, desde que recentes experiências demonstraram que a energia, de acordo com a teoria da relatividade, de Einstein, está submetida à ação dos campos gravitatórios (1919).

À conclusão mais importante já tinha, entretanto, chegado Einstein em 1905, quando, a partir de sua teoria da relatividade, estabeleceu a equação da equivalência,

$$\Delta E = \Delta M c^2,$$

a qual nos mostra ser a energia de um corpo igual ao produto de sua massa pelo quadrado da velocidade da luz:

$$c = 299\,792{,}9 \pm 8 \text{ km/s}.$$

Assim, haverá variação da massa de um corpo sempre que o mesmo sofrer uma modificação na sua quantidade de energia.

O aquecimento, as reações químicas exotérmicas, as modificações de velocidade são, portanto, fenômenos que se verificam com variações de massa, embora essas variações sejam, na realidade, inapreciáveis e ocorram sem mudança no número de corpúsculos materiais que constituem os corpos intervenientes.

A desmaterialização da matéria, ou seja, a sua transformação em energia, a qual se dá com mudança no número de corpúsculos materiais que constituem os corpos, obtida modernamente por meio de reações nucleares é outro exemplo, embora de natureza distinta, da equivalência citada.

Massa e energia são, portanto, formas diversas de um mesmo fenômeno material.

Modernamente, grandes progressos têm sido realizado nos estudos da natureza e das propriedades da matéria, sabendo-se atualmente que as diversas espécies da mesma estão constituídas de corpúsculos elementares (prôtons, nêutrons, elétrons, etc.) dotados de movimento bem determinado, com velocidades que variam desde zero até a velocidade da luz. Por outro lado, a *física quântica* (Max Planck, 1900) nos faz supor que a energia das irradiações procedentes das vibrações dos elétrons dos corpos é de natureza discreta, ou descontínua, variando de quantidades finitas, chamadas *quantos*, ou *quanta*, de energia, hipótese essa que corresponde à moderna concepção da estrutura atômica citada.

O valor de cada *quantum de energia* ($e$) depende da freqüência das vibrações e pode ser expresso por

$$e = h\lambda,$$

onde $h$ (grandeza de dimensão igual à de uma energia vezes um tempo, ou seja, o momento de uma quantidade de movimento) é o *quantum de ação*, constante universal para todos os corpos (constante de Planck), que vale, segundo experiências mais modernas $(6{,}6252 \pm 5) \cdot 10^{-27}$ erg · s.

Essa hipótese, estendida à teoria da relatividade, criou a mecânica relativista quântica (eletrodinâmica quântica), a qual permitiu grandes progressos no estudo dos problemas atômicos e deixa aberto um grande campo de pesquisa científica dentro da energética, cujos resultados, estamos certos, breve se farão sentir.

Dentro de nossos estudos, de natureza puramente técnica, a fim de facilitar a compreensão da concepção de energia sob as suas diversas formas, diremos que, de um modo geral, a grandeza física que a mesma representa é constituída do produto de dois fatores, um de capacidade ou quantidade e outro de intensidade.

Com efeito, o trabalho mecânico, ao qual todas as formas de energia por definição correspondem, como sabemos, pode ser expresso pelo produto de uma força por um deslocamento.

Assim, se a energia se expressa em unidades elétricas, o fator intensidade é o potencial elétrico e o fator de capacidade é a quantidade de eletricidade. Tratando-se da energia calorífica, conforme veremos, pode ser a mesma representada pelo produto de uma temperatura (fator intensidade) por uma entropia (fator quantidade).

Para que um corpo exerça trabalho sobre outro, aumentando a sua energia, é necessário que os fatores intensidades das energias dos mesmos sejam diversos. Dessa forma, verifica-se, na natureza, um permanente intercâmbio de energias, que, passando dos corpos que têm um fator de intensidade superior para aqueles onde o mesmo é menor, destinam nosso mundo a um nível de intensidade energética comum, equilíbrio esse que corresponde à chamada *morte do universo.*

A energia se apresenta na natureza sob múltiplas e variadas formas, sendo possível classificá-la de acordo com a sua procedência ou com os efeitos que produz. Assim, podemos assinalar a energia atômica, química, magnética, elétrica, luminosa, calorífica, mecânica, etc.

A energia mecânica, pela sua natureza singela, pode ser classificada ainda em diversas formas, por exemplo, a potencial e a cinética, correspondentes ao estado de repouso ou de movimento.

As grandezas físicas, à medida que vão aparecendo, reúnem-se em equações de definições, ou equações básicas, que nada mais são do que relações entre grandezas.

A fim de permitir a notação algébrica das relações entre as grandezas que aparecem no estudo da física, as mesmas são representadas por meio de símbolos. Os símbolos adotados neste compêndio são apresentados a seguir.

$B$ brilho;
$C$ calor específico;
$C_v$ calor específico a volume constante;
$C_p$ calor específico à pressão constante;
$C_m$ calor específico médio;
$D$ diâmetro;
$D_e$ diâmetro equivalente;
$E$ energia, iluminamento;
$F$ força, fluxo luminoso;
$G$ peso;
$G_h$ descarga, em peso por hora;
$G_s$ descarga, em peso por segundo;
$H$ entalpia;
$I$ momento de inércia; intensidade de corrente; intensidade luminosa; intensidade energética do som;

$K$ coeficiente geral de transmissão de calor
$L$ trabalho;
$M$ massa;
$M_h$ descarga, em massa por hora;
$N$ número de rotações por minuto (rpm);
$P$ perímetro; potência; permeabilidade;
$P_f$ potência frigorífica;
$P_c$ potência calorífica;
$Q$ quantidade de eletricidade; quantidade de calor;
$R$ constante específica dos gases; resistência elétrica;
$R_t$ resistência térmica;
$R_v$ resistência à passagem de vapor;
$S$ entropia; sensação auditiva; superfície;
$T$ temperatura absoluta;
$T_0$ temperatura absoluta correspondente a 0°C (273 K);
$T_s$ temperatura absoluta de saturação;
$TTS$ temperatura do termômetro seco;
$TTU$ temperatura do termômetro úmido;
$U$ diferença de potencial elétrico;
$V$ volume;
$V_h$ vazão por hora;
$V_s$ vazão por segundo;
$V_e$ vazão do ar exterior;
$V_i$ vazão do ar de insuflamento;
$V_r$ vazão do ar de retorno;
$V_m$ vazão do ar de mistura;
W potência elétrica;
$a$ aceleração; coeficiente de absorção;
$c$ velocidade absoluta;
$d$ distância;
$f$ forças;
$g$ aceleração da gravidade; componente em peso;
$h$ altura; constante de Planck;
$i$ perda de carga unitária; grau de isolamento;
$j$ perda de carga em condutos ou acessórios;
$k$ coeficiente de condutibilidade; coeficiente de Poisson;
$l$ comprimento; espessura;
$l_e$ comprimento equivalente; espessura equivalente;
$m$ peso molecular;
$mR$ constante geral dos gases;
$n$ índice de renovação do ar;
$p$ pressão absoluta;
$p_e$ pressão efetiva;
$p_a$ pressão atmosférica;
$p_0$ pressão atmosférica normal;
$p_c$ pressão cinética;
$p_s$ pressão de saturação;
$p_v$ pressão parcial de vapor dágua;
$p_{ar}$ pressão parcial do ar seco;

$q$ calor de aquecimento de um líquido;
$r$ raio; calor de vaporização; coeficiente de reflexão;
$r_h$ raio hidráulico;
$t$ temperatura centígrada; coeficiente de transmissibilidade;
$t_s$ temperatura de saturação; temperatura de saída;
$t_i$ temperatura de insuflamento;
$t_r$ temperatura de retorno;
$t_e$ temperatura de entrada; temperatura exterior;
$t_m$ temperatura do ar de mistura;
$v$ volume específico de um gás ou vapor;
$\omega$ ângulo sólido; velocidade relativa;
$x$ conteúdo de umidade do ar úmido; título de um vapor;
$\alpha$ coeficiente de condutibilidade externa; coeficiente de temperatura;
$\alpha_c$ coeficiente de película na convecção;
$\alpha_i$ coeficiente de transmissão de calor por meio de radiação;
$\beta$ coeficiente de dilatação;
$\gamma$ peso específico;
$\delta$ densidade;
$\eta$ rendimento;
$\theta$ componente volumétrico;
$\lambda$ coeficiente de atrito em condutos;
$\lambda'$ coeficiente de atrito dos acessórios dos condutos;
$\pi$ relação entre circunferência e diâmetro;
$\sigma$ volume específico de um líquido;
$\tau$ tempo;
$\varphi$ umidade relativa;
$\psi$ grau higrométrico;
$\Omega$ seção;
$\Delta t$ diferença de temperatura centígrada;
$\Delta T$ diferença de temperatura absoluta.

## 3 — *UNIDADES*

### a — *Generalidades*

A definição das grandezas físicas, tanto qualitativa como quantitativamente, é feita por meio das chamadas equações de definição, que, além de estabelecerem as dependências das grandezas entre si, permitem a sua avaliação.

Assim, dentro do campo da mecânica, a partir de três grandezas tomadas como fundamentais, podemos definir todas as demais.

Entretanto, para a avaliação das mesmas, torna-se necessário, na prática, estabelecer uma unidade de medida para cada uma delas.

A escolha das unidades de medida das grandezas fundamentais é completamente arbitrária e constitui a chamada base do sistema de unidades, enquanto que as demais ficarão automaticamente determinadas por suas respectivas equações de definições.

Teremos, assim, estabelecido um sistema completo de unidades para as diversas grandezas físicas, coerente com o sistema de equações que serviu para defini-las. A expressão convencional da maneira de formar as unidades derivadas, a partir das fundamentais, em um sistema de unidades coerente, toma o nome de fórmula dimensional.

Todas as equações físicas deverão ser dimensionalmente homogêneas.

Essas considerações nos permitem a chamada análise dimensional das equações físicas, de grande valia não só no estabelecimento da forma algébrica das equações empíricas, como na verificação da homogeneidade das equações teóricas.

### b – *Sistema internacional de unidades (MKSAGC)*

Desde 29 de agosto de 1962, de acordo com a portaria número 26 do Instituto Nacional de Pesos e Medidas, foi adotado no Brasil o sistema internacional de unidades (S.I.), homologado pela resolução número 12 da XI Conferência Geral de Pesos e Medidas (XI C.G.P.M.), realizada na França em 14 de outubro de 1960.

As unidade fundamentais do S.I. são seis e encontram-se no quadro que segue.

| Grandeza | Dimensão | Unidade | Símbolo |
|---|---|---|---|
| Comprimento | $L$ | metro | m |
| Massa | $M$ | quilograma | kg |
| Tempo | $T$ | segundo | s |
| Intensidade de corrente | $I$ | ampère | A |
| Temperatura | $\theta$ | kelvin | K |
| Intensidade luminosa | $J$ | candela | cd |

Seguem-se as definições das unidades fundamentais do S.I.

O *metro* (m) corresponde a 1 650 763,73 comprimentos de onda, no vácuo, da radiação alaranjada referente à transição entre os níveis $2p_{10}$ e $5d_5$ do átomo de criptônio 86 (Kr-86).

O *quilograma* (kg) corresponde à massa do protótipo internacional de platina iridiada conservado no Instituto Internacional de Pesos e Medidas, conforme estabeleceu a III C.G.P.M., realizada em 1901.

O *segundo* (s) corresponde a 1/31 556 925,9747 do ano trópico de 1900, janeiro, 0 a 12 horas do tempo das efemérides.

O *ampère* (A) corresponde à intensidade de corrente elétrica invariável que, mantida em dois condutores paralelos e retilíneos, de comprimentos infinitos e de área de seção transversal insignificante, situados no vácuo, a um metro de distância um do outro, produz, entre esses condutores, força igual a $2 \times 10^{-7}$ newtons por metro de comprimento dos condutores.

A *temperatura kelvin* ou *temperatura absoluta* (K) corresponde ao intervalo de temperatura unitário na escala termodinâmica de temperaturas. À temperatura do ponto tríplice da água foi atribuído o valor exato de 273,16 K, isto é, +0,01 °C ($T = t + 273,15$ °C).

A *candela* (cd) corresponde à intensidade luminosa igual à fração 1/60 da intensidade luminosa de um centímetro quadrado de superfície de um radiador integral, na temperatura de solidificação da platina (2 046,65 K).

c — *Unidades suplementares*

| | | |
|---|---|---|
| Ângulo plano | radiano | rad |
| Ângulo sólido | esterorradiano | sr |

*Radiano* é o ângulo central que subtende um arco de círculo cujo comprimento é o raio do mesmo círculo. O ângulo central de uma circunferência tem, portanto, $2\pi$ rad.

*Esterorradiano* (também chamado *esferorradiano*) é o ângulo sólido que subtende uma superfície esférica unitária a uma distância unitária. O ângulo sólido de uma esfera tem, portanto, $4\pi$ sr.

d — *Unidades derivadas mais usadas*

| Grandeza | Dimensão | Unidade | Símbolo |
|---|---|---|---|
| Superfície | $L^2$ | metro quadrado | $m^2$ |
| Volume | $L^3$ | metro cúbico | $m^3$ |
| Massa específica | $ML^{-3}$ | quilograma por metro cúbico | $kg/m^3$ |
| Freqüência | $T^{-1}$ | hertz | Hz |
| Velocidade | $LT^{-1}$ | metro por segundo | m/s |
| Velocidade angular | | radiano por segundo | rad/s |
| Aceleração | $LT^{-2}$ | metro por segundo por segundo | $m/s^2$ |
| Aceleração angular | | radiano por segundo por segundo | $rad/s^2$ |
| Vazão | $L^3T^{-1}$ | metro cúbico por segundo | $m^3/s$ |
| Fluxo (de massa) | $MT^{-1}$ | quilograma por segundo | kg/s |
| Momento de inércia | $ML^2$ | quilograma metro quadrado | $kg/m^2$ |
| Força | $MLT^{-2}$ | newton | $N = kg\ m/s^2$ |
| Momento de força | $ML^2T^{-2}$ | metro-newton | m N |
| Impulsão | $MLT^{-1}$ | newton-segundo | $N \cdot s$ |
| Pressão e tensão | $ML^{-1}T^{-2}$ | newton por metro quadrado | $N/m^2$ |
| Viscosidade dinâmica | $MT^{-1}L^{-1}$ | newton-segundo por metro quadrado | $Ns/m^2$ |
| Viscosidade cinemática | $L^2T^{-1}$ | metro quadrado por segundo | $m^2/s$ |
| Energia e trabalho | $ML^2T^{-2}$ | joule | J = Nm |
| Quantidade de calor | $ML^2T^{-2}$ | joule | J = Nm |

| Grandeza | Dimensão | Unidade | Símbolo |
|---|---|---|---|
| Potência | $ML^2T^{-3}$ | watt | W |
| Nível de intensidade sonora | | decibel | db |
| Intensidade sonora | $MT^{-3}$ | watt por metro quadrado | W/m$^2$ |
| Nível de audibilidade | | fon | fon |
| Audibilidade | | sone | sone = 40 fon |
| Quantidade de eletricidade | | coulomb | C = As |
| Diferença de potencial | | volt | V = J/C |
| Capacitância | | farad | F |
| Indutância | | henry | H |
| Resistência elétrica | | ohm | Ω = V/A |
| Resistividade | | ohm-metro | Ωm |
| Condutância | | siemens | S = A/V |
| Condutividade | | siemens por metro | S/m |
| Temperatura termodinâmica | $\theta$ | kelvin | K |
| Temperatura Celsius | $\theta$ | grau Celsius | °C |
| Calor específico | $L^2T^{-2}\theta^{-1}$ | joule por quilograma por grau Celsius | J/kg°C |
| Condutividade calorífica | $MLT^{-3}\theta^{-1}$ | watt por metro por grau Celsius | W/m°C |
| Coeficiente de transmissão de calor | $MT^{-3}\theta^{-1}$ | watt por metro quadrado por grau Celsius | W/m$^2$°C |
| Difusividade térmica | $L^2T^{-1}$ | metro quadrado por hora | m$^2$/h |
| Fluxo luminoso | | lúmen | lm |
| Iluminamento | | lux | lx |
| Luminância (brilho) | | nit | nt = cd/m$^2$ |
| Emitância luminosa | | lúmen por metro quadrado | lm/m$^2$ |
| Eficiência luminosa | | lúmen por watt | lm/W |
| Emitância energética | | watt por metro quadrado | W/m$^2$ |
| Intensidade energética | | watt por esterorradiano | W/sr |
| Luminância energética | | watt por metro quadrado por esterorradiano | W/m$^2$sr |

e – *Múltiplos e submúltiplos*

São considerados legais os múltiplos e submúltiplos decimais das unidades já apresentadas que se formarem pelo emprego dos prefixos apresentados a seguir.

| Fator pelo qual se multiplica a unidade | Prefixo que se antepõe ao nome da unidade | Símbolo que se antepõe ao da unidade |
|---|---|---|
| $10^{12}$ | tera* | T |
| $10^{9}$ | giga* | G |
| $10^{6}$ | mega | M |
| $10^{3}$ | quilo | k |
| $10^{2}$ | hecto | h |
| 10 | deca | da |
| $10^{-1}$ | deci | d |
| $10^{-2}$ | centi | c |
| $10^{-3}$ | mili | m |
| $10^{-6}$ | micro | $\mu$ |
| $10^{-9}$ | nano* | n |
| $10^{-12}$ | pico* | p |
| $10^{-15}$ | femto | f |
| $10^{-18}$ | atto | a |

f – *Outras unidades consideradas legais*

Embora seja aconselhável a avaliação de todas as grandezas físicas no sistema S.I., isso nem sempre é possível, em virtude das tradições que mantêm, tabelas de características, graduação de aparelhos, calibre de ferramentas etc., em unidades de outros sistemas.

Para contornar tais dificuldades, a portaria número 26 do Instituto Nacional de Pesos e Medidas, publicada em 4 de setembro de 1962, autorizou, ainda, o uso das unidades definidas em resolução da antiga Comissão de Metrologia, desde que tais unidades sejam derivadas de outros sistemas de unidades baseadas no sistema métrico decimal. Assim, podem ser usadas legalmente as seguintes unidades:

| Grandeza | Unidade | Símbolo | Valor no S.I. |
|---|---|---|---|
| Ângulo plano | rotação | r | $2/\pi$ rad |
| | grau | ° | $\pi/180$ rad |
| | minuto | ′ | $\pi/10\,800$ rad |
| | segundo | ″ | $\pi/648\,000$ rad |
| | milésico | | $\pi/3\,200$ rad |
| Massa | tonelada | t | 1 000 kg |
| | grama | g | 0,001 kg |
| | quilate | | 0,0002 kg |
| Tempo | dia | d | 86 400 s |
| | hora | h | 3 600 s |
| | minuto | min | 60 s |
| Volume | litro | $l \cong 1\ dm^3$ | 0,001000028 $m^3$ |
| Velocidade angular | rotação por minuto | r/min (rpm) | $\pi/30$ rad/s |

| Grandeza | Unidade | Símbolo | Valor no S.I. |
|---|---|---|---|
| Força | dina | dyn | $10^{-5}$ N |
| | grama-força | gf | 0,00980665 N |
| | quilograma-força | kgf | 9,80665 N |
| | tonelada-força | tf | 9 806,65 N |
| Pressão-tensão | bar | bar = $10^6$ dyn/cm$^2$ | $10^5$ N/m$^2$ |
| | microbar (bária) | $\mu$bar | 0,1 N/m$^2$ |
| | atmosfera | atm | 101 325 N/m$^2$ |
| | milímetro de Hg | mm Hg | 133,3 N/m$^2$ |
| | quilogrâmetro por centímetro quadrado | kgf/cm$^2$ | 98 066,5 N/m$^2$ |
| Viscosidade dinâmica | *poise* | p | $10^{-3}$ Ns/m$^2$ |
| Viscosidade cinemática | *stokes* | st | $10^{-4}$ m$^2$/s |
| Energia, trabalho e quantidade de calor | erg | | $10^{-7}$ J |
| | watt-hora | Wh | 3 600 J |
| | volt-ampère-hora | VAh | 3 600 J |
| | quilogrâmetro | kgfm | 9,80665 J |
| | caloria | cal | 4,1868 J |
| | quilocaloria | kcal = 1,163 Wh | 4 186,8 J |
| | frigoria | fg | 4 186,8 J |
| | elétron-volt | eV | $1{,}602 \cdot 10^{-19}$ J |
| Potência | cavalo-vapor | cv = 75 kgfm/s | 735,5 W |
| Calor específico | caloria por grama por grau Celsius | cal/g°C | 4 186,8 J/kg°C |
| Condutividade calorífica | quilocaloria por metro por hora por grau Celsius | kcal/m h°C | 1,163 W/m°C |
| Coeficiente de transmissão de calor | quilocaloria por metro quadrado por hora por grau Celsius | kcal/m$^2$ h°C | 1,163 W/m$^2$°C |
| Luminância (brilho) | stilb | sb | $10^{-4}$ cd/m |
| | apostilb | asb | $1/\pi$ cd/m |
| | lambert | | $1/\pi \times 10^4$ cd/m |

Na engenharia, adota-se usualmente o sistema técnico de unidades (MKfS), cujas unidades fundamentais são o metro, o segundo e o quilograma-força (kgf).

O quilograma-força é definido como a força com que é atraído para o centro da Terra o quilograma-massa, quando sujeito à atração da gravidade normal (9,80665 m/s$^2$).

Em nosso estudo, como não poderia deixar de ser, ao se tratar de matéria essencialmente técnica, adotaremos as unidades legais coerentes com o sistema técnico de equações de definição.

Com esse proceder, as grandezas força, pressão, energia e potência terão as unidades adotadas atualmente nos aparelhos industriais.

Por outro lado, como por definição, o peso de um corpo dado em kgf é igual a sua massa dada em kg, todas as grandezas extensivas específicas, isto é, aquelas grandezas que, por serem diretamente proporcionais à massa ou ao peso do sistema, são relacionadas à unidade de massa ou de peso do mesmo, terão a mesma medida.

Tal é o caso da massa específica que tem o mesmo valor que o peso específico e do volume específico que tem a mesma medida seja avaliada em m$^3$ por kg de massa ou de peso.

Quanto à unidade de massa em si, pode a mesma ser prescindida, bastando para isso substituir a grandeza massa nas equações de definição de que faz parte pela relação

$$M = \frac{G}{g} = \frac{G}{9{,}80665 \text{ m/s}^2},$$

o mesmo acontecendo com a massa específica:

$$\delta = \frac{\gamma}{g}.$$

g – *Sistemas de unidades inglesas*

O principal sistema de unidades dos países de língua inglesa é o gravitacional FPS (libra-força, pé, segundo), embora seja usado também o sistema inglês absoluto, que adota como unidade fundamental a libra-massa.

Para facilitar a transformação de unidades das grandezas dadas no sistema inglês para o sistema S.I., elaboramos a tabela que segue.

| Unidade | Nome inglês | Símbolo | Valor no S.I. |
|---|---|---|---|
| Jarda | *yard* | yd | 0,914 m |
| Pé | *foot* | ft | 0,3048 m |
| Polegada | *inch* | in | 0,0254 m |
| Milha | *mile* | mi | 1 609 m |
| Milha marítima | *nautical mile* | n.mi | 1 852 m |
| Jarda quadrada | *square yard* | yd$^2$ | 0,836127 m$^2$ |
| Pé quadrado | *square foot* | ft$^2$ | 0,0929 m$^2$ |
| Polegada quadrada | *square inch* | in$^2$ | $6{,}45 \cdot 10^{-4}$ m$^2$ |
| Acre | *acre* | | $4{,}047 \cdot 10^3$ m$^2$ |
| Jarda cúbica | *cubic yard* | yd$^3$ | 0,765 m$^3$ |
| Pé cúbico | *cubic foot* | ft$^3$ | $2{,}38 \cdot 10^{-2}$ m$^3$ |
| Polegada cúbica | *cubic inch* | in$^3$ | $1{,}639 \cdot 10^{-5}$ m$^3$ |
| Galão americano | *USA gallon* | gal | $3{,}785 \cdot 10^{-3}$ m$^3$ |
| Galão inglês | *Imperial gallon* | | $4{,}5459 \cdot 10^{-3}$ m$^3$ |
| Barril | *USA barril* | | 0,159 m$^3$ |
| Onça fluida | *fluid ounce* | | $2{,}84123 \cdot 10^{-5}$ m$^3$ |

| Unidade | Nome inglês | Símbolo | Valor no S.I. |
|---|---|---|---|
| Nó | *knot* | n.mile/h | 0,515 m/s |
| Pé por segundo | | f/s | 0,3048 m/s |
| Milha por hora | | mi/h | 0,44704 m/s |
| Libra-massa | *pound avoir dupois* | lb | 0,4539237 kg |
| Grad | *grain* | gr | $6{,}479891 \cdot 10^{-5}$ kg |
| Onça | *ounce avoir dupois* | oz | $2{,}83495 \cdot 10^{-2}$ kg |
| Onça | *ounce troy* | | $3{,}11035 \cdot 10^{-2}$ kg |
| Tonelada longa | *USA long ton* | | 1 016 kg |
| Tonelada curta | *USA short ton* | | 907 kg |
| | *slug* | 32,174 lb | 14,604 kg |
| Libra-força | *pound-force* | lbf | 4,44822 N |
| | | | 0,4539237 kgf |
| | *poundal* | lb ft/s$^2$ | 0,13847 N |
| | | | 0,01412 kgf |
| Libra por pé cúbico | | lb/ft$^3$ | 16,0185 kg/m$^3$ |
| Pé cúbico por minuto | *c.f.m.* | ft$^3$/min | $4{,}72 \cdot 10^{-4}$ m$^3$/s |
| Libra por polegada quadrada | | lbf/in$^2$ | 6 894,76 N/m$^2$ |
| | | | 0,070307 kgf/cm$^2$ |
| Polegada de Hg | | in Hg | 3 386,39 N/m$^2$ |
| | | | 0,034532 kgf/cm$^2$ |
| Libra-pé | *foot pound* | lbf ft | 1 356 J |
| | | | 0,138255 kgfm |
| Btu | *British thermal unit* | Btu | 1 055,06 J |
| | | | 0,251996 kcal |
| Btu por libra | | Btu/lb | 2 327 J/kg |
| | | | 0,555 kcal/kg |
| Btu por hora-pé quadrado-°F | | Btu/ft$^2$ °F h | 5,68 W/m$^2$°C |
| | | | 4,8818 kcal/m$^2$ h°C |
| Btu-polegada por hora-pé quadrado-°F | | (Btu in) | 0,1442 W/m °C |
| | | (ft$^2$ °F h) | 0,124 kcal/mh °C |
| Cavalo vapor inglês | *Horse power* | HP | 746 W |
| | | 550 lb ft/s | 76,06 kgfm/s |
| | | | 1,014 cv |
| Grau Rankine | | °R | 5/9 K |
| Grau Fahrenheit $T$°R = $= t$ °F + 460 | | °F | 5/9 °C |

h – *Valores das constantes físicas mais importantes no S.I.*

*Constante da lei de Newton*:

$$F = k \frac{M_1 M_2}{d^2};$$

$$k = 6{,}670 \times 10^{-11} \frac{\text{Nm}^2}{\text{kg}^2} = 0{,}679 \times 10^{-11} \frac{\text{kgfm}^2}{\text{kg}^2}.$$

*Constante universal dos gases*:

$$mR = 8\,314{,}34 \frac{\mathrm{J}}{\mathrm{kmol\,K}} = 848 \frac{\mathrm{kgfm}}{\mathrm{kmol\,K}}\cdot$$

*Volume de uma molécula-quilograma de gás perfeito nas condições normais*:

$$V_m = 22{,}414\,\mathrm{m}^3.$$

*Número de Avogadro*:

$$N_0 = 6{,}0225 \times 10^{26}/\mathrm{kmol}.$$

*Atmosfera física normal*:

$$\mathrm{Atm} = 101\,325 \frac{\mathrm{N}}{\mathrm{m}^2} = 10\,332{,}3 \frac{\mathrm{kgf}}{\mathrm{m}^2}\cdot$$

*Constante de Boltzmann*:

$$k = mR/N_0 = 1{,}3805 \times 10^{-23}\,\mathrm{J/K} = 3{,}298 \times 10^{-27}\,\mathrm{kcal/K}.$$

*Constante de Planck*:

$$h = 6{,}62559 \times 10^{-34}\,\mathrm{Js} = 1{,}581 \times 10^{-37}\,\mathrm{kcal/s}.$$

*Constante de Wien*:

$$2{,}8978 \times 10^{-3}\,\mathrm{m\,K}.$$

*Constante da lei de Stefan Boltzmann*:

$$\sigma = 5{,}76 \times 10^{-8} \frac{\mathrm{W}}{\mathrm{m^2\,K^4}}, \quad \text{ou} \quad 4{,}96 \times 10^{-8} \frac{\mathrm{kcal}}{\mathrm{hm^2\,K^4}}\cdot$$

*Velocidade da luz no vácuo*:

$$c = 2{,}99793 \times 10^8\,\mathrm{m/s}.$$

## 4 – *PRINCÍPIOS FUNDAMENTAIS DA FÍSICA*

Baseando-se em observações de fenômenos naturais ou experimentais, a física estabelece leis de comportamento mais ou menos gerais que tomam o nome de princípios básicos (verdades axiomáticas que não permitem demonstração direta, embora possam ser verificadas experimentalmente). Assim, podemos citar:

a) o princípio da ação e reação, segundo o qual durante o equilíbrio a toda ação, corresponde uma reação igual e oposta à ação,

$$F = R;$$

b) o princípio fundamental da dinâmica, segundo o qual a força aplicada a um corpo em movimento é igual ao produto de sua massa pela aceleração ocasionada,

$$F = m \cdot a = m \frac{dc}{d\tau};$$

c) o princípio das quantidades de movimento, que resulta do anterior, isto é, a impulsão é igual à quantidade de movimento,

$$F \cdot d\tau = m \cdot dc;$$

d) o princípio das forças vivas, o qual nos mostra que a energia de um corpo em movimento é igual ao semiproduto de sua massa pelo quadrado de sua velocidade,

$$dE = F \cdot dl = m \cdot a \cdot c \cdot d\tau = m \frac{dc}{d\tau} c \cdot d\tau,$$

$$dE = m \cdot c \cdot dc = m \cdot d \left(\frac{c^2}{2}\right) = d \left(\frac{mc^2}{2}\right);$$

e) o princípio da conservação da energia, segundo o qual a energia não se perde nem se ganha, podendo apenas variar de forma. Assim, para um sistema em movimento, onde tanto a energia potencial (devido à posição ocupada no espaço) como a energia cinética (devido ao movimento) podem variar, podemos fazer

$$mgh + m \frac{c^2}{2} = \text{constante}.$$

Ou, ainda, tratando-se de um fluido em escoamento, o qual apresenta, ainda, a energia devido à pressão da massa fluida,

$$pV = p \frac{m}{\delta};$$

$$p \frac{m}{\delta} + mgh + m \frac{c^2}{2} = \text{constante},$$

onde, dividindo-se por $mg$ e fazendo-se $\delta g = \gamma$,

$$\frac{p}{\gamma} + h + \frac{c^2}{2g} = \text{constante},$$

$$p + h\gamma + \frac{c^2}{2g} \gamma = \text{constante},$$

equações das alturas e das pressões, conhecidas na mecânica dos fluidos como equações de Bernoulli.

# capítulo 2

# NOÇÕES SOBRE TERMODINÂMICA

## 1 – *DEFINIÇÃO*

A termodinâmica, ou teoria mecânica do calor, como diz o próprio nome, é a ciência que se ocupa das relações entre os fenômenos térmicos e os fenômenos mecânicos.

Sob um aspecto mais geral, podemos dizer que a termodinâmica é a ciência que estuda a energia calorífica e suas transformações.

## 2 – *SISTEMA E MEIO EXTERNO*

Sistema é toda quantidade definida de matéria, objeto de investigação especial, que consideramos isolada (por uma superfície real ou imaginária) do resto do universo, o qual designamos usualmente por *meio externo.*

## 3 – *FASE*

Fase é qualquer porção homogênea e fisicamente distinta de um sistema.

Um sistema constituído por uma única fase é dito *homogêneo* e, quando de diversas fases, de *heterogêneo.* Num sistema heterogêneo, pode dar-se a passagem de substâncias entre as fases em contato.

## 4 – *COMPONENTES*

Componentes de um sistema são as substâncias ou espécies químicas que participam da composição do mesmo.

Os componentes que mais interessam aos nossos estudos são os fluidos.

## 5 – *FLUIDOS*

Fluidos são corpos que não apresentam estabilidade de formas. Os fluidos podem ser classificados em *elásticos*, ou *compressíveis*, (gases e vapores) e *não-elásticos*, ou *incompressíveis*, (líquidos).

### a – *Gases*

Chamam-se gases os fluidos elásticos que, à temperatura ordinária, mesmo quando sujeitos a fortes pressões, não podem ser total ou parcialmente reduzidos ao estado líquido.

b – *Vapores*

Chamam-se vapores os fluidos elásticos que, à temperatura ordinária, podem ser reduzidos total ou parcialmente ao estado líquido.

Convém, entretanto, ressaltar que essa classificação é apenas convencional, pois, do ponto de vista da termodinâmica, um gás pode comportar-se como um vapor, bastando para isso que as condições a que esteja sujeito o aproximem do estado líquido, o mesmo acontecendo com os vapores que, ao serem bastante aquecidos (superaquecidos), afastam-se tanto das condições necessárias para voltarem ao estado líquido que se comportam como gases.

## 6 – *ESTADO DE UM SISTEMA*

As condições a que está sujeito um sistema determinam para o mesmo uma posição de equilíbrio, estável ou não, a qual denominamos usualmente de estado do sistema considerado.

A fim de que um sistema esteja em equilíbrio e, portanto, assuma um estado termodinâmico definido, é necessário que o mesmo não apresente reações químicas, nem variações de temperatura e de pressão. Isto é, o equilíbrio termodinâmico implica três espécies de equilíbrio: o químico, o térmico e o mecânico.

## 7 – *GRANDEZAS DE ESTADO*

O estado de um sistema, sob o ponto de vista termodinâmico, fica, de um modo geral, caracterizado pelas chamadas variáveis (arbitrárias ou funções) de estado.

Essas variáveis que, por si só, determinam os equilíbrios mencionados são propriedades inerentes ao próprio sistema e tomam o nome de propriedades ou coordenadas termodinâmicas.

Como grandezas de estado já conhecidas, podemos citar a pressão, a temperatura e o volume.

a – *Pressão* ($p$)

A pressão é, por definição, a força suportada normalmente por unidade de superfície, tendo, portanto, para expressão algébrica

$$p = \frac{F}{S},$$

e, equação dimensional: $ML^{-1}T^{-2}$.

A unidade de medida adotada para a pressão é o kgf/m$^2$, que corresponde à pressão hidrostática de uma coluna dágua de 1 mm de altura.

Devemos distinguir a pressão efetiva e a pressão absoluta. A pressão efetiva é a produzida acima da já existente atmosférica; pressão absoluta é igual à pressão efetiva adicionada da pressão atmosférica:

$$p = p_e + p_a.$$

A pressão atmosférica normal vale

$$10\,332\,\frac{kgf}{m^2} = 10\,332\,mmH_2O = 760\,mmHg.$$

Nas equações termodinâmicas aparece sempre a pressão absoluta, que é a pressão total realmente suportada pelo sistema.

As pressões são facilmente avaliadas, na prática, por meio de aparelhos que tomam o nome de manômetros.

Para medidas industriais de pressões elevadas, adotam-se comumente manômetros metálicos, enquanto que, para as pequenas, é usual o emprego de manômetros de coluna de água ou de mercúrio.

b – *Temperatura* ($t$)

A temperatura é o conceito físico que nos permite medir o estado térmico de um sistema, estabelecendo a sua maior ou menor capacidade de transmitir calor, ou, ainda, de acordo com a teoria cinética, a energia cinética média de suas moléculas.

A avaliação da temperatura não pode ser feita como se mede usualmente uma grandeza, mas sim por meio de um dos fenômenos que ela produz: a dilatação. Para isso, adotam-se as chamadas escalas termométricas, das quais as mais importantes são:

a de Celsius, ou centígrada;
a de Reaumur;
a de Fahrenheit.

A escala centígrada é dividida em 100 partes e tem como limites de referência as temperaturas correspondentes ao gelo fundente e ao vapor dágua à pressão atmosférica normal.

A escala de Reaumur tem os mesmos limites de referência e é dividida em 80 partes.

A escala de Fahrenheit tem como limites de referências as temperaturas correspondentes a uma mistura refrigerante ($NaCl + CaCl_2$ + gelo) e ao vapor dágua à pressão atmosférica normal; é dividida em 212 partes.

A temperatura do gelo fundente (0 °C) corresponde nessa escala a 32 °F, de modo que, chamando de $t$ °C, $t$ °R, e $t$ °F, respectivamente as temperaturas correspondentes às escalas Celsius, Reaumur e Fahrenheit, podemos estabelecer as relações (Fig. 2-1).

$$\frac{t\,°C - 0}{100 - 0} = \frac{t\,°R - 0}{80 - 0} = \frac{t\,°F - 32}{212 - 32},$$

isto é

$$\frac{t\,°C}{100} = \frac{t\,°R}{80} = \frac{t\,°F - 32}{180},$$

ou, ainda,

$$4\,°R = 5\,°C = 9\,°F.$$

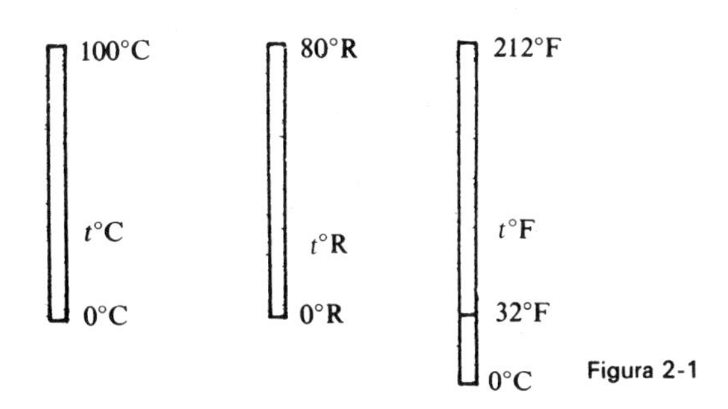

Figura 2-1

Estudos levados a efeito a respeito do ciclo de rendimento máximo das máquinas térmicas, por Sadi Carnot, permitiu a William Thomson (lorde Kelwin) estabelecer uma nova escala de temperaturas $T$ independente da substância termométrica, a qual tomou o nome de *escala absoluta*, ou ainda, *escala termodinâmica* de temperaturas. A escala absoluta mantém com a escala centígrada a seguinte relação:

$$T\,\text{K} = t\,°\text{C} + 273{,}15.$$

c – *Volume* $(V)$

O volume é medido em $m^3$, que é a unidade correspondente do sistema técnico. Como, entretanto, as equações termodinâmicas são sempre referidas à unidade de peso do sistema, adota-se, para efeito de cálculo, o volume específico $v$ dado em $m^3/kgf$.

O inverso do volume específico é o peso específico $\gamma$ dado em $kgf/m^3$.

Assim, chamando de $G$ o peso do sistema, podemos escrever:

$$v = \frac{V}{G} = \frac{l}{\gamma}\cdot$$

As grandezas do estado podem ser classificadas em *extensivas* e *intensivas*.

As grandezas *intensivas* dependem unicamente do estado do sistema, enquanto as extensivas dependem não só do estado do sistema, mas também de sua massa.

Assim, a temperatura e a pressão são *intensivas*, enquanto que o volume é uma grandeza de estado extensiva.

Quando as grandezas *extensivas* são referidas à unidade de massa, ou de peso do sistema, tomam o nome de específicas. Assim, o volume da unidade de peso (volume específico) é uma grandeza *específica*.

As grandezas *específicas*, assim como as grandezas *intensivas*, só dependem do estado do sistema, podendo, portanto, ser classificadas entre estas últimas.

## 8 – *EQUAÇÃO DE ESTADO*

O estado de um sistema homogêneo pode ser definido, conhecida que seja a sua composição (equilíbrio químico), por duas das três grandezas de estado estudadas: $p$, $t$ e $v$.

De fato, essas três grandezas, conforme veremos com detalhe, não são independentes entre si, isto é, elas verificam, para qualquer estado, uma equação do tipo

$$F(p, v, t) = 0,$$

característica para cada sistema, que toma o nome de equação geral dos estados físicos do sistema considerado.

Em vista dessa dependência, conhecidas duas dessas grandezas, podemos determinar a terceira, isto é, o estado de um sistema homogêneo de composição química definida pode ser caracterizado por apenas duas das três grandezas de estado citadas (equilíbrio, térmico e mecânico).

## 9 – *COEFICIENTES TÉRMICOS CARACTERÍSTICOS*

Conforme vimos, o estado de um sistema homogêneo e de composição química definida, depende apenas de duas das variáveis de estado $p$, $t$ e $v$. Isto é, o valor de cada uma dessas variáveis depende do valor atribuído às outras duas (equação de estado). Se fixarmos uma dessas grandezas, qualquer uma das outras será função unicamente da terceira.

Podemos, assim, definir uma série de coeficientes que nos permitem caracterizar essas variações.

a – *Coeficiente de dilatação*

É a relação, à pressão constante, entre a variação de volume e a variação de temperatura sofrida por unidade de volume do sistema considerado, isto é,

$$\beta = \frac{1}{V}\left(\frac{\partial V}{\partial t}\right)_p = \frac{1}{v}\left(\frac{\partial v}{\partial t}\right)_p.$$

b – *Coeficiente de tensão, ou piezotérmico*

É a relação, a volume constante, entre a variação de pressão e a variação de temperatura sofrida por unidade de pressão do sistema considerado, isto é,

$$\alpha = \frac{1}{p}\left(\frac{\partial p}{\partial t}\right)_v.$$

c – *Coeficiente de compressibilidade*

É a relação, a temperatura constante, entre a variação de volume e a variação de pressão sofrida por unidade de volume do sistema considerado, isto é,

$$\alpha' = -\frac{1}{V}\left(\frac{\partial V}{\partial p}\right)_t = -\frac{1}{v}\left(\frac{\partial v}{\partial p}\right)_t.$$

## 10 – *TRANSFORMAÇÕES*

Dá-se o nome de transformação de um sistema a toda e qualquer mudança de estado termodinâmico sofrida pelo mesmo.

Assim, dizemos que um sistema sofre uma transformação quando o mesmo apresenta uma variação na sua composição (transformação química), temperatura, pressão ou volume (transformação física).

## 11 – *CAPACIDADE TÉRMICA – CALOR ESPECÍFICO*

Capacidade térmica de um sistema é a grandeza extensiva que expressa a quantidade de calor necessária para aumentar 1 °C a temperatura do mesmo.

A capacidade térmica depende da massa do sistema. A capacidade térmica referida à unidade de peso do sistema é uma grandeza específica que toma o nome de *calor específico C*.

O calor específico, ou capacidade térmica específica, tem para unidade técnica

$$\frac{\text{kcal}}{\text{kgf °C}}.$$

O calor específico não é constante durante o aquecimento de um sistema. De um modo geral, $C$ pode ser considerado como uma função linear da temperatura, de modo que o calor específico verdadeiro para uma temperatura qualquer será dado por

$$C = at + b.$$

Ao variar a temperatura de um sistema, o mesmo sofre variações de estado, efetuando uma transformação qualquer.

A relação entre a quantidade de calor que entra em jogo durante a transformação e a variação de temperatura sofrida pelo sistema durante a mesma é o calor específico do sistema correspondente à transformação considerada.

Podemos, assim, conceber uma série de calores específicos de transformações.

Na prática, são particularmente importantes:

*o calor específico a volume constante,*

$$C_v,$$

que é o calor despendido por kgf de fluido para elevar a temperatura do mesmo 1 °C, conservando-se constante o seu volume;

*o calor específico à pressão constante,*

$$C_p,$$

que é (o calor) despendido por kgf de fluido para elevar a temperatura do mesmo 1 °C, conservando-se constante a sua pressão.

A quantidade de calor despendida no segundo caso, como veremos, é maior do que no primeiro, pois, além de elevarmos a temperatura do fluido, efetuamos uma expansão do mesmo, a qual consome energia, pois realiza o trabalho de vencer a pressão exterior.

## 12 – *REPRESENTAÇÃO GRÁFICA*

Como o estado termodinâmico de um sistema fica definido por duas de suas grandezas de estado, podemos representá-lo graficamente num plano de três maneiras distintas, tomando como coordenadas, duas a duas, as três grandezas de estado até agora estudadas.

A representação mais usada é a de Clapeyron, que adota como ordenadas as pressões e como abscissas os volumes.

Como uma transformação é a passagem de um sistema por uma série de estados diferentes, a representação gráfica da mesma será a linha que une os pontos representativos dos diversos estados apresentados pelo mesmo (Fig. 2-2).

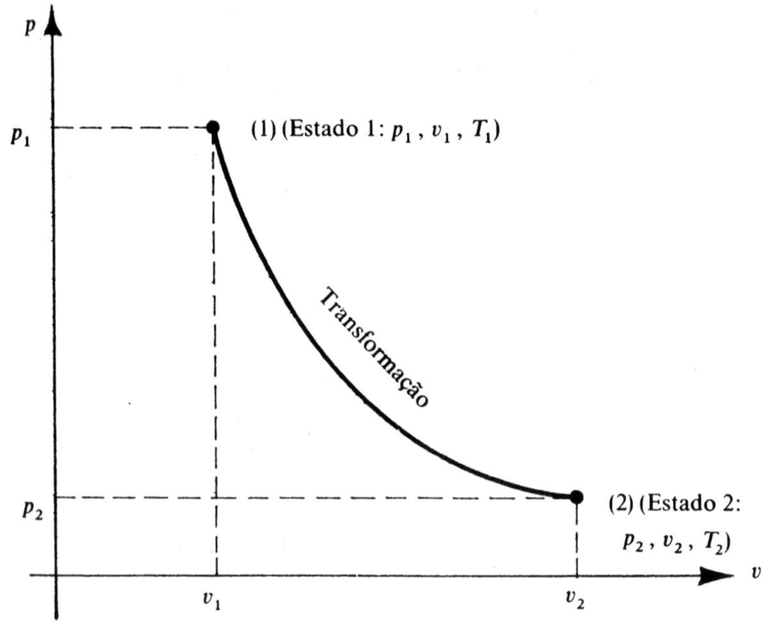


Figura 2-2

## 13 – *PRINCÍPIOS DA TERMODINÂMICA*

O estudo termodinâmico das transformações apresentadas pelos sistemas em geral baseia-se numa série de princípios fundamentais que, em número de três, recebem o nome de *princípios da termodinâmica.*

a) O primeiro princípio da termodinâmica estabelece que:

Quando um sistema sofre uma série de transformações, de tal forma que o estado final é igual ao inicial, há uma equivalência entre o calor $Q$ que entra em jogo e o trabalho mecânico realizado pelo mesmo $L$,

$$Q = AL.$$

A relação da equivalência entre calor e trabalho dada pelo valor invariável *A* recebe o nome de *equivalente calorífico do trabalho mecânico*, e foi determinada experimentalmente (Joule, 1843),

$$1 \text{ kgfm} = \frac{1}{427} \text{ kcal.}$$

A extensão do primeiro princípio da termodinâmica a outros fenômenos naturais, como os fenômenos químicos e biológicos, conduziu Mayer e Helmholtz a generalizarem o princípio da equivalência, enunciando o *princípio da conservação da energia*, o qual exprime que a energia não se perde nem se ganha, podendo apenas variar de forma.

Tal princípio estabelece a impossibilidade de criar-se a energia do nada (*ex nihilo nihil fit*), ou seja, a impossibilidade da existência de um mecanismo que possa manter-se permanente em movimento, vencendo o próprio atrito, sem um impulso externo (moto contínuo de primeira espécie).

Atualmente essa generalização tornou-se mais absoluta com o desenvolvimento das teorias da física moderna, estendendo-se o princípio da conservação da energia também às reações nucleares.

Absorveu, assim, o princípio da conservação da energia, o princípio da conservação da massa de Lavoisier, perdendo a matéria as características de substância em favor da energia, que passou a ser, aparentemente pelo menos, o substrato do universo.

b) O segundo princípio da termodinâmica permite concluir que:

"Não se pode obter continuamente trabalho à custa de uma única fonte de calor."

Esse enunciado, devido a Ostwald, estabelece a impossibilidade do chamado moto contínuo de segunda espécie.

c) O terceiro princípio da termodinâmica diz respeito às propriedades físicas dos corpos na proximidade de 0° absoluto e tem maior importância para análise do equilíbrio das reações químicas.

# capítulo 3

# GASES

## 1 – *GASES PERFEITOS*

Denominam-se gases perfeitos, os gases que seguem com exatidão as leis de Boyle-Mariotte e Gay Lussac.

Na prática, embora se verifique que os *gases reais* não obedecem com exatidão às leis estabelecidas para os gases perfeitos, dentro das aplicações técnicas usuais, em que os gases se acham bastante afastados do estado líquido, a aproximação que se obtém com o emprego das equações que deduziremos neste aparte, é satisfatória.

## 2 – *LEI DE BOYLE-MARIOTTE*

Essa lei, enunciada pelo físico inglês Roberto Boyle (1661), e comprovada experimentalmente pelo físico francês Edmundo Mariotte (1676), estabelece que "os volumes ocupados pelos gases, a uma mesma temperatura, são inversamente proporcionais às pressões que suportam".

Assim, considerando-se, ao longo de uma isotérmica, dois estados quaisquer, podemos escrever

$$\frac{V_1}{V_2} = \frac{p_2}{p_1},$$

ou, ainda, por unidade de peso do sistema, lembrando que o volume específico é dado por

$$v = \frac{V}{G},$$

$$\frac{v_1}{v_2} = \frac{p_2}{p_1} \qquad (p_1 v_1 = p_2 v_2).$$

E, de um modo geral,

$$(pv)_t = \text{constante}.$$

## 3 – *LEIS DE GAY LUSSAC*

Essas leis, também chamadas de leis de Charles Gay Lussac, dizem respeito às transformações a pressão constante e a volume constante dos gases e estabelecem que: "os coeficientes de dilatação $\beta$ e os coeficientes de tensão $\alpha$ dos gases são constantes", isto é,

$$\beta = \frac{1}{V}\left(\frac{\partial V}{\partial t}\right)_p = \frac{1}{v}\left(\frac{\partial v}{\partial t}\right)_p = \text{constante},$$

$$\alpha = \frac{1}{p}\left(\frac{\partial p}{\partial t}\right)_v = \text{constante}.$$

Os valores de $\alpha$ e $\beta$ foram determinados experimentalmente para diversos gases, tendo-se obtido

$$\alpha = \beta = 0{,}0036617 = \frac{1}{273{,}15} \cong \frac{1}{273}.$$

Nessas condições, a expressão do coeficiente de dilatação nos permite escrever

$$dv = v\beta dt,$$

$$v + dv = v + v\beta dt = v(1 + \beta dt).$$

O volume $v_1$ de um gás a uma temperatura $t_1$ pode ser calculado em função de seu volume $v_0$ à temperatura de 0 °C, isto é,

$$v_1 = v_0 + \Delta v = v_0(1 + \beta t_1).$$

Igualmente, para uma temperatura $t_2$,

$$v_2 = v_0(1 + \beta t_2).$$

Relacionando essas expressões, podemos tirar

$$\frac{v_1}{v_2} = \frac{1 + \beta t_1}{1 + \beta t} = \frac{1 + (t_1/273)}{1 + (t_2/273)} = \frac{t_1 + 273}{t_2 + 273}.$$

E, chamando

$$t + 273 = T$$

a já aludida temperatura absoluta, que avaliaremos em temperatura kelvin, concluímos que

$$\frac{v_1}{v_2} = \frac{T_1}{T_2},$$

isto é: "os volumes específicos ocupados pelos gases a uma mesma pressão são diretamente proporcionais às suas temperaturas absolutas".

Por outro lado, a expressão do coeficiente de tensão nos fornece

$$dp = p\alpha dt,$$

$$p + dp = p + p\alpha dt = p(1 + \alpha dt),$$

donde, de forma análoga à anterior, podemos concluir que

$$\frac{p_1}{p_2} = \frac{1 + \alpha t_1}{1 + \alpha t_2} = \frac{1 + (t_1/273)}{1 + (t_2/273)} = \frac{t_1 + 273}{t_2 + 273} = \frac{T_1}{T_2},$$

isto é: "as pressões suportadas pelos gases que ocupam um mesmo volume específico, são diretamente proporcionais a suas temperaturas absolutas".

As leis de Gay Lussac nos permitem estabelecer uma concepção simples para o *zero absoluto* que é a de uma temperatura ($t = -273{,}15\ °C$), na qual o volume dos gases que evoluem à pressão constante e a pressão dos gases que evoluem a volume constante se anulam.

## 4 – *EQUAÇÃO GERAL DE ESTADO DOS GASES PERFEITOS*

As leis anteriormente estudadas permitem-nos determinar a equação de estado dos gases perfeitos, que relaciona as grandezas $p, v$ e $T$:

$$F(p, v, T) = 0.$$

Assim, se, a partir das condições iniciais $p_1$, $v_1$ e $T_1$, aquecermos um gás até uma temperatura $T_2$ conservando constante a sua pressão, o volume $v'$ apresentado pelo mesmo, de acordo com a lei de Gay Lussac, será dado por

$$v' = v_1 \frac{T_2}{T_1}.$$

Fazendo, a seguir, variar a sua pressão para $p_2$, conservando-se a temperatura $T_2$ constante, obtemos, de acordo com a lei de Boyle-Mariotte, o volume final:

$$v_2 = v' \frac{p_1}{p_2} = v_1 \frac{T_2}{T_1} \frac{p_1}{p_2},$$

isto é,

$$\frac{p_1 v_1}{T_1} = \frac{p_2 v_2}{T_2},$$

ou, ainda, de um modo geral,

$$\frac{pv}{T} = \text{constante}.$$

A relação constante entre o produto da pressão pelo volume específico de um gás e a sua temperatura absoluta toma o nome de constante do gás considerado, e é designada usualmente por $R$. Daí a equação

$$pv = RT, \qquad (3\text{-}1)$$

que toma o nome de equação geral de estado dos gases perfeitos.

Lembrando, por outro lado, que

$$v = \frac{1}{\gamma} = \frac{V}{G},$$

podemos ainda escrever as equações equivalentes:

$$p = \gamma RT, \qquad (3\text{-}2)$$

$$pV = GRT. \qquad (3\text{-}3)$$

A constante $R$ de um gás pode ser calculada a partir da expressão

$$R = \frac{p \cdot V}{GT} = \frac{p}{\gamma T},$$

onde os valores tomados para as grandezas $p, \gamma$ e $T$ devem ser aqueles que verifiquem simultaneamente um estado qualquer do sistema.

Adotando-se para unidades as do sistema técnico já apontado, fácil é notar que a constante $R$ nos será dada em m/K.

Assim, para o ar, que nas condições ditas normais,

$$t_0 = 0\,°\mathrm{C} \longrightarrow T_0 = 273\,\mathrm{K},$$

$$p_0 = 10\,332\,\frac{\mathrm{kgf}}{\mathrm{m}^2},$$

tem um peso por unidade de volume,

$$\gamma_0 = 1{,}293\,\frac{\mathrm{kgf}}{\mathrm{m}^3},$$

podemos calcular:

$$R = \frac{p}{\gamma T} = \frac{p_0}{\gamma_0 T_0} = \frac{10\,332\,\mathrm{kgf/m^2}}{1{,}293\,\mathrm{kgf/m^3}\,273\,\mathrm{K}} = 29{,}27\,\mathrm{m/K}.$$

Os valores de $R$ para os gases mais importantes do ponto de vista da matéria em estudo estão registrados na Tab. 3-1.

## 5 – *CONSTANTE GERAL DOS GASES*

Como conseqüência das leis, das proporções múltiplas de Dalton e suas correspondentes leis volumétricas de Gay Lussac, para as combinações dos gases, resulta a hipótese de Avogadro, segundo a qual: "todos os gases, sob as mesmas condições de pressão e de temperatura, apresentam, para volumes iguais, o mesmo número de moléculas".

Assim, para dois gases quaisquer, chamando de $m_1$ e $m_2$ seus respectivos pesos moleculares e de $n$ o número de moles (com $N$ moléculas cada um, sendo $N$ o número de Avogadro) contidas em um volume $V$ em condições bem determinadas de pressão e temperatura, podemos escrever:

$$G_1 = nm_1 = \gamma_1 V = V/v_1,$$

$$G_2 = nm_2 = \gamma_2 V = V/v_2.$$

Daí resulta

$$\frac{m_1}{m_2} = \frac{\gamma_1}{\gamma_2} = \frac{v_2}{v_1},$$

$$m_1 v_1 = m_2 v_2.$$

Tabela 3-1

| Gás | Símbolo | Peso molecular m | Peso específico $\gamma_0$ kgf/m³ 0 °C 760 mm Hg | Constante do gás R | Calor específico 0 °C e 760 mm Hg | | $k = C_p/C_v$ |
|---|---|---|---|---|---|---|---|
| | | | | | $C_p$ | $C_v$ | |
| Hélio | He | 4,00 | 0,1785 | 212,00 | 1,251 | 0,755 | 1,660 |
| Argon | Ar | 39,94 | 1,7820 | 21,26 | 0,127 | 0,077 | 1,660 |
| Ar | — | (28,96) | 1,2928 | 29,27 | 0,241 | 0,172 | 1,400 |
| Oxigênio | $O_2$ | 32,00 | 1,4289 | 26,50 | 0,218 | 0,156 | 1,400 |
| Nitrogênio | $N_2$ | 28,016 | 1,2505 | 30,26 | 0,250 | 0,178 | 1,400 |
| Hidrogênio | $H_2$ | 2,016 | 0,0899 | 420,60 | 3,408 | 2,420 | 1,407 |
| Óxido nítrico | NO | 30,008 | 1,3420 | 28,26 | 0,241 | 0,175 | 1,380 |
| Óxido de carbono | CO | 28,00 | 1,2502 | 30,29 | 0,250 | 0,180 | 1,400 |
| Ácido clorídrico | HCl | 36,468 | 1,6391 | 23,25 | 0,191 | 0,136 | 1,400 |
| Anidrido carbônico | $CO_2$ | 44,00 | 1,9768 | 19,27 | 0,202 | 0,156 | 1,300 |
| Óxido nitroso | $N_2O$ | 44,016 | 1,9775 | 19,26 | 0,210 | 0,164 | 1,280 |
| Anidrido sulfuroso | $SO_2$ | 64,07 | 2,9276 | 13,24 | 0,151 | 0,120 | 1,250 |
| Amoníaco | $NH_3$ | 17,032 | 0,7709 | 49,79 | 0,530 | 0,410 | 1,290 |
| Acetilênio | $C_2H_2$ | 26,016 | 1,1709 | 32,59 | 0,402 | 0,323 | 1,240 |
| Cloreto de metila | $CH_3Cl$ | 50,484 | 2,3084 | 16,80 | (0,180) | (0,140) | 1,280 |
| Metano | $CH_4$ | 16,032 | 0,7168 | 52,90 | 0,531 | 0,406 | 1,310 |
| Etileno | $C_2H_4$ | 28,032 | 1,2604 | 30,25 | 0,365 | 0,292 | 1,250 |
| Etano | $C_2H_6$ | 30,048 | 1,3560 | 28,21 | 0,413 | 0,345 | 1,200 |

E, de um modo geral,

$$\frac{m}{\gamma} = m \cdot v = \text{constante} = V_m, \quad (3\text{-}4)$$

isto é: "os volumes correspondentes aos pesos moleculares para os diversos gases, nas mesmas condições de temperatura e pressão, são iguais e tomam o nome de *volume molar*".

Nas condições normais (0 °C e 760 mm de mercúrio), para um peso molecular dado em kgf, o volume molar vale 22,4 m³. Substituindo esses valores na equação geral do estado dos gases perfeitos,

$$pV = GRT,$$

obtemos

$$10\,332\ \text{kgf/m}^2 \times 22{,}4\ \text{m}^3 = mR \times 273\ \text{K},$$

donde

$$mR = R_0 = \frac{10\,332 \times 22{,}4}{273} = 848\,\frac{\text{kgfm}}{\text{kmol K}}, \quad (3\text{-}5)$$

valor constante que toma o nome de *constante geral dos gases.*

## 6 – *CALOR ESPECÍFICO DOS GASES*

Ao contrário do que acontece com os corpos sólidos e líquidos, cujo aquecimento ou resfriamento é praticamente independente das condições externas, o calor específico dos corpos gasosos depende das condições de pressão e de volume em que se verificam as variações de temperatura.

Assim, na prática, são particularmente importantes os calores específicos a volume e a pressão constante. Do ponto de vista de seus calores específicos os gases podem ser divididos em três grupos: os gases monoatômicos, os gases biatômicos e os gases poliatômicos.

Para o primeiro e segundo grupo, podemos formular uma lei geral de boa aproximação.

"Para o aquecimento de volumes iguais de gases que tenham o mesmo número de átomos, nas mesmas condições de pressão e de temperatura, são necessárias quantidades de calor iguais."

Assim, a capacidade calorífica dos gases monoatômicos ou biatômicos, a volume constante ou a pressão constante, referidas a um metro cúbico nas condições normais (calor específico volumétrico), são respectivamente iguais. Ou, ainda, lembrando que, nas condições normais (0 °C e 760 mm de mercúrio), os pesos moleculares dos diversos gases ocupam um volume igual a 22,4 m³ podemos dizer que os *calores moleculares* dos gases de mesmo número de átomos são iguais, isto é,

$$\begin{aligned} mC_v &\text{ monoatômicos} = \text{constante;} \\ mC_p &\text{ monoatômicos} = \text{constante;} \\ mC_v &\text{ biatômicos} = \text{constante;} \\ mC_p &\text{ biatômicos} = \text{constante.} \end{aligned}$$

Assim, para os gases biatômicos podem ser adotados como valores médios, a 0 °C,

$$mC_p = 6{,}86,$$
$$mC_v = 4{,}88.$$

Recentes experiências têm demonstrado que os calores específicos de todos os gases, com exceção dos monoatômicos, crescem com a temperatura.

Para os gases biatômicos, essa variação é praticamente linear e proporcional aos pesos moleculares dos diversos gases, podendo-se, de acordo com Langen, empregar as seguintes expressões:

$$\left.\begin{aligned} mC_v &= 4{,}88 + 0{,}00106\,t \\ mC_p &= 6{,}86 + 0{,}00106\,t \end{aligned}\right\}. \qquad (3\text{-}6)$$

A diferença entre os calores moleculares à pressão constante e a volume constante é, portanto, um valor fixo que, de acordo com estudo mais profundo das transformações dos gases, é para todos igual ao produto $mAR$, isto é,

$$mC_p - mC_v = mAR = \frac{848}{427} = 1{,}987. \qquad (3\text{-}7)$$

A relação entre o calor específico à pressão constante e o calor específico a volume constante é designado usualmente pela letra $k$ e assume importância fundamental no estudo das transformações dos gases.

O valor de $k$ varia com a temperatura, podendo-se fazer, para os gases biatômicos,

$$k = \frac{C_p}{C_v} = \frac{mC_p}{mC_v} = \frac{mC_v + 1{,}987}{mC_v} = 1 + \frac{1{,}987}{4{,}88 + 0{,}00106\,t}. \qquad (3\text{-}8)$$

Para temperaturas inferiores a 200 °C, entretanto, podemos tomar, com boa aproximação para os mesmos, um valor médio igual a 1,4.

As relações (3-7) e (3-8) nos permitem calcular os calores específicos $C_v$ e $C_p$ dos gases, a partir das suas grandezas características $R$ e $k$. Assim, de

$$C_p - C_v = kC_v - C_v = AR,$$

podemos tirar

$$C_v = \frac{AR}{k-1}, \qquad (3\text{-}9)$$

e, igualmente,

$$C_p = kC_v = k\frac{AR}{k-1}. \tag{3-10}$$

A Tab. 3-1 nos dá os valores de $C_p$, $C_v$ e $k$ para os gases usuais nas condições normais.

Para o ar a variação com a temperatura, pode ser tomada como sendo

$$C_v = 0{,}171 + 0{,}0000366\,t,$$
$$C_p + 0{,}240 + 0{,}0000366\,t.$$

## 7 – *AQUECIMENTO DOS GASES*

A partir do calor específico de um gás, fácil se torna calcular a quantidade de calor necessário para aquecer (ou resfriar), um volume $V$ do mesmo.

Assim, chamando de $\Delta t$ a variação de temperatura durante o aquecimento ou esfriamento teremos, (a) para uma transformação a volume constante

$$Q = V\gamma C_v \Delta t; \tag{3-11}$$

(b) para uma transformação a pressão constante,

$$Q = V\gamma C_p \Delta t, \tag{3-12}$$

onde

$Q$ = quantidade de calor em jogo, em kcal;

$G = V\gamma$ é o peso do gás $\left(\mathrm{m}^3 \times \frac{\mathrm{kgf}}{m^3}\right)$;

$C_v$, $C_p$ = calor específico dado em $\frac{\mathrm{kcal}}{\mathrm{kgf}\,^\circ\mathrm{C}}$;

$\Delta t$ = diferença de temperatura em °C.

Na realidade, considerando que o calor específico varia linearmente com a temperatura, fazendo

$$C_p \quad \text{ou} \quad C_v = at + b,$$

teremos:

$$dQ = G(at + b)\,dt = V\gamma(at + b)\,dt,$$

isto é, para um aquecimento finito entre as temperaturas $t_1$ e $t_2$,

$$Q = V\gamma\left[a\frac{t_1^2 - t_2^2}{2} + b(t_1 - t_2)\right],$$

$$Q = V\gamma\left(a\frac{t_1 + t_2}{2} + b\right)(t_1 - t_2),$$

onde $a\left(\frac{t_1 + t_2}{2}\right) + b$ corresponde ao calor específico médio entre $t_1$ e $t_2$, isto é,

$$\frac{C_1 + C_2}{2} = \frac{at_1 + b + at_2 + b}{2} = a\left(\frac{t_1 + t_2}{2}\right) + b.$$

*Observação*: para o aquecimento à temperatura ambiente, entretanto, é aceitável adotar como calor específico médio aquele correspondente a 0 °C.

## 8 – *GASES REAIS*

Os gases reais não obedecem com exatidão às leis de Boyle-Mariotte e Gay Lussac, afastando-se tanto mais delas, quanto menor o seu volume específico e, portanto, quanto maior a sua pressão e menor a sua temperatura.

Assim, a equação de estado físico deduzida para os gases perfeitos, que são puramente ideais, constitui apenas um caso-limite quando aplicada aos gases reais, para os quais se verifica que, em condições ordinárias,

$$pv \neq RT.$$

Tais observações foram comprovadas por diversos experimentadores, entre os quais podemos citar:

Regnault (1847), Andrews (1869), Cailletet (1870), Amagat (1876), Kammerlingh Onnes (1900) etc.

Foram as experiências de Andrews sobre a compressão isotérmica do $CO_2$ que permitiram o estabelecimento de equações de estado físico mais exatas, para os gases reais.

Assim, de acordo com as experiências do citado físico, ao efetuar-se a compressão isotérmica de um gás, representada na Fig. 3-1 pela linha *ABCD*, inicialmente, a cada redução de volume, corresponde um aumento de pressão.

Entretanto, ao se atingir o ponto *B*, novas reduções de volume verificam-se à pressão constante, isto é, o sistema torna-se univariante, indicando a passagem da fase gasosa para a fase líquida.

Finalmente, ao concluir-se a condensação, em *C*, novas reduções de volume se traduzem por fortes aumentos de pressão, o que assinala a pouca compressibilidade da fase atingida, que é a fase líquida.

Repetindo-se a experiência para várias temperaturas verifica-se, ainda, que o lugar geométrico dos pontos *B* e *C*, característicos do início e do fim da condensação, são curvas que limitam a zona do plano de Clapeyron, onde podem coexistir as fases líquida e gasosa.

Tais curvas são denominadas "curvas-limites superior" e "inferior", respectivamente.

Ao se aumentar a temperatura de compressão, o segmento horizontal *BC*, que corresponde à condensação, vai diminuindo até que os pontos *B* e *C* coincidem. O ponto *K* de encontro das duas curvas-limites toma o nome de ponto crítico e é caracterizado pelo volume, pressão e temperatura ditos críticos, que são constantes para cada substância.

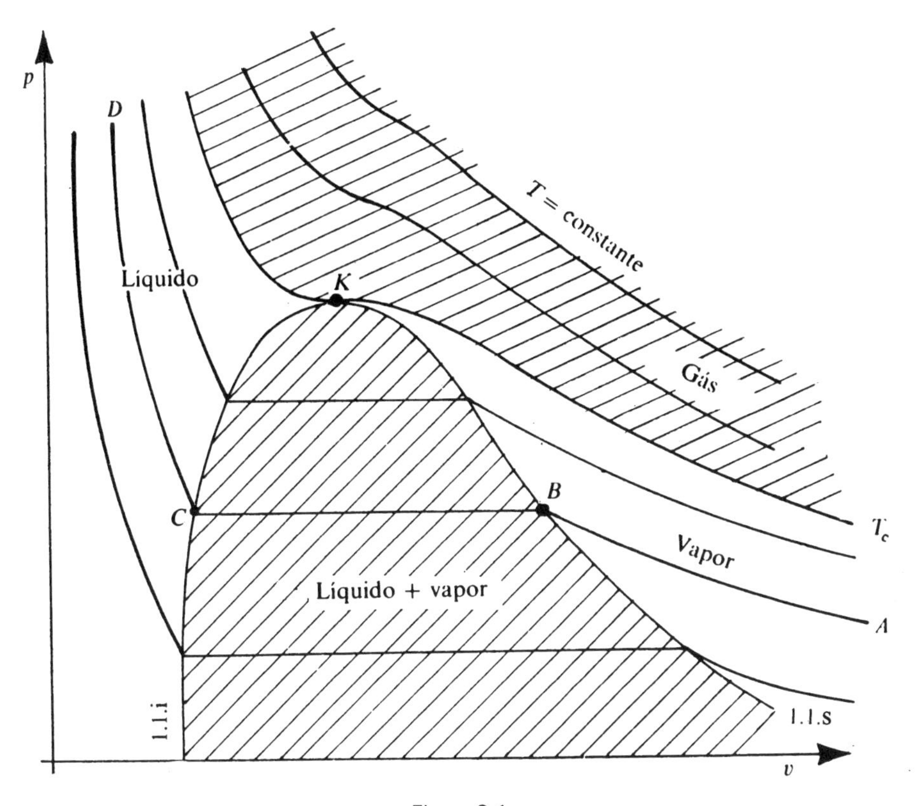


Figura 3-1

Comprimindo-se um gás a uma temperatura superior à correspondente a sua temperatura crítica, este não se liquefaz, seja qual for a pressão atingida.

Acima do ponto crítico, as isotermas aproximam-se cada vez mais da hipérbole equilátera, como seriam as correspondentes a um gás perfeito.

Fica assim o plano de Clapeyron dividido em quatro regiões distintas, de acordo com o comportamento termodinâmico do fluido por elas caracterizado:

região correspondente aos fluidos elásticos que, em vista de sua temperatura, não podem ser liquefeitos (gases), limitada pela isoterma crítica;

região correspondente aos fluidos elásticos que podem ser liquefeitos, limitada pela linha-limite superior e a isoterma crítica (vapores);

região correspondente à mistura de duas fases (líquido + vapor), limitada pelas linhas-limite;

região correspondente à fase líquida, limitada pela isoterma crítica e a linha-limite inferior.

Na realidade, um mesmo fluido pode se apresentar sucessivamente, no estado gasoso, no estado de vapor ou no estado líquido, dependendo das condições a que está sujeito.

Como decorrência das observações experimentais estudadas e considerações relacionadas com a teoria cinética e molecular, várias equações de estado, de natureza empírica, foram propostas, todas elas tendendo a traduzir algebricamente as irregularidades assinaladas na compressão isotérmica dos gases reais, com relação aos ideais.

Entre essas equações, algumas válidas para vários gases, outras para um único, ou mesmo para condições limitadas de um determinado fluido, podemos citar a de Van der Waals, a de Wohl, a de Clausius, a de Beattie-Bridgeman, a de McLeod, etc.

Baseados, por outro lado, no fato de o produto $pv$ só ser igual a $RT$ quando se trata de um gás perfeito, podemos, para o caso de um gás real, adotando um coeficiente de correção $\mu$ para o segundo membro, estabelecer a igualdade

$$pv = \mu RT,$$

donde o conceito de volume real e volume ideal, correspondente ao comportamento dos gases como se verifica na realidade, ou como se verificaria caso fossem perfeitos:

$$v_{\text{ideal}} = \frac{RT}{p},$$

$$v_{\text{real}} = \mu \frac{RT}{p} = \mu v_{\text{ideal}}.$$

O coeficiente de correção $\mu$ depende, naturalmente, do estado em que se situa o gás considerado, de modo que podemos fazer

$$\mu = f(p, T).$$

## 9 – *MISTURAS DE GASES*

### a – *Generalidades*

O estudo das misturas de gases se baseia nos seguintes princípios experimentais:

"Em uma mistura de gases, desde que não haja afinidade química entre os componentes, cada gás segue a própria equação de estado físico, independentemente da presença dos demais."

"A 'pressão total' ($p$) de uma mistura de gases é igual à soma das 'pressões parciais' ($p_1$, $p_2$, $p_3$, ...) de seus componentes (lei de Dalton), isto é,

$$p = p_1 + p_2 + p_3 + \cdots$$

entendendo-se por pressões parciais aquelas que se estabeleceriam caso isolássemos cada um dos componentes, em volume e temperatura iguais aos da mistura."

"Em uma mistura de gases, a soma, tanto dos pesos como dos volumes de seus componentes, é igual, respectivamente, ao peso e ao volume da mistura."

b – *Composição gravimétrica e volumétrica de uma mistura*

Cada um dos componentes de uma mistura de gases pode ser dado em função de sua contribuição, em peso ou em volume, no conjunto.

Assim, chamando de $V_1, V_2, V_3, \ldots$ os volumes e $G_1, G_2, G_3, \ldots$, respectivamente, os pesos parciais dos componentes na mistura, de acordo com o enunciado, podemos escrever que

$$V = V_1 + V_2 + V_3 + \cdots,$$
$$G = G_1 + G_2 + G_3 + \cdots.$$

E, igualmente,

$$\frac{V_1}{V} + \frac{V_2}{V} + \frac{V_3}{V} + \cdots = \theta_1 + \theta_2 + \theta_3 + \cdots = 1,$$

$$\frac{G_1}{G} + \frac{G_2}{G} + \frac{G_3}{G} + \cdots = g_1 + g_2 + g_3 + \cdots = 1,$$

onde $\theta_1, \theta_2, \theta_3, \ldots$ e $g_1, g_2, g_3, \ldots$ são as proporções respectivamente em volume (componentes volumétricos) e em peso (componentes gravimétricos) dos diversos constituintes da mistura.

Lembrando, por outro lado, que

$$G = \gamma V,$$

podemos calcular os componentes gravimétricos de uma mistura a partir de seus componentes volumétricos.

Com efeito, sendo

$$g_1 = \frac{G_1}{G} = \frac{G_1}{G_1 + G_2 + G_3 + \cdots} = \frac{V_1\gamma_1}{V_1\gamma_1 + V_2\gamma_2 + V_3\gamma_3 + \cdots},$$

se dividirmos numerador e denominador por $V$, obteremos:

$$g_1 = \frac{\theta_1\gamma_1}{\theta_1\gamma_1 + \theta_2\gamma_2 + \theta_3\gamma_3 + \cdots}$$
$$g_2 = \frac{\theta_2\gamma_2}{\theta_1\gamma_1 + \theta_2\gamma_2 + \theta_3\gamma_3 + \cdots} \qquad (3\text{-}13)$$

Da mesma forma, fazendo

$$\theta_1 = \frac{V_1}{V} = \frac{V_1}{V_1 + V_2 + V_3 + \cdots} = \frac{G_1/\gamma_1}{G_1/\gamma_1 + G_2/\gamma_2 + G_3/\gamma_3 + \cdots},$$

e, dividindo o numerador e o denominador por $G$, podemos calcular os componentes volumétricos de uma mistura em função de seus componentes gravimétricos:

$$\theta_1 = \frac{g_1/\gamma_1}{g_1/\gamma_1 + g_2/\gamma_2 + g_3/\gamma_3 + \cdots}$$
$$\theta_2 = \frac{g_2/\gamma_1}{g_1/\gamma_1 + g_2/\gamma_2 + g_3/\gamma_3 + \cdots} \qquad (3\text{-}14)$$

c — *Peso específico e peso molecular médio de uma mistura*

De acordo com a definição de peso específico, podemos escrever

$$\gamma = \frac{G}{V} = \frac{G_1 + G_2 + G_3 + \cdots}{V} = \frac{V_1\gamma_1 + V_2\gamma_2 + V_3\gamma_3 + \cdots}{V},$$

donde a expressão do peso específico de uma mistura dado em função do peso específico dos gases componentes,

$$\gamma = \theta_1\gamma_1 + \theta_2\gamma_2 + \theta_3\gamma_3 + \cdots, \qquad (3\text{-}15)$$

Lembrando, por outro lado, que os volumes molares de todos os gases nas mesmas condições de temperatura e de pressão são iguais, isto é,

$$V_m = \frac{m}{\gamma} = \frac{m_1}{\gamma_1} = \frac{m_2}{\gamma_2} = \frac{m_3}{\gamma_3} = \cdots,$$

o produto da expressão (3-15) pelo volume molar assim calculado fornece o peso molecular médio da mistura:

$$m = \theta_1 m_1 + \theta_2 m_2 + \theta_3 m_3 + \cdots. \qquad (3\text{-}16)$$

d — *Pressões parciais e constantes de uma mistura*

Suponhamos uma mistura de $n$ gases, nas condições da Fig. 3-2.

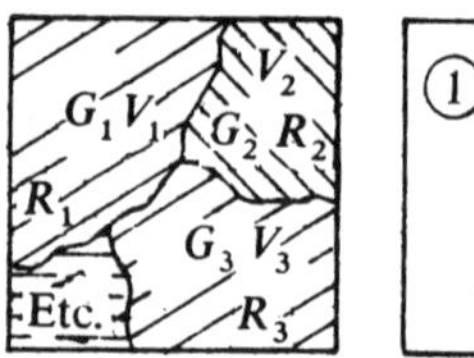


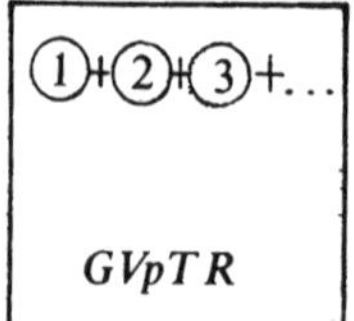


Figura 3-2

De acordo com o segundo princípio apresentado em 9a, as pressões parciais dos gases componentes da mistura considerada serão as que se estabelecem para as condições isoladas (Fig. 3-3). E, como cada gás segue a própria equação de estado físico, independentemente dos demais componentes, podemos escrever: para a mistura (Fig. 3-2):

$$pV = GRT; \qquad (a)$$

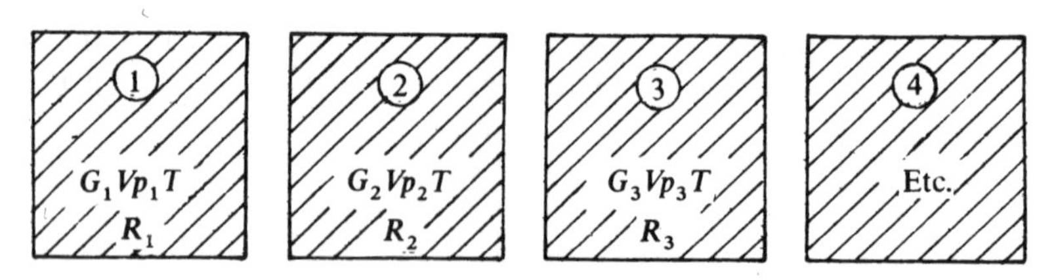


Figura 3-3

para cada um dos componentes sujeitos à pressão total da mistura (Fig. 3-2):

$$\begin{aligned} pV_1 &= G_1 R_1 T \\ pV_2 &= G_2 R_2 T \\ pV_3 &= G_3 R_3 T \\ &\text{etc;} \end{aligned} \tag{b}$$

para cada um dos componentes isolados, de acordo com a Fig. 3-3:

$$\begin{aligned} p_1 V &= G_1 R_1 T \\ p_2 V &= G_2 R_2 T \\ p_3 V &= G_3 R_3 T \\ &\text{etc.;} \end{aligned} \tag{c}$$

Daí, relacionando as pressões parciais dadas pelas equações (c) com a pressão total dada pela equação (a), obtemos facilmente as expressões

$$\begin{aligned} \frac{p_1}{p} &= \frac{G_1 R_1}{GR} = g_1 \frac{R_1}{R} \\ \frac{p_2}{p} &= \frac{G_2 R_2}{GR} = g_2 \frac{R_2}{R} \\ &\text{etc.;} \end{aligned} \tag{3-17}$$

ou, ainda, identificando os primeiros membros das equações (b) e (c), cujos segundos membros são iguais,

$$\begin{aligned} pV_1 &= p_1 V, \\ pV_2 &= p_2 V, \\ pV_3 &= p_3 V, \\ &\text{etc.;} \end{aligned}$$

obtemos, igualmente,

$$\begin{aligned} \frac{p_1}{p} &= \frac{V_1}{V} = \theta_1 \\ \frac{p_2}{p} &= \frac{V_2}{V} = \theta_2 \\ &\text{etc.,} \end{aligned} \tag{3-18}$$

expressões que nos mostram ser as proporções das pressões parciais devidas aos diversos componentes da mistura iguais a suas respectivas proporções em volume.

Lembrando, por outro lado que, segundo a lei de Dalton,

$$p = p_1 + p_2 + p_3 + \cdots,$$

as equações (a) e (c) nos permitem escrever que

$$\frac{GRT}{V} = \frac{G_1 R_1 T}{V} + \frac{G_2 R_2 T}{V} + \frac{G_3 R_3 T}{V} + \cdots,$$

isto é,

$$R = \frac{G_1 R_1 + G_2 R_2 + G_3 R_3 + \cdots}{G} = g_1 R_1 + g_2 R_2 + g_3 R_3 + \cdots, \qquad (3\text{-}19)$$

expressão que nos fornece a constante de uma mistura de gases em função das constantes de seus componentes.

e – *Calor específico de uma mistura*

A capacidade calorífica de um corpo é igual à soma das capacidades de seus componentes, de modo que podemos escrever:

$$GC = G_1 C_1 + G_2 C_2 + G_3 C_3 + \cdots,$$

isto é,

$$C = g_1 C_1 + g_2 C_2 + g_3 C_3 + \cdots \qquad (3\text{-}20)$$

*Exemplo* 3-1

Qual a constante específica de um gás considerado como perfeito, sabendo-se que, a 20 °C e 750 mm Hg, seu peso específico é de 1,2 kgf/m³?

$$p = YRT,$$

$$R = \frac{p}{\gamma T},$$

$$p = 750 \text{ mm Hg} = \frac{750}{760} 10\,332 = 10\,160 \frac{\text{kgf}}{\text{m}^2},$$

$$T = 273 + 20 = 293 \text{ K},$$

$$A = \frac{p}{\gamma T} = \frac{10\,160}{1{,}2 \cdot 293} = 28{,}9 \frac{m}{\text{K}}.$$

*Exemplo* 3-2

Calcular a constante $R$ e o peso específico a 0 °C e 760 mm Hg do $O_2$, sabendo-se que seu peso molecular é de 32 kgf.

$$R = \frac{848}{m} = \frac{848}{32} = 26{,}5 \frac{m}{K},$$

$$\gamma_0 = \frac{m}{22{,}4} = \frac{32}{22{,}4} = 1{,}425 \frac{\text{kgf}}{\text{m}^3}.$$

*Exemplo* 3-3

Qual o peso do ar contido num recinto de 10 × 20 × 5 m³, cujas condições de pressão e de temperatura são:

$$t = 20 \text{ °C},$$

$$p = 750 \text{ mm Hg},$$

$$G = \gamma V,$$

$$\gamma = \frac{p}{RT} = \frac{(750/760) \cdot 10\,332}{29{,}27 \cdot 293} = 1{,}184 \frac{\text{kgf}}{\text{m}^3},$$

$$V = 10 \cdot 20 \cdot 5 = 1\,000 \text{ m}^3,$$

$$G = \gamma V = 1{,}184 \cdot 1\,000 = 1\,184 \text{ kgf}.$$

*Exemplo* 3-4

Um recipiente contém, nas condições normais (0 °C e 760 mm Hg), 2 m$^3$ de gás de iluminação. Qual o volume ocupado pelo referido gás a 30 °C e 700 mm de Hg?

$$\frac{p_1 V_1}{T_1} = \frac{p_2 V_2}{T_2},$$

$$V_2 = V_1 \frac{T_2}{T_1} \cdot \frac{p_1}{p_2} = 2 \frac{303 \cdot 760}{273 \cdot 700} = 2{,}41 \text{ m}^3.$$

*Exemplo* 3-5

Calcular o peso do ar contido em um reservatório de 2 m$^3$, à pressão efetiva de 8 kgf/cm$^2$ e 35 °C.

$$G = V\gamma,$$

$$\gamma = \frac{p}{RT},$$

$$p = 80\,000 + 10\,332 = 90\,332 \frac{\text{kgf}}{\text{m}^3}.$$

$$\gamma = \frac{90\,332}{29{,}27 \cdot 308} = 10{,}04 \frac{\text{kgf}}{\text{m}^3},$$

$$G = V\gamma = 2 \cdot 10{,}04 = 20{,}08 \text{ kgf}.$$

*Exemplo* 3-6

Sabendo-se que o peso específico do ar nas condições normais é de 1,293 kgf/m$^3$, calcular o peso do ar contido numa peça de $9 \times 10 \times 4$ m$^3$ a uma pressão de 750 mm Hg e à temperatura de 24 °C.

$$G = V\gamma,$$

$$V = 9 \cdot 10 \cdot 4 = 360 \text{ m}^3,$$

$$\gamma = \gamma_0 \frac{p}{p_0} \frac{T_0}{T} = 1{,}293 \frac{750}{760} \frac{273}{297} = 1{,}175 \frac{\text{kgf}}{\text{m}^3},$$

$$G = V\gamma = 360 \cdot 1{,}175 = 423 \text{ kgf}.$$

*Exemplo* 3-7

Um motor consome 1 kgf de ar nas condições normais. Qual o seu consumo na temperatura de 32 °C e pressão de 750 mm?

Qual a sua redução porcentual de potência ao passar das condições normais, para as condições assinaladas acima, admitindo-se que a potência é proporcional ao peso do ar admitido?

$$G_0 = \frac{p_0 V}{RT_0} = \frac{760 \cdot 13{,}6\, V}{R\, 273} = 1 \text{ kgf},$$

$$G = \frac{pV}{RT}\ \frac{750 \cdot 13{,}6\, V}{R\, 305},$$

$$\frac{G}{G_0} = G = \frac{750 \cdot 273}{760 \cdot 305} = 0{,}8215.$$

E a redução de potência será

$$\frac{1 - 0{,}8215}{1} = 0{,}1785(17{,}85\,\%).$$

*Exemplo* 3-8

Um bujão tem um volume de 20 l e contém $O_2$ a 20 °C e à pressão absoluta de 150 kgf/cm$^2$. Calcular o peso do gás contido no recipiente sabendo-se que o peso molecular do oxigênio é de 32 kgf.

$$G = \frac{pV}{RT},$$

$$R = \frac{848}{m} = \frac{848}{32} = 26{,}5\,\frac{m}{\text{K}},$$

$$G = \frac{1\,500\,000 \cdot 0{,}020}{2{,}65 \cdot 293} = 3{,}86 \text{ kgf}.$$

*Exemplo* 3-9

Qual a quantidade de calor despendida para aquecer à pressão constante 100 m$^3$ de ar nas condições de 5 °C e 760 mm Hg, até uma temperatura de 40 °C?

$$Q = V\gamma C_p \Delta t,$$

$$\gamma = \frac{p}{RT} = \frac{10\,332}{29{,}27 \cdot 278} = 1{,}27\,\frac{\text{kgf}}{\text{m}^3},$$

$$Q = 100 \cdot 1{,}27 \cdot 0{,}24(40 - 5) = 1\,067 \text{ kcal}.$$

Embora o peso permaneça o mesmo durante o aquecimento, o volume aumenta, atingindo o valor

$$V_2 = V_1 \frac{T_2}{T_1} \frac{p_1}{p_2} = 100 \frac{313}{278} = 114{,}6 \text{ m}^3.$$

*Exemplo* 3-10

Sabendo-se que a composição gravimétrica do ar atmosférico é, teoricamente,

$$g_{O_2} = 0{,}23 \quad \text{e} \quad g_{N_2} = 0{,}77,$$

calcular:

a) a sua composição volumétrica;
b) seu peso específico nas condições normais;
c) seu peso molecular médio;
d) sua constante $R$.

Com efeito, sabendo-se que os pesos específicos dos componentes, nas condições normais, valem

$$\gamma_{oO_2} = 1,4289 \frac{\text{kgf}}{\text{m}^3}.$$

$$\gamma_{oO_2} = 1,2505 \frac{\text{kgf}}{\text{m}^3}.$$

podemos calcular

$$\theta_{O_2} = \frac{g_{O_2}/\gamma_{O_2}}{(g_{O_2}/\gamma_{O_2}) + (g_{N_2}/\gamma_{N_2})} = \frac{0,23/1,4289}{(0,23/1,4289) + (0,77/1,2505)} = 0,207,$$

$$\theta_{N_2} = \frac{g_{N_2}/\gamma_{N_2}}{(g_{O_2}/\gamma_{O_2}) + (g_{N_2}/\gamma_{N_2})} = 0,793.$$

E, igualmente,

$$\gamma_0 = \theta_{O_2}\gamma_{O_2} + \theta_{N_2}\gamma_{N_2} =$$
$$= 0,207 \cdot 1,4289 + 0,793 \cdot 1,2505 = 1,288 \frac{\text{kgf}}{\text{m}^3},$$

$$m = \theta_{O_2} m_{O_2} + \theta_{N_2} m_{N_2} =$$
$$= 0,207 \times 32 + 0,793 \times 28,016 = 28,8 \text{ kgf},$$

$$R = g_{O_2} R_{O_2} + g_{N_2} R_{N_2} =$$
$$= 0,23 \times 26,5 + 0,77 \times 30,26 = 29,4 \frac{\text{m}}{\text{K}}.$$

*Exemplo* 3-11

Qual o volume ocupado por uma mistura de 1 kgf de $C_2H_2$ e 3 kgf de $O_2$ quando, a uma temperatura de 30 °C, a mesma é submetida a uma pressão absoluta de 3 kgf/cm$^2$?

$$g_{C_2H_2} = 1/4 = 0,25, \qquad m_{C_2H_2} = 26 \text{ kgf};$$
$$g_{O_2} = 3/4 = 0,75, \qquad m_{O_2} = 32 \text{ kgf};$$
$$R = g_{C_2H_2} R_{C_2H_2} + g_{O_2} R_{O_2} = 0,25(848/26) + 0,75(848/32) = 26,25 \text{ m/K},$$
$$V = \frac{GRT}{p} = \frac{4 \times 26,25 \times 303}{30\,000} = 1,061 \text{ m}^3.$$

# capítulo 4

# VAPORES

## 1 – *DEFINIÇÃO*

De acordo com a definição física mais comum, os vapores são os fluidos elásticos que, à temperatura ordinária, podem ser reduzidos total ou parcialmente ao estado líquido.

Entretanto o estudo dos gases reais nos mostra que essa definição é falha do ponto de vista termodinâmico, sendo preferível conceituar os vapores como sendo os fluidos compressíveis que apresentam características próprias e obedecem a equações especiais pelo simples fato de se encontrarem a temperaturas inferiores àquelas correspondentes a seus pontos críticos.

Assim, um gás pode comportar-se como vapor, bastando para isso que sua temperatura seja suficientemente baixa.

## 2 – *AQUECIMENTO DE UM LÍQUIDO*

É, entretanto, na formação dos vapores a partir da fase líquida que a sua classificação e as suas características podem ser melhor compreendidas.

Assim, se um líquido submetido a uma pressão constante é aquecido, sua temperatura aumenta até um valor determinado, no qual permanece estacionária, enquanto o fluido passa gradualmente da fase líquida para a fase de vapor.

Durante o aquecimento, o líquido sofre uma pequena dilatação, de tal forma que, sendo $\sigma_0$ o seu volume específico, a 0 °C e a uma temperatura $t$ qualquer, teremos

$$\sigma = \sigma_0 + \alpha t. \qquad (4\text{-}1)$$

Para a água, o coeficiente médio de dilatação $\alpha$, que cresce rapidamente com a temperatura, vale

de 4 a 100 °C, 0,00045;
de 4 a 200 °C, 0,00080;
de 4 a 300 °C, 0,00130;

A quantidade de calor despendida é dada por

$$dq = C\,dt.$$

Para a água, segundo Dieterici, o calor específico verdadeiro, de 40 a 300 °C, vale

$$C = 0{,}9983 - 0{,}0001037\,t + 0{,}000002073\,t^2;$$

de modo que podemos calcular

$$q = \int_0^t C\,dt = 0{,}9983\,t - 0{,}00005185\,t^2 + 0{,}000000691\,t^3.$$

Como primeira aproximação nas aplicações usuais, basta tomar, entretanto, o calor específico médio da água como unitário, donde

$$q = \int_0^t C\,dt = C_m t \cong t.$$

## 3 – *VAPORIZAÇÃO, EBULIÇÃO E EVAPORAÇÃO*

A temperatura na qual se inicia a mudança de estado toma o nome de *temperatura de vaporização* $T_s$ e depende da pressão a que está submetido o fluido aquecido.

Se a mudança de estado se verifica à pressão atmosférica, a temperatura de vaporização toma o nome de *temperatura de ebulição.*

Fenômeno diverso do analisado é a *evaporação* (veja o Cap. 5, "Ar úmido") que se verifica a temperaturas inferiores às de vaporização e que depende da pressão parcial do vapor dágua no ar circundante.

O valor da temperatura de ebulição, ou vaporização, é obtido a partir de tabelas estabelecidas para cada espécie de vapor ou fórmulas empíricas, por vezes bastante exatas, como por exemplo,

$$T_s = \frac{B}{A - \log p}. \tag{4-2}$$

Assim, para a água, avaliando-se as pressões em kgf/cm², podemos assinalar:

$$\text{de } 0{,}025 \text{ a } 1\,\frac{\text{kgf}}{\text{cm}^2} - T_s = \frac{2\,224{,}4}{5{,}9778 - \log p},$$

$$\text{de } 1 \text{ a } 16\,\frac{\text{kgf}}{\text{cm}^2} - T_s = \frac{2\,101{,}1}{5{,}6485 - \log p},$$

$$\text{de } 16 \text{ a } 168\,\frac{\text{kgf}}{\text{cm}^2} - T_s = \frac{2\,010{,}8}{5{,}45142 - \log p}.$$

A temperatura de vaporização pode, em casos excepcionais, ficar aumentada para uma mesma pressão. Assim, a tranqüilidade absoluta do líquido aquecido, o polimento das paredes do recipiente que o contém, ar e sais dissolvidos (a água do mar entra em ebulição nas condições normais de pressão, a 105 °C) são causas do aumento aludido.

Durante a vaporização, desde que se mantenha constante a pressão, a temperatura do fluido também não varia.

Todo calor despendido durante essa operação serve ùnicamente para efetuar a mudança de estado e toma o nome de calor latente de vaporização *r*.

O calor latente de vaporização é referido sempre à unidade de peso do sistema que integralmente se transforma em vapor.

O vapor em parte formado durante a vaporização permanece em contato com o líquido, seja em forma de gotículas no seu seio, seja precipitado no fundo do recipiente, razão pela qual esse vapor recebe o nome de *vapor saturado úmido.*

Ao terminar a vaporização, o vapor não estará mais em contato com o líquido, donde a denominação que lhe é dada de *vapor saturado seco.*

Se traçarmos num diagrama $pv$ as linhas isobáricas-isotérmicas correspondentes à vaporização da unidade de peso de um líquido qualquer a diversas pressões e unirmos os pontos que assinalam o início e o fim da mesma, obteremos duas curvas (Fig. 4-1).

A *linha-limite inferior* separa a zona do estado líquido da zona dos vapores úmidos, cujas abscissas têm por expressão

$$\sigma_s = \sigma_0 + \alpha t_s,$$

onde

$$t_s = f(p).$$

A *linha-limite superior*, delimitando a zona dos vapores úmidos, constitui o lugar geométrico dos pontos representativos dos vapores saturados secos.

O ponto de encontro dessas duas linhas é o ponto crítico cujas propriedades já tivemos oportunidade de apontar no estudo dos gases reais.

As abscissas da L.L.I. são os volumes específicos $\sigma_s$ apresentados pelo líquido a temperatura de vaporização, enquanto que as abscissas da L.L.S. são os volumes específicos apresentados pelo vapor saturado seco $v_s$. A diferença

$$u = v_s - \sigma_s$$

é o aumento de volume que sofre cada kgf de líquido que se transforma em vapor.

As grandezas características

$$t_s,\ \sigma_s,\ v_s \quad \text{e} \quad r,$$

para o vapor dágua saturado, segundo a V.D.I. de 1956, são dadas pela Tab. 4-1 em função da pressão.

## 4 – *SUPERAQUECIMENTO*

Concluída a mudança de estado sobre a L.L.S., novas adições de calor fazem com que o vapor saturado seco abandone a zona de saturação.

A temperatura do fluido volta novamente a crescer atingindo valores superiores àquele que caracterizou a vaporização; é o superaquecimento.

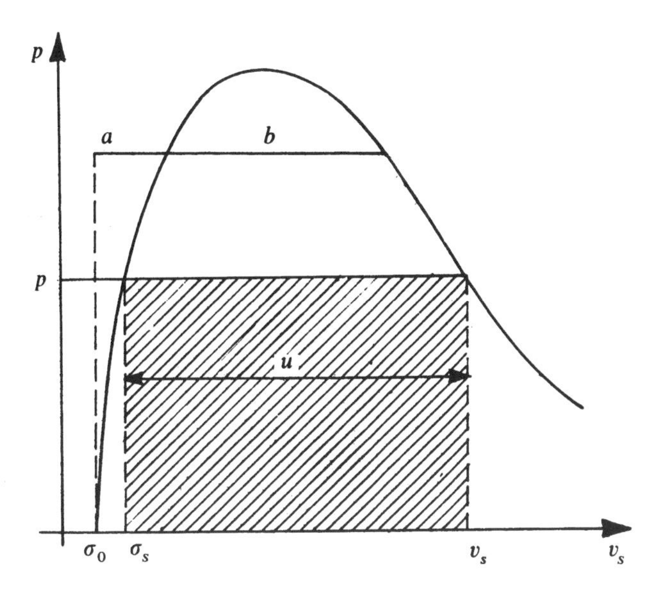


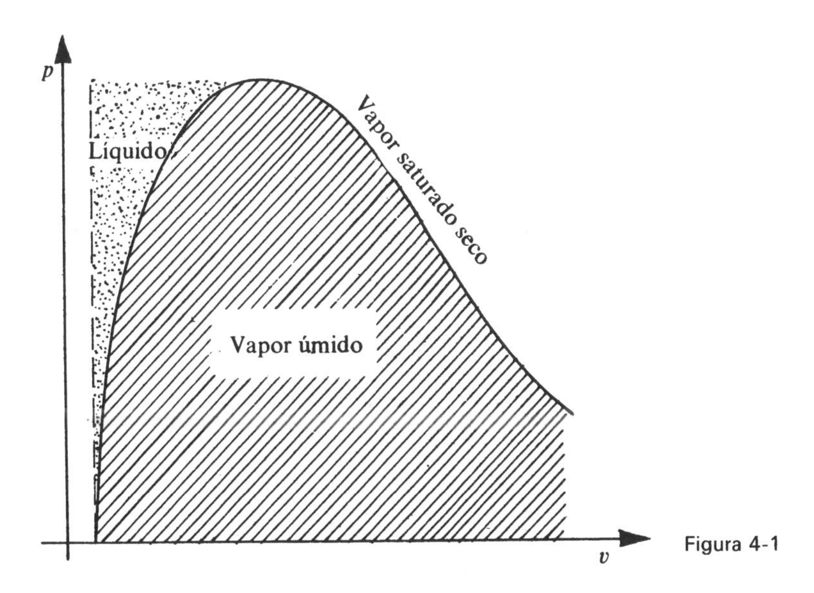


Figura 4-1

Considerando que, ainda nessa fase, o sistema se mantenha à pressão constante (caso mais geral na prática), o calor despendido, dito de superaquecimento, será dado por

$$\int_{t_s}^{t} C_p dt \cong C_{pm}(t - t_s) = C_{pm}\Delta t, \tag{4-3}$$

Tabela 4-1

| Pressão $(p)$, kgf/cm² | Temperatura $(t)$, °C | Volume específico do líquido $(\sigma_s)$, m³/kgf | Volume específico do vapor $(v_s)$, m³/kgf | Entalpia, $H$ kcal/kgf | | Calor vaporização $(r)$ kcal/kgf |
|---|---|---|---|---|---|---|
| | | | | Líquido, $H_e$ | Vapor $H_v$ | |
| 0,010 | 6,698 | 0,0010001 | 131,70 | 6,73 | 600,1 | 593,4 |
| 0,015 | 12,737 | 0,0010007 | 89,64 | 12,78 | 602,8 | 590,0 |
| 0,020 | 17,204 | 0,0010013 | 68,27 | 17,24 | 604,8 | 587,6 |
| 0,025 | 20,776 | 0,0010020 | 55,28 | 20,80 | 606,4 | 585,6 |
| 0,030 | 23,772 | 0,0010027 | 46,53 | 23,79 | 607,7 | 583,9 |
| 0,040 | 28,641 | 0,0010041 | 35,46 | 28,65 | 609,8 | 581,1 |
| 0,050 | 32,55 | 0,0010053 | 28,73 | 32,55 | 611,5 | 578,9 |
| 0,060 | 35,82 | 0,0010064 | 24,19 | 35,81 | 612,9 | 577,1 |
| 0,080 | 41,16 | 0,0010084 | 18,45 | 41,14 | 615,2 | 574,1 |
| 0,10 | 45,45 | 0,0010101 | 14,95 | 45,41 | 617,0 | 571,6 |
| 0,12 | 49,06 | 0,0010116 | 12,60 | 49,01 | 618,5 | 569,5 |
| 0,15 | 53,60 | 0,0010137 | 10,21 | 53,54 | 620,5 | 567,0 |
| 0,20 | 59,67 | 0,0010170 | 7,795 | 59,61 | 623,1 | 563,5 |
| 0,25 | 64,56 | 0,0010196 | 6,322 | 64,49 | 625,1 | 560,6 |
| 0,30 | 68,68 | 0,0010221 | 5,328 | 68,61 | 626,8 | 558,2 |
| 0,35 | 72,24 | 0,0010242 | 4,615 | 72,18 | 628,2 | 556,0 |
| 0,40 | 75,42 | 0,0010261 | 4,069 | 75,36 | 629,5 | 554,1 |
| 0,50 | 80,86 | 0,0010296 | 3,301 | 80,81 | 631,6 | 550,8 |
| 0,60 | 85,45 | 0,0010326 | 2,783 | 85,41 | 633,4 | 548,0 |
| 0,70 | 89,45 | 0,0010355 | 2,409 | 89,43 | 634,9 | 545,5 |
| 0,80 | 92,99 | 0,0010381 | 2,125 | 92,99 | 636,2 | 543,2 |
| 0,90 | 96,18 | 0,0010405 | 1,904 | 96,19 | 637,4 | 541,2 |
| 1,0 | 99,09 | 0,0010428 | 1,725 | 99,12 | 638,5 | 539,4 |
| 1,1 | 101,76 | 0,0010449 | 1,578 | 101,81 | 639,4 | 537,6 |
| 1,2 | 104,25 | 0,0010468 | 1,455 | 104,32 | 640,3 | 536,0 |
| 1,3 | 106,56 | 0,0010487 | 1,350 | 106,66 | 641,2 | 534,5 |
| 1,4 | 108,74 | 0,0010504 | 1,259 | 108,85 | 642,0 | 533,1 |
| 1,5 | 110,79 | 0,0010521 | 1,180 | 110,92 | 642,8 | 531,9 |
| 1,6 | 112,73 | 0,0010537 | 1,111 | 112,89 | 643,5 | 530,6 |
| 1,8 | 116,33 | 0,0010569 | 0,9952 | 116,54 | 644,7 | 528,2 |
| 2,0 | 119,62 | 0,0010599 | 0,9016 | 119,87 | 645,8 | 525,9 |
| 2,2 | 122,65 | 0,0010628 | 0,8246 | 122,9 | 646,8 | 523,9 |
| 2,4 | 125,46 | 0,0010654 | 0,7601 | 125,8 | 647,8 | 522,0 |
| 2,6 | 128,08 | 0,0010678 | 0,7052 | 128,5 | 648,7 | 520,2 |

Tabela 4-1 (*continuação*)

| Pressão ($p$), kgf/cm² | Temperatura ($t$), °C | Volume específico do líquido ($\sigma_s$), m³/kgf | Volume específico do vapor ($v_s$), m³/kgf | Entalpia, $H$ kcal/kgf | | Calor vaporização ($r$) kcal/kgf |
|---|---|---|---|---|---|---|
| | | | | Líquido, $H_e$ | Vapor, $H_v$ | |
| 2,8 | 130,55 | 0,0010701 | 0,6578 | 131,0 | 649,5 | 518,5 |
| 3,0 | 132,88 | 0,0010725 | 0,6166 | 133,4 | 650,3 | 516,9 |
| 3,2 | 135,08 | 0,0010747 | 0,5804 | 135,6 | 650,9 | 515,3 |
| 3,4 | 137,18 | 0,0010769 | 0,5483 | 137,8 | 651,6 | 513,8 |
| 3,6 | 139,18 | 0,0010790 | 0,5196 | 139,8 | 652,2 | 512,4 |
| 3,8 | 141,09 | 0,0010809 | 0,4939 | 141,8 | 652,8 | 511,0 |
| 4,0 | 142,92 | 0,0010828 | 0,4706 | 143,6 | 653,4 | 509,8 |
| 4,5 | 147,20 | 0,0010875 | 0,4213 | 148,0 | 654,7 | 506,7 |
| 5,0 | 151,11 | 0,0010918 | 0,3816 | 152,1 | 655,8 | 503,7 |
| 5,5 | 154,72 | 0,0010960 | 0,3489 | 155,8 | 656,9 | 501,1 |
| 6,0 | 158,08 | 0,0010999 | 0,3213 | 159,3 | 657,8 | 498,5 |
| 6,5 | 161,22 | 0,0011036 | 0,2980 | 162,5 | 658,6 | 496,1 |
| 7,0 | 164,17 | 0,0011072 | 0,2778 | 165,6 | 659,4 | 493,8 |
| 7,5 | 166,97 | 0,0011107 | 0,2603 | 168,5 | 660,1 | 491,6 |
| 8,0 | 169,61 | 0,0011140 | 0,2448 | 171,3 | 660,8 | 489,5 |
| 8,5 | 172,12 | 0,0011172 | 0,2311 | 173,9 | 661,4 | 487,5 |
| 9,0 | 174,53 | 0,0011203 | 0,2189 | 176,4 | 662,0 | 485,6 |
| 9,5 | 176,83 | 0,0011234 | 0,2080 | 178,9 | 662,5 | 483,6 |
| 10,0 | 179,04 | 0,0011262 | 0,1981 | 181,2 | 663,0 | 481,8 |
| 11 | 183,20 | 0,0011318 | 0,1808 | 185,6 | 663,9 | 478,3 |
| 12 | 187,08 | 0,0011373 | 0,1664 | 189,7 | 664,7 | 475,0 |
| 13 | 190,71 | 0,0011425 | 0,1541 | 193,5 | 665,4 | 471,9 |
| 14 | 194,13 | 0,0011476 | 0,1435 | 197,1 | 666,0 | 468,9 |
| 15 | 197,36 | 0,0011524 | 0,1343 | 200,6 | 666,6 | 466,0 |
| 16 | 200,43 | 0,0011571 | 0,1262 | 203,9 | 667,1 | 463,2 |
| 17 | 203,35 | 0,0011619 | 0,1190 | 207,1 | 667,5 | 460,4 |
| 18 | 206,14 | 0,0011663 | 0,1126 | 210,1 | 667,9 | 457,8 |
| 19 | 208,81 | 0,0011707 | 0,1068 | 213,0 | 668,2 | 455,2 |
| 20 | 211,38 | 0,0011751 | 0,1016 | 215,8 | 668,5 | 452,7 |
| 22 | 216,23 | 0,0011834 | 0,09251 | 221,2 | 668,9 | 447,7 |
| 24 | 220,75 | 0,0011914 | 0,08492 | 226,1 | 669,3 | 443,2 |
| 26 | 224,99 | 0,0011991 | 0,07846 | 230,8 | 669,5 | 438,7 |
| 28 | 228,98 | 0,0012068 | 0,07288 | 235,2 | 669,6 | 434,4 |
| 30 | 232,76 | 0,0012142 | 0,06802 | 239,5 | 669,7 | 430,2 |
| 32 | 236,35 | 0,0012214 | 0,06375 | 243,6 | 669,7 | 426,1 |

Tabela 4-1 (*continuação*)

| Pressão ($p$), kgf/cm² | Temperatura, ($t$), °C | Volume específico do líquido ($\sigma_s$), m³/kgf | Volume específico do vapor ($v_s$), m³/kgf | Entalpia, $H$ kcal/kgf | | Calor vaporização ($r$), kcal/kgf |
|---|---|---|---|---|---|---|
| | | | | Líquido, $H_e$ | Vapor, $H_v$ | |
| 34 | 239,77 | 0,0012285 | 0,05995 | 247,5 | 669,6 | 422,1 |
| 36 | 243,04 | 0,0012355 | 0,05658 | 251,2 | 669,5 | 418,3 |
| 38 | 246,17 | 0,0012424 | 0,05353 | 254,8 | 669,3 | 414,5 |
| 40 | 249,18 | 0,0012493 | 0,05078 | 258,2 | 669,0 | 410,8 |
| 42 | 252,07 | 0,0012561 | 0,04828 | 261,6 | 668,8 | 407,2 |
| 44 | 254,87 | 0,0012627 | 0,04601 | 264,9 | 668,4 | 403,5 |
| 46 | 257,56 | 0,0012695 | 0,04393 | 268,0 | 668,0 | 400,0 |
| 48 | 260,17 | 0,0012762 | 0,04201 | 271,2 | 667,7 | 396,5 |
| 50 | 262,70 | 0,0012828 | 0,04024 | 274,2 | 667,2 | 393,1 |
| 55 | 268,69 | 0,0012989 | 0,03636 | 281,4 | 666,2 | 384,8 |
| 60 | 274,29 | 0,0013150 | 0,03310 | 288,4 | 665,0 | 376,6 |
| 65 | 279,54 | 0,0013307 | 0,03033 | 294,8 | 663,6 | 368,8 |
| 70 | 284,48 | 0,0013467 | 0,02795 | 300,9 | 662,1 | 361,2 |
| 75 | 289,17 | 0,0013625 | 0,02587 | 307,0 | 660,5 | 353,5 |
| 80 | 293,62 | 0,0013786 | 0,02404 | 312,6 | 658,9 | 346,3 |
| 85 | 297,86 | 0,0013951 | 0,02241 | 318,2 | 657,0 | 338,8 |
| 90 | 301,92 | 0,001412 | 0,02096 | 323,6 | 655,1 | 331,5 |
| 95 | 305,80 | 0,001428 | 0,01964 | 328,8 | 653,2 | 324,4 |
| 100 | 309,53 | 0,001445 | 0,01845 | 334,0 | 651,1 | 317,1 |
| 110 | 316,58 | 0,001480 | 0,01637 | 344,0 | 646,7 | 302,7 |
| 120 | 323,15 | 0,001518 | 0,01462 | 353,9 | 641,9 | 288,0 |
| 130 | 329,30 | 0,001558 | 0,01312 | 363,0 | 636,6 | 273,6 |
| 140 | 335,09 | 0,001599 | 0,01181 | 372,4 | 631,0 | 258,6 |
| 150 | 340,56 | 0,001646 | 0,01065 | 381,7 | 624,9 | 243,2 |
| 160 | 345,74 | 0,001699 | 0,009616 | 390,8 | 618,3 | 227,5 |
| 180 | 355,35 | 0,001821 | 0,007809 | 410,2 | 602,5 | 192,3 |
| 200 | 364,08 | 0,002010 | 0,006200 | 431,4 | 582,1 | 150,7 |
| 225,65 | 374,15 | 0,003180 | 0,003180 | 501,5 | 501,5 | 0 |

onde a diferença $\Delta t$ entre a temperatura do vapor superaquecido $t$ e a temperatura de vaporização $t_s$ correspondente à pressão na qual se verifica a formação do vapor, recebe o nome de "grau de superaquecimento".

O calor específico à pressão constante dos vapores superaquecidos, ao contrário dos gases, varia grandemente com a pressão e a temperatura, razão pela qual na expressão finita acima aparece o seu valor médio.

Para o vapor dágua superaquecido, o calor específico à pressão constante pode ser calculado com boa aproximação por meio da fórmula empírica de Mollier:

$$C_p = 0{,}47 - \frac{13}{3 \cdot 10^4} p \frac{202{,}96}{(T/100)10/3} + 15\left(\frac{p}{10}\right)\frac{2{,}2248 \cdot 10^{12}}{(T^{14}/100)}.$$

Mais prático é o uso da Tab. 4-2, devida a Schule, que nos fornece diretamente os calores específicos médios à pressão constante, entre as temperaturas $t_s$ e $t$.

Ao passar da zona de saturação para a zona de superaquecimento, o sistema, de univariante que era, torna-se novamente bivariante, de modo que a temperatura do vapor que dependia unicamente da pressão, passa a depender também do volume específico do fluido.

A equação de estado dos vapores superaquecidos será, portanto, da forma geral

$$F(p, v, T) = 0.$$

Assim, além das equações já citadas no estudo dos gases reais como a de Van der Waals, a de Wohl, a de Clausius e a de Beattie-Bridgman, podemos aplicar aos vapores dágua superaquecidos a conhecida equação de R. Linde

$$pv = 47{,}1T - p(1 + 0{,}000002p)[0{,}031(373/T)^3 - 0{,}0052],$$

que pode ser posta sob a forma simplificada

$$pv = 47{,}1T - 0{,}016p,$$

isto é,

$$p(v + 0{,}016) = 47{,}1T, \qquad (4\text{-}4)$$

cuja aproximação dentro dos limites de aplicação usuais é satisfatória.

Ao aumentar o volume específico, o comportamento dos vapores superaquecidos vai cada vez mais se aproximando daquele correspondente aos gases perfeitos, de modo que, para os vapores dágua de

$$v > 1\,\frac{\text{m}^3}{\text{kgf}},$$

podemos adotar a equação de estado

$$pv = 47{,}1T. \qquad (4\text{-}5)$$

## 5 – *CALOR TOTAL E ENTALPIA DE UM VAPOR*

Dá-se o nome de calor total de um vapor, $\lambda$, à quantidade de calor despendida à pressão constante para a formação do mesmo, a partir do líquido a 0 °C. Assim, o calor total de um vapor superaquecido a uma temperatura $T$ e pressão $p$ nos seria dado pela soma das parcelas de calor isobárico correspondentes, ao aquecimento do líquido de 0 °C à temperatura de vaporização $T_s$ correspondente à pressão $p$, à vaporização e ao superaquecimento desde a

Tabela 4-2

| $p$ $\frac{kgf}{cm^2}$ | 1 | 2 | 4 | 6 | 8 | 10 | 12 | 14 | 16 | 18 | 20 |
|---|---|---|---|---|---|---|---|---|---|---|---|
| $t_s$ °C | 99,1 | 119,6 | 142,9 | 158,1 | 169,6 | 179,1 | 187,1 | 194,2 | 200,5 | 206,2 | 211,4 |
| $C_{p_s}$ | 0,487 | 0,501 | 0,528 | 0,555 | 0,584 | 0,613 | 0,642 | 0,671 | 0,699 | 0,729 | 0,760 |
| 120 °C | 0,483 | | | | | | | | | | |
| 140 | 0,48 | 0,496 | | | | | | | | | |
| 160 | 0,478 | 0,491 | 0,521 | | | | | | | | |
| 180 | 0,476 | 0,488 | 0,544 | 0,576 | | | | | | | |
| 200 | 0,475 | 0,486 | 0,509 | 0,534 | 0,561 | 0,590 | 0,623 | 0,660 | | | |
| 220 | 0,475 | 0,485 | 0,505 | 0,526 | 0,548 | 0,572 | 0,599 | 0,629 | 0,661 | 0,697 | 0,738 |
| 240 | 0,474 | 0,484 | 0,501 | 0,519 | 0,538 | 0,558 | 0,580 | 0,605 | 0,631 | 0,660 | 0,694 |
| 260 | 0,474 | 0,483 | 0,499 | 0,514 | 0,530 | 0,548 | 0,567 | 0,588 | 0,610 | 0,634 | 0,660 |
| 280 | 0,474 | 0,482 | 0,497 | 0,510 | 0,525 | 0,540 | 0,556 | 0,575 | 0,594 | 0,615 | 0,637 |
| 300 | 0,474 | 0,482 | 0,496 | 0,508 | 0,521 | 0,534 | 0,548 | 0,565 | 0,582 | 0,600 | 0,619 |
| 320 | 0,475 | 0,482 | 0,495 | 0,505 | 0,517 | 0,530 | 0,543 | 0,558 | 0,572 | 0,589 | 0,606 |
| 340 | 0,476 | 0,482 | 0,494 | 0,504 | 0,515 | 0,527 | 0,538 | 0,552 | 0,565 | 0,580 | 0,596 |
| 360 | 0,477 | 0,483 | 0,494 | 0,504 | 0,514 | 0,524 | 0,535 | 0,548 | 0,560 | 0,574 | 0,587 |
| 380 | 0,478 | 0,483 | 0,494 | 0,503 | 0,512 | 0,522 | 0,533 | 0,545 | 0,556 | 0,568 | 0,580 |
| 400 | | 0,484 | 0,494 | 0,503 | 0,511 | | | | | | |

temperatura $T_s$ até a temperatura $T$, isto é,

$$\lambda = q + r + C_{p_m}(T - T_s). \tag{4-6}$$

Conceito pouco diverso do calor total é o de *entalpia*, o qual corresponde ao calor que entra em jogo na formação de um vapor, considerando-se como ponto de partida a fase líquida na zona de saturação a 0 °C, onde, para a água

$$T_0 = 273{,}15\ \mathrm{K},$$

$$p_0 = 62{,}28\ \frac{\mathrm{kgf}}{\mathrm{m}^2},$$

$$\sigma_0 = 0{,}0010002\ \frac{\mathrm{m}^3}{\mathrm{kgf}},$$

(o valor mínimo é de 0,001 e se verifica a 4 °C).

Nessas condições a entalpia difere do calor total apenas da parcela de energia correspondente à elevação da pressão do líquido de $p_0$ a $p$, a qual nos será dada por

$$A\sigma_0(p - p_0),$$

e recebe o nome de trabalho de alimentação.

Nas aplicações usuais, o trabalho de alimentação pode ser, na maior parte dos casos, desprezado, de modo que podemos tomar

$$H = \lambda + A\sigma_0(p - p_0) \cong \lambda. \tag{4-7}$$

A entalpia do líquido, $H_e$, e do vapor saturado seco, $H_v$, é geralmente tabelada (veja, para a água, a Tab. 4-1), enquanto que a entalpia de um vapor superaquecido é dada por

$$H = H_v + C_{p_m}(T - T_s).$$

# capítulo 5

# AR ÚMIDO

## 1 – *GENERALIDADES*

O ar atmosférico contém sempre uma certa quantidade de vapor dágua, o qual, quando a atmosfera está limpa, encontra-se no estado de superaquecimento.

Enquanto a mistura vapor-ar não se torna saturada, com formação de neblina, nuvens, etc., podemos considerá-la uma mistura gasosa, obedecendo às leis já estabelecidas para esse tipo de mistura.

Assim, designa-se por pressão parcial dos componentes da mistura a pressão que cada componente exerceria caso ocupasse, nas mesmas condições de temperatura, o volume total da mistura. A pressão total da mistura é a soma das pressões parciais de seus componentes.

Para o ar atmosférico ao nível do mar, o valor médio de sua pressão, dita pressão atmosférica normal, vale

$$1{,}0332\,\frac{\text{kgf}}{\text{cm}^2} = 760\,\text{mm Hg} = 10\,332\,\frac{\text{kgf}}{\text{m}^2}\,(\text{mm H}_2\text{O}).$$

De acordo com as condições meteorológicas, esse valor pode variar $\pm 5\,\%$.

Ao nos elevarmos acima do nível do mar, a pressão atmosférica diminui, de acordo com a expressão de Laplace:

$$\log p_{\text{mm}\,\text{H}_2\text{O}} = \log p_0 - \frac{H\,(\text{km})}{18{,}4 + 0{,}067 t_m}, \qquad (5\text{-}1)$$

onde $t_m$ é a temperatura média do ar na região compreendida entre o nível do mar e a altura $H$ dada em km. A pressão parcial do vapor dágua $p_v$ contido no ar nunca pode exceder a pressão $p_s$ de saturação, correspondente à temperatura da mistura $[p_s = f(t)]$. A pressão $p_s$ do vapor dágua saturado nos é dada pela Tab. 5-1 em função de sua temperatura, em mm de coluna de Hg e em kgf/m$^2$. Assim, podemos considerar a pressão parcial do vapor dágua contido no ar $p_v$ como uma parcela $\varphi$ da pressão parcial máxima admissível para o mesmo $p_s$, para cada temperatura da mistura:

$$p_v = \varphi p_s.$$

A pressão de saturação pode ser calculada por meio da expressão

$$\log p_{s_{\text{kgf/m}^2}} = 10{,}28 - (2\,316/T),$$

Tabela 5-1

| $t$ | $p_s$ | $p_s$ | $t$ | $p_s$ | $p_s$ |
|---|---|---|---|---|---|
| °C | kgf/m² | mm Hg | °C | kgf/m² | mm Hg |
| -10 | 26,46 | 1,946 | 16 | 185,37 | 13,63 |
| - 9 | 28,89 | 2,125 | 17 | 197,55 | 14,53 |
| - 8 | 31,56 | 2,321 | 18 | 210,42 | 15,48 |
| - 7 | 34,43 | 2,532 | 19 | 224,02 | 16,48 |
| - 6 | 37,54 | 2,761 | 20 | 238,40 | 17,54 |
| - 5 | 40,90 | 3,008 | 21 | 253,56 | 18,65 |
| - 4 | 44,54 | 3,276 | 22 | 269,56 | 19,83 |
| - 3 | 48,48 | 3,566 | 23 | 286,44 | 21,07 |
| - 2 | 52,74 | 3,879 | 24 | 304,23 | 22,38 |
| - 1 | 57,32 | 4,216 | 25 | 322,98 | 23,66 |
| 0 | 62,26 | 4,579 | 26 | 342,74 | 25,21 |
| 1 | 66,97 | 4,93 | 27 | 363,54 | 26,74 |
| 2 | 71,98 | 5,29 | 28 | 385,43 | 28,35 |
| 3 | 77,29 | 5,69 | 29 | 408,46 | 30,04 |
| 4 | 82,95 | 6,10 | 30 | 432,67 | 31,82 |
| 5 | 88,96 | 6,54 | 31 | 458,11 | 33,70 |
| 6 | 95,35 | 7,01 | 32 | 484,87 | 35,66 |
| 7 | 102,15 | 7,51 | 33 | 512,96 | 37,73 |
| 8 | 109,38 | 8,05 | 34 | 542,45 | 39,90 |
| 9 | 117,05 | 8,61 | 35 | 573,40 | 42,18 |
| 10 | 125,20 | 9,21 | 36 | 605,87 | 44,56 |
| 11 | 133,84 | 9,84 | 37 | 639,91 | 47,07 |
| 12 | 143,01 | 10,52 | 38 | 675,60 | 49,69 |
| 13 | 152,69 | 11,23 | 39 | 712,99 | 52,44 |
| 14 | 162,97 | 11,99 | 40 | 752,18 | 55,32 |
| 15 | 173,86 | 12,79 | 41 | 793,20 | 58,34 |

ou, ainda, para 1 kgf/m² = 760/10 332 = 0,0735 mm Hg

$$\log p_{s_{\text{mm Hg}}} = 9{,}1466 - (2\,316/T). \qquad (5\text{-}2)$$

A pressão parcial do vapor na mistura $p_v$, por sua vez, pode ser determinada experimentalmente por meio do psicrômetro de Augusto, o qual se baseia no fenômeno pelo qual a evaporação de água em presença do ar é tanto mais intensa quanto mais afastado da pressão da saturação se encontra o vapor dágua contido no mesmo.

O psicrômetro é constituído de dois termômetros idênticos, um dos quais tem o depósito de Hg envolvido com seda de malha larga, permanentemente molhada (Fig. 5-1).

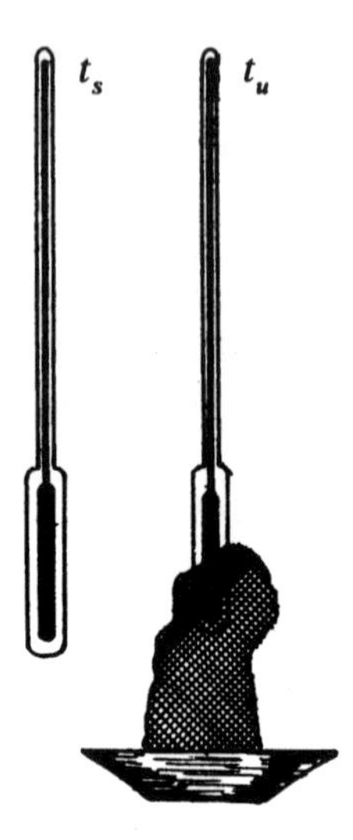


Figura 5-1

Na evaporação é consumida uma certa quantidade de calor latente que, subtraída do meio, provoca o abaixamento de sua temperatura (saturação adiabática do ar). Em vista disso, a temperatura do termômetro úmido $(TTU)t_u$ é inferior à temperatura do termômetro seco $(TTS)t_s$. Desse modo, podemos calcular a pressão parcial do vapor dágua $p_v$ por meio dos dados experimentais obtidos do psicrômetro de Augusto:

$$p_v = p_{s_{t_u}} - \frac{p}{755}\left(\frac{t_s - t_u}{2}\right) \text{mm Hg}. \qquad (5\text{-}3)$$

A relação entre a pressão parcial de vapor, $p_v$, e a pressão de saturação correspondente à temperatura do termômetro seco, $p_s$, para a pressão atmosférica normal é dada pela Tab. 5-2, em função das leituras do psicrômetro:

$$\varphi = \frac{p_v}{p_s} = f(t_s, t_s - tu).$$

*Exemplo* 5-1

Seja um ambiente a 760 mm Hg cujas indicações termométricas são:

$$TTS = 30\ °C,$$

$$TTU = 20\ °C.$$

A Tab. 5-1 nos fornece:

$$p_{s\,30^\circ C} = 31{,}82\,\text{mm Hg},$$
$$p_{s\,20^\circ C} = 17{,}54\,\text{mm Hg},$$

de modo que a fórmula (5-3) nos permite calcular:

$$p_v = 17{,}54 - 5\frac{760}{755},$$
$$p_v = 17{,}54 - 5{,}04 = 12{,}5\,\text{mm Hg},$$
$$\varphi = \frac{p_v}{p_s} = \frac{12{,}5}{31{,}82} = 0{,}393 \quad (39{,}3\,\%),$$

valor pouco superior ao dado pela Tab. 5-2, que é 39 %.

## 2 – *UMIDADE ABSOLUTA E UMIDADE RELATIVA*

Recebe o nome de "umidade absoluta do ar úmido" o peso de vapor dágua contido em cada m$^3$ de mistura. Assim, chamando de $G_v$ de peso do vapor e $G_{ar}$ o peso de ar seco em uma mistura de ar úmido de peso $G$ e volume $V$, tal que

$$G = G_{ar} + G_v,$$

a umidade absoluta da mistura nos será dada por

$$\gamma_v = \frac{G_v}{V}\,\frac{\text{kgf}}{\text{m}^3}.$$

A quantidade de vapor dágua que pode conter o ar não é ilimitada, mas depende da pressão de saturação do vapor, a qual, conforme vimos, é uma função da temperatura da mistura.

Quando o ar contém o peso máximo de umidade ($G_s$) compatível com a sua temperatura, dizemos que o mesmo está saturado.

Num ar saturado de umidade, o vapor dágua encontra-se no limite de saturação, isto é, no estado de vapor saturado seco.

Qualquer nova quantidade de umidade adicionada a um ar saturado aparece no estado líquido misturada ao vapor seco (vapor saturado úmido), o que constitui as nuvens, a neblina e até a própria chuva. A umidade absoluta de um ar saturado corresponde ao peso específico do vapor saturado seco à temperatura da mistura $\gamma_s$, e tem por expressão

$$\gamma_s = \frac{G_s}{V}.$$

A relação entre o peso do vapor dágua contida por m$^3$ de ar úmido e o peso de vapor dágua que o mesmo conteria caso estivesse saturado, recebe o nome de *umidade relativa* do ar.

Tabela 5-2

$$\varphi = f(t_s, t_s - t_u)$$

| $t_s$ | $t_s - t_u$ | | | | | | | | | | | | | | | | | | | | | | | | |
|---|---|---|---|---|---|---|---|---|---|---|---|---|---|---|---|---|---|---|---|---|---|---|---|---|---|
| | 0 | 0,5 | 1 | 1,5 | 2 | 2,5 | 3 | 3,5 | 4 | 4,5 | 5 | 5,5 | 6 | 6,5 | 7 | 7,5 | 8 | 8,5 | 9 | 9,5 | 10 | 10,5 | 11 | 11,5 | 12 |
| 35 | 100 | 96 | 94 | 90 | 87 | 84 | 81 | 78 | 75 | 72 | 69 | 66 | 64 | 61 | 59 | 56 | 54 | 51 | 49 | 46 | 44 | 42 | 40 | 38 | 36 |
| 34,5 | 100 | 96 | 94 | 90 | 87 | 84 | 81 | 78 | 75 | 72 | 69 | 66 | 64 | 61 | 58 | 56 | 53 | 51 | 49 | 46 | 44 | 42 | 39 | 37 | 35 |
| 34 | 100 | 96 | 94 | 90 | 87 | 84 | 81 | 78 | 75 | 72 | 69 | 66 | 63 | 60 | 58 | 55 | 53 | 51 | 48 | 45 | 43 | 41 | 39 | 37 | 35 |
| 33,5 | 100 | 96 | 94 | 90 | 87 | 84 | 81 | 78 | 74 | 71 | 68 | 65 | 63 | 60 | 57 | 54 | 52 | 50 | 48 | 45 | 43 | 40 | 38 | 36 | 34 |
| 33 | 100 | 96 | 94 | 90 | 87 | 84 | 81 | 77 | 74 | 71 | 68 | 65 | 63 | 60 | 57 | 54 | 52 | 49 | 47 | 45 | 42 | 40 | 38 | 35 | 33 |
| 32,5 | 100 | 96 | 93 | 90 | 86 | 84 | 80 | 77 | 74 | 71 | 68 | 65 | 62 | 59 | 57 | 54 | 51 | 49 | 47 | 44 | 42 | 39 | 37 | 35 | 33 |
| 32 | 100 | 96 | 93 | 89 | 86 | 83 | 80 | 77 | 74 | 71 | 68 | 65 | 62 | 59 | 57 | 54 | 51 | 48 | 46 | 44 | 42 | 39 | 37 | 35 | 32 |
| 31,5 | 100 | 96 | 93 | 89 | 86 | 83 | 80 | 77 | 73 | 70 | 67 | 64 | 61 | 58 | 56 | 53 | 51 | 48 | 46 | 43 | 41 | 38 | 36 | 34 | 32 |
| 31 | 100 | 96 | 93 | 89 | 86 | 83 | 80 | 76 | 73 | 70 | 67 | 64 | 61 | 58 | 56 | 53 | 50 | 48 | 45 | 42 | 40 | 37 | 35 | 33 | 31 |
| 30,5 | 100 | 96 | 93 | 89 | 86 | 83 | 79 | 76 | 73 | 70 | 67 | 64 | 61 | 58 | 55 | 53 | 50 | 47 | 45 | 42 | 40 | 37 | 35 | 33 | 31 |
| 30 | 100 | 96 | 93 | 89 | 86 | 82 | 79 | 76 | 73 | 70 | 67 | 64 | 61 | 58 | 55 | 52 | 50 | 47 | 44 | 41 | 39 | 36 | 34 | 32 | 30 |
| 29,5 | 100 | 96 | 93 | 89 | 86 | 82 | 79 | 75 | 72 | 69 | 66 | 63 | 60 | 57 | 55 | 52 | 49 | 46 | 44 | 41 | 38 | 36 | 34 | 31 | 29 |
| 29 | 100 | 96 | 93 | 89 | 86 | 82 | 79 | 75 | 72 | 69 | 66 | 63 | 60 | 57 | 55 | 52 | 49 | 46 | 43 | 41 | 38 | 35 | 33 | 30 | 28 |
| 28,5 | 100 | 96 | 93 | 89 | 85 | 82 | 78 | 75 | 72 | 69 | 66 | 63 | 60 | 57 | 54 | 51 | 48 | 45 | 43 | 40 | 37 | 34 | 32 | 30 | 28 |
| 28 | 100 | 96 | 93 | 89 | 85 | 82 | 78 | 74 | 72 | 68 | 65 | 62 | 59 | 56 | 53 | 50 | 48 | 45 | 42 | 39 | 37 | 34 | 32 | 29 | 27 |
| 27,5 | 100 | 96 | 93 | 89 | 85 | 82 | 78 | 74 | 71 | 68 | 65 | 62 | 59 | 55 | 52 | 49 | 47 | 44 | 42 | 39 | 36 | 33 | 31 | 28 | 26 |
| 27 | 100 | 96 | 93 | 89 | 85 | 81 | 78 | 74 | 71 | 68 | 65 | 62 | 59 | 55 | 52 | 49 | 47 | 44 | 41 | 38 | 36 | 33 | 30 | 27 | 25 |
| 26,5 | 100 | 96 | 92 | 89 | 85 | 81 | 78 | 74 | 71 | 68 | 64 | 61 | 58 | 54 | 51 | 48 | 46 | 43 | 40 | 37 | 35 | 32 | 30 | 27 | 25 |
| 26 | 100 | 96 | 92 | 89 | 85 | 81 | 78 | 74 | 71 | 67 | 64 | 61 | 58 | 54 | 51 | 48 | 45 | 42 | 40 | 37 | 34 | 31 | 29 | 26 | 24 |
| 25,5 | 100 | 96 | 92 | 89 | 85 | 81 | 77 | 73 | 70 | 67 | 64 | 60 | 57 | 53 | 50 | 47 | 44 | 41 | 39 | 36 | 34 | 31 | 28 | 25 | 23 |
| 25 | 100 | 96 | 92 | 88 | 85 | 81 | 77 | 73 | 70 | 67 | 64 | 60 | 57 | 53 | 50 | 47 | 44 | 41 | 39 | 36 | 33 | 30 | 27 | 24 | 22 |
| 24,5 | 100 | 96 | 92 | 88 | 84 | 81 | 77 | 73 | 70 | 66 | 63 | 59 | 56 | 52 | 49 | 46 | 43 | 40 | 38 | 35 | 32 | 29 | 26 | 23 | 21 |
| 24 | 100 | 96 | 92 | 88 | 84 | 80 | 77 | 73 | 70 | 66 | 63 | 59 | 56 | 52 | 49 | 46 | 43 | 40 | 37 | 34 | 31 | 28 | 26 | 23 | 20 |
| 23,5 | 100 | 96 | 92 | 88 | 84 | 80 | 76 | 72 | 69 | 65 | 62 | 58 | 55 | 52 | 48 | 45 | 42 | 39 | 36 | 33 | 30 | 27 | 25 | 22 | 19 |
| 23 | 100 | 96 | 92 | 88 | 84 | 80 | 76 | 72 | 69 | 65 | 62 | 58 | 55 | 52 | 48 | 45 | 42 | 39 | 36 | 33 | 30 | 27 | 24 | 21 | 18 |
| 22,5 | 100 | 96 | 91 | 87 | 83 | 79 | 76 | 72 | 68 | 64 | 61 | 57 | 54 | 50 | 47 | 44 | 41 | 38 | 35 | 32 | 29 | 26 | 23 | 20 | 17 |
| 22 | 100 | 96 | 91 | 87 | 83 | 79 | 76 | 72 | 68 | 64 | 61 | 57 | 53 | 50 | 47 | 43 | 40 | 37 | 34 | 31 | 28 | 25 | 22 | 19 | 16 |
| 21,5 | 100 | 96 | 91 | 87 | 83 | 79 | 76 | 71 | 67 | 63 | 60 | 56 | 52 | 49 | 46 | 42 | 39 | 36 | 33 | 30 | 27 | 24 | 21 | 18 | 15 |
| 21 | 100 | 96 | 91 | 87 | 83 | 79 | 75 | 71 | 67 | 63 | 60 | 56 | 52 | 49 | 46 | 42 | 39 | 35 | 32 | 29 | 26 | 23 | 20 | 17 | 14 |
| 20,5 | 100 | 96 | 91 | 86 | 82 | 78 | 75 | 70 | 66 | 62 | 59 | 55 | 51 | 48 | 45 | 41 | 38 | 34 | 31 | 28 | 25 | 22 | 19 | 16 | 13 |
| 20 | 100 | 96 | 91 | 86 | 82 | 78 | 75 | 70 | 66 | 62 | 59 | 55 | 51 | 47 | 44 | 40 | 37 | 33 | 30 | 27 | 24 | 21 | 18 | 14 | 11 |
| 19,5 | 100 | 95 | 91 | 86 | 82 | 78 | 74 | 70 | 66 | 62 | 58 | 54 | 50 | 46 | 43 | 39 | 36 | 32 | 29 | 26 | 23 | 20 | 17 | 13 | 10 |
| 19 | 100 | 95 | 91 | 86 | 82 | 78 | 74 | 70 | 66 | 62 | 58 | 54 | 50 | 46 | 43 | 39 | 35 | 31 | 28 | 25 | 22 | 18 | 15 | 12 | 9 |
| 18,5 | 100 | 95 | 91 | 86 | 82 | 77 | 73 | 69 | 65 | 61 | 57 | 53 | 49 | 45 | 42 | 38 | 34 | 30 | 27 | 24 | 21 | 17 | 14 | 11 | 8 |
| 18 | 100 | 95 | 91 | 86 | 82 | 77 | 73 | 69 | 65 | 60 | 56 | 52 | 49 | 45 | 41 | 37 | 33 | 29 | 26 | 23 | 20 | 16 | 13 | 9 | 6 |
| 17,5 | 100 | 95 | 90 | 86 | 81 | 76 | 72 | 68 | 64 | 60 | 56 | 52 | 48 | 44 | 40 | 36 | 32 | 28 | 25 | 21 | 18 | 15 | 12 | 8 | 5 |
| 17 | 100 | 95 | 90 | 85 | 81 | 76 | 72 | 68 | 64 | 59 | 55 | 51 | 47 | 43 | 39 | 35 | 32 | 28 | 24 | 20 | 17 | 13 | 10 | 6 | 3 |
| 16,5 | 100 | 95 | 90 | 85 | 81 | 76 | 71 | 67 | 63 | 58 | 54 | 50 | 46 | 42 | 38 | 34 | 31 | 27 | 23 | 19 | 16 | 12 | 9 | 5 | 2 |
| 16 | 100 | 95 | 90 | 85 | 81 | 76 | 71 | 67 | 63 | 58 | 54 | 49 | 45 | 41 | 37 | 33 | 30 | 26 | 22 | 18 | 15 | 11 | 7 | 4 | 1 |
| 15,5 | 100 | 95 | 90 | 85 | 81 | 76 | 71 | 66 | 62 | 57 | 53 | 48 | 44 | 40 | 36 | 32 | 28 | 24 | 21 | 17 | 14 | 10 | 6 | | |
| 15 | 100 | 95 | 90 | 85 | 80 | 75 | 70 | 65 | 61 | 56 | 52 | 47 | 43 | 39 | 35 | 31 | 27 | 23 | 20 | 15 | 12 | 8 | 5 | | |
| 14,5 | 100 | 95 | 90 | 85 | 80 | 75 | 70 | 65 | 60 | 55 | 51 | 46 | 42 | 38 | 34 | 30 | 26 | 22 | 18 | 14 | 11 | 7 | 3 | | |
| 14 | 100 | 95 | 90 | 85 | 80 | 75 | 70 | 65 | 60 | 55 | 51 | 46 | 42 | 38 | 34 | 29 | 25 | 21 | 17 | 13 | 9 | 3 | 2 | | |
| 13,5 | 100 | 95 | 89 | 84 | 79 | 74 | 69 | 64 | 59 | 54 | 50 | 45 | 41 | 36 | 32 | 28 | 24 | 20 | 16 | 12 | 8 | | | | |
| 13 | 100 | 95 | 89 | 84 | 79 | 74 | 69 | 64 | 59 | 54 | 50 | 45 | 40 | 35 | 31 | 26 | 22 | 18 | 14 | 10 | 6 | | | | |
| 12,5 | 100 | 95 | 89 | 84 | 78 | 73 | 68 | 63 | 58 | 53 | 49 | 44 | 39 | 34 | 30 | 25 | 21 | 17 | 13 | 9 | 5 | | | | |
| 12 | 100 | 95 | 89 | 83 | 78 | 73 | 68 | 62 | 57 | 52 | 48 | 43 | 38 | 33 | 29 | 24 | 20 | 15 | 11 | 7 | 3 | | | | |
| 11,5 | 100 | 94 | 89 | 83 | 77 | 72 | 67 | 61 | 56 | 51 | 47 | 42 | 37 | 32 | 28 | 23 | 18 | 14 | 10 | | | | | | |
| 11 | 100 | 94 | 88 | 82 | 76 | 72 | 66 | 61 | 56 | 51 | 46 | 41 | 36 | 31 | 27 | 21 | 17 | 12 | 8 | | | | | | |
| 10,5 | 100 | 94 | 88 | 82 | 76 | 71 | 66 | 60 | 55 | 50 | 45 | 40 | 35 | 30 | 25 | 20 | 16 | 11 | 7 | | | | | | |
| 10 | 100 | 94 | 88 | 82 | 76 | 71 | 65 | 60 | 55 | 49 | 44 | 39 | 34 | 29 | 24 | 19 | 14 | 9 | 5 | | | | | | |

Conforme provaremos a seguir, a umidade relativa é igual à relação entre as pressões parciais do vapor $\varphi$, isto é,

$$\varphi = \frac{p_v}{p_s} = \frac{\gamma_v}{\gamma_s}.$$

## 3 – *CONTEÚDO DE UMIDADE E GRAU HIGROMÉTRICO*

Nos problemas que surgem na prática, a respeito do ar úmido, as suas características, como sejam, os volumes dos componentes, peso de água na mistura, umidade absoluta e umidade relativa, variam, permanecendo constante unicamente o peso do ar seco.

Daí a vantagem e mesmo a necessidade de referir as suas principais características à unidade de peso do ar seco.

Assim, recebe o nome de *conteúdo de umidade*, ou *umidade específica*, do ar úmido, o peso $x$ de vapor dágua contido na mistura por kgf de ar seco, isto é, de acordo com as notações propostas:

$$x = \frac{G_v}{G_{ar}} \cdot$$

Para o ar saturado de umidade, o "conteúdo de umidade" atinge o valor máximo:

$$x_s = \frac{G_s}{G_{ar}} \cdot$$

A relação entre o conteúdo de umidade de ar úmido e o conteúdo de umidade do ar saturado *à mesma temperatura*,

$$\psi = \frac{x}{x_s},$$

toma o nome de *grau higrométrico*, ou *grau de saturação* do ar considerado e, conforme veremos, pode ser confundido com a umidade relativa.

## 4 – *LEI DE DALTON APLICADA AO AR ÚMIDO*

Considerando que tanto para o ar como para o vapor dágua nele contido seja válida a equação geral dos gases, $pV = GRT$, podemos aplicar à mistura de ar úmido, a lei de Dalton já conhecida no estudo das misturas de gases.

Assim, se tomarmos uma mistura com 1 kgf de ar seco, o peso de água contido na mesma será $x$ kgf, de tal forma que, para o volume $V$ da mistura, podemos escrever:

$$pV = (1 + x)R_m T;$$

$$p_v V = xR_v T;$$

$$p_{ar} V = R_{ar} T;$$

onde

$$R = \frac{p_0}{\gamma_0 T_0}$$

e

$$R_m = \frac{G_v R_v + G_{ar} R_{ar}}{G_m}.$$

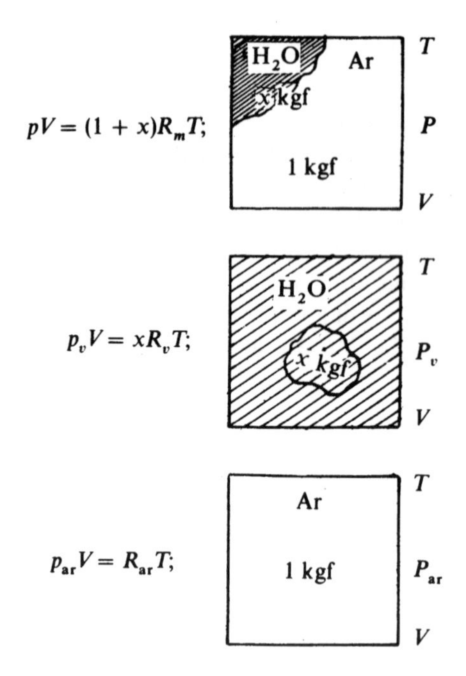


Podemos calcular, para pressões dadas em mm de Hg,

$$R_{ar} = \frac{760}{273 \cdot 1{,}293} = 2{,}153 \left(\frac{m^3 \cdot mm\ Hg}{kgf\,K}\right),$$

$$R_v = \frac{760}{273(18/22{,}4)} = 3{,}461 \left(\frac{m^3 \cdot mm\ Hg}{kgf\,K}\right),$$

$$R_m = \frac{3{,}461x + 2{,}153 \cdot 1}{1 + x};$$

de modo que:

$$\begin{aligned} pV &= (2{,}153 + 3{,}461x)T, \\ p_v V &= 3{,}461xT, \\ p_{ar} V &= 2{,}153T. \end{aligned} \qquad (5\text{-}4)$$

Essas expressões nos permitem chegar às seguintes conclusões:

a) a umidade relativa é igual à relação entre a pressão parcial do vapor dágua $p_v$ e a pressão de saturação $p_s$; com efeito,

$$p_v = 3{,}461 \frac{x}{V} T = 3{,}461 \frac{G_v}{V} T = 3{,}461 \gamma_v T.$$

E, igualmente, para um ar saturado à mesma temperatura,

$$p_s = 3{,}461 \frac{G_s}{V'} T = 3{,}461 \gamma_s T,$$

donde

$$\varphi = \frac{p_v}{p_s} = \frac{\gamma_v}{\gamma_s};$$

b) a umidade relativa do ar úmido é praticamente igual ao grau higrométrico; com efeito,

$$\frac{3{,}461x}{2{,}153} = \frac{p_v}{p_{ar}},$$

$$x = 0{,}622\frac{p_v}{p_{ar}} = 0{,}622 \cdot \frac{p_v}{p - p_v}, \qquad (5\text{-}5)$$

ou, ainda,

$$p_v = \frac{xp}{x + 0{,}622}; \qquad (5\text{-}6)$$

e, igualmente, para um ar saturado,

$$x_s = 0{,}622 \cdot \frac{p_s}{p - p_s}. \qquad (5\text{-}7)$$

Assim, o grau de saturação $\psi$ nos será dado por

$$\psi = \frac{x}{x_s} = \frac{p_v}{p_s} \cdot \frac{p - p_s}{p - p_v} = \varphi\frac{p - p_s}{p - \varphi p_s}. \qquad (5\text{-}8)$$

Mas, como $p_s$ é, para as temperaturas ambientes, bastante inferior à pressão atmosférica $p$ ($< 40$ mm Hg), podemos, sem grande erro ($< 5\%$), considerar

$$\psi = \varphi.$$

As expressões dadas em (5-4) nos permitem ainda determinar o volume específico dos componentes do ar úmido. Assim,

$$v_m = \frac{V}{1 + x} = \frac{2{,}153 + 3{,}461x}{1 + x} \cdot \frac{T}{p},$$

$$v_v = \frac{V}{x} = 3{,}461\frac{T}{p_v}, \qquad (5\text{-}9)$$

$$v_{ar} = V = 2{,}153\frac{T}{p_{ar}}.$$

*Exemplo* 5-2

O ar ambiente à pressão de 760 mm Hg marca no psicrômetro as seguintes indicações:

$$TTS = 25\text{ °C},$$
$$TTU = 17\text{ °C}.$$

Calcular o seu conteúdo de umidade e peso específico.

A Eq. (5-2) nos fornece:

$$\log p_{s\,25°C} = 9{,}1466 - \frac{2\,316}{298} = 1{,}376,$$

$$p_{s\,25°C} = 23{,}77 \text{ mm Hg},$$

$$\log p_{s\,17°C} = 9{,}1466 - \frac{2\,316}{290} = 1{,}164,$$

$$p_{s\,17°C} = 14{,}58 \text{ mm Hg},$$

valores pouco diversos daqueles dados diretamente pela Tab. 5-1.

A Eq. (5-3) por sua vez nos permite calcular:

$$p_v = 14{,}58 - \frac{760}{755} \cdot \frac{8}{2} = 10{,}55 \text{ mm Hg},$$

donde a umidade relativa,

$$\varphi = \frac{10{,}55}{23{,}77} = 0{,}444,$$

valor também pouco diverso do obtido na Tab. 5-1.

Com base no exposto, o conteúdo de umidade $x$ nos será dado pela Eq. (5-5):

$$x = 0{,}622 \frac{p_v}{p - p_v} = 0{,}622 \frac{10{,}55}{760 - 10{,}55} = 0{,}000875 \frac{\text{kgf}}{\text{kgf}_{\text{ar seco}}},$$

enquanto que o peso específico do ar úmido, de acordo com a Eq. (5-9), será

$$\gamma_m = \frac{1}{v_m} = \frac{1 + x}{2{,}153 + 3{,}416x} \cdot \frac{p}{T} =$$

$$= \frac{1{,}000875 \cdot 760}{(2{,}153 + 0{,}00303)298} = 1{,}184 \frac{\text{kgf}}{\text{m}^3},$$

isto é, aproximadamente igual a $\gamma_{\text{ar}\,25°C} \cdot (1{,}186 \text{ kgf/m}^3)$.

## 5 – *ENTALPIA DO AR ÚMIDO*

Aplicando ao ar úmido o conceito de entalpia, podemos definir entalpia específica aparente, ou, simplesmente, o conteúdo total de calor do ar úmido à temperatura de $t$ °C, como

"a quantidade de calor que necessitamos fornecer a 1 kgf de ar seco e ao peso $x$ kgf de vapor dágua a ele misturado, para elevar o primeiro de 0 a $t$ °C, e para transformar o segundo do estado líquido a 0 °C, ao estado de vapor a temperatura $t$ °C e pressão $p_v$."

A entalpia específica aparente é, portanto, a entalpia do ar úmido referida ao kgf de ar seco, e tem por expressão:

$$H = C_{p\,\text{ar}} t + (r + C_{p_m} t)x \frac{\text{kcal}}{\text{kgf}_{\text{ar seco}}}.$$

Segundo Mollier, dentro dos limites de temperatura que interessam ao caso, podemos fazer

$$C_{p\,ar} = 0{,}24\,\frac{kcal}{kgf\,°C},$$
$$r_{0\,°C} = 597\,\frac{kcal}{kgf}$$

(V.D.I.-597, 24 kcal/kgf, segundo observações mais modernas, para $p_{v\,0\,°C} = 4{,}58$ mm Hg)

$$C_{p\,0\,°C} = 0{,}45\,\frac{kcal}{kgf\,°C}.$$

Teremos então

$$H = 0{,}24t + (597 + 0{,}45t)x \quad \frac{kcal}{kgf_{ar\ seco}}. \tag{5-10}$$

Nessas condições, podemos dizer (embora impropriamente) que o calor específico do ar úmido nos será dado por

$$C_{p(1+x)} = 0{,}24 + 0{,}45x\,\frac{kcal}{kgf_{ar\ seco}}.$$

Embora a entalpia do ar úmido seja sempre calculada tomando-se como base o kgf de ar seco, podemos referi-la ao kgf da mistura (entalpia específica real), dividindo, por isso, a expressão anterior por $(1 + x)$ kgf.

Na prática, é preferível destacar a entalpia sensível $H_s$, devida às diferenças de temperatura, e a entalpia latente $H_L$, devida ao calor latente de vaporização, isto é,

$$\left.\begin{aligned} H_s &= (0{,}24 + 0{,}45x)t\,\frac{kcal}{kgf_{ar\ seco}} \\ H_L &= 597x\,\frac{kcal}{kgf_{ar\ seco}} \end{aligned}\right\} \tag{5-11}$$

*Exemplo* 5-3

Calcular a entalpia específica aparente do ar nas seguintes condições:

$$TTS = 30\,°C,$$
$$TTU = 20\,°C,$$
$$p = 760\ \text{mm Hg}.$$

A Eq. (5-2) nos fornece

$$\log p_{s\,20\,°C} = 9{,}1466 - \frac{2\,316}{293} = 1{,}24,$$
$$p_{s\,20\,°C} = 17{,}4\ \text{mm Hg}\ p/20\,°C,$$

$$\log p_{s\,30\,°C} = 9{,}1466 - \frac{2\,316}{303} = 1{,}5,$$

$$p_{s\,30\,°C} = 31{,}6 \text{ mm Hg } p/30\,°C,$$

donde, de acordo com a Eq. (5-3),

$$p_v = 17{,}4 - 5\frac{760}{755} = 12{,}4 \text{ mm Hg}.$$

E podemos escrever

$$\varphi = \frac{p_v}{p_s} = \frac{12{,}4}{31{,}6} = 0{,}392.$$

Por outro lado, de acordo com as Eqs. (5-5), (5-7) e (5-8),

$$x = 0{,}622\frac{12{,}4}{760 - 12{,}4} = 0{,}01027\frac{\text{kgf}}{\text{kgf}_{\text{ar seco}}},$$

$$x_s = 0{,}622\frac{31{,}6}{760 - 31{,}6} = 0{,}0269\frac{\text{kgf}}{\text{kgf}_{\text{ar seco}}},$$

$$\psi = \frac{x}{x_s} = \varphi\frac{p - p_s}{p - \varphi p_s} = \frac{0{,}01027}{0{,}0269} = 0{,}392.$$

A Eq. (5-10), finalmente, fornece

$$H_{\text{ar}} = 0{,}24 \cdot 30 = 7{,}2\frac{\text{kcal}}{\text{kgf}_{\text{ar seco}}},$$

$$H_v = 597 \cdot 0{,}01027 + 0{,}45 \cdot 30 \cdot 0{,}01027,$$

$$H_v = 6{,}13 + 0{,}139 = 6{,}27\frac{\text{kcal}}{\text{kgf}_{\text{ar seco}}},$$

isto é,

$$H = H_{\text{ar}} + H_v = 7{,}2 + 6{,}27 = 13{,}47\frac{\text{kcal}}{\text{kgf}_{\text{ar seco}}}.$$

Ou, ainda, destacando a entalpia sensível e a entalpia latente,

$$H_s = (0{,}24 + 0{,}45 \cdot 0{,}01027)30 = 7{,}339\frac{\text{kcal}}{\text{kgf}_{\text{ar seco}}},$$

$$H_L = 597 \cdot 0{,}01027 = 6{,}13\frac{\text{kcal}}{\text{kgf}_{\text{ar seco}}}.$$

Na realidade, as leis de Dalton não são rigorosamente aplicáveis ao ar úmido, donde surgirem discrepâncias entre os dados obtidos algebricamente por meio das equações deduzidas e os dados experimentais. Assim, as tabelas das grandezas características do ar úmido mais exatas são elaboradas experimentalmente. (Veja as tabelas do ar úmido da A.S.H.R.A.E.)

## 6 – *DIAGRAMA DE MOLLIER PARA O AR ÚMIDO*

As Eqs. (5-10) e (5-11) nos permitem traçar um diagrama no qual as linhas representativas das condições $t$ = constante, $x$ = constante e $H$ = constante são retas. Tal diagrama, idealizado por Mollier, tem o nome de *diagrama de Mollier para o ar úmido*, ou *carta psicrométrica.*

As cartas psicrométricas européias adotam como ordenadas as entalpias sensíveis,

$$H_s = (0{,}24 + 0{,}45x)t;$$

e como abscissas as entalpias latentes,

$$H_L = 597x.$$

Nessas condições, as linhas de temperatura constante serão linhas retas do tipo

$$H_s = Ax + B = A'H_L + B,$$

levemente inclinadas em relação ao eixo das abscissas. Embora as coordenadas desses diagramas sejam $H_s$ e $H_L$, normalmente são registrados nos mesmos $t$ e $x$.

As linhas de igual entalpia,

$$H = H_s + H_L = H_s + 597x,$$

serão, naturalmente, linhas retas de mesma inclinação em relação às abscissas.

As linhas de igual grau higrométrico definidas para uma mesma temperatura pela relação

$$\psi = \frac{x}{x_s}$$

dividem as isotermas em partes iguais. As linhas de igual grau higrométrico aparecem como linhas curvas convergentes sobre a origem a −273 °C. A linha de porcentagem de umidade igual a 100% é a linha dita de saturação, estando sobre ela localizados os pontos de *orvalho*, isto é, as condições do ar para as quais o vapor dágua começa a condensar-se, podendo dele ser separado.

As linhas de igual entalpia (isentálpicas ou de umidificação adiabática), na interseção com a linha de saturação ($\psi = 100\%$), indicam a temperatura do termômetro úmido. Realmente, a saturação adiabática do ar, cujas condições o colocam aproximadamente (já que a transferência de massa torna $\Delta H \neq 0$) sobre uma isentálpica qualquer, é dada pelo ponto de interseção da isentálpica considerada com a linha de saturação.

Aparecem, ainda, no diagrama a seguir apresentado, para a pressão atmosférica normal, as pressões parciais de vapor dágua, em função dos conteúdos de umidade,

$$p_v = \frac{760x}{0{,}622 + x}.$$

Nos bordos do diagrama estão registrados a partir da origem (0 °C e 0 kgf de água), as linhas de igual relação $H/x$.

Essas linhas facilitam a resolução dos problemas de ar condicionado, onde o *fator de calor latente* (F.C.L.), que é a parcela de calor latente a ser retirada do ambiente, isto é,

$$\text{F.C.L.} = \frac{Q_L}{Q_s + Q_L} = \frac{H_L}{H_s + H_L} = \frac{597x}{H},$$

$$\frac{H}{x} = \frac{597}{\text{F.C.L.}},$$

é um dado de grande importância.

*Observação.* As linhas de igual $\Delta H/\Delta x$ são paralelas às linhas de mesmo $H/x$ que passam pela origem.

*Exemplo* 5-4

Determinar graficamente, por meio da carta psicrométrica, as principais características do ar nas seguintes condições:

$$TTS = 30\,°\text{C},$$
$$TTU = 20\,°\text{C},$$
$$p = 760\,\text{mm Hg}.$$

(Veja também a solução analítica nos Exemplos 5-1 e 5-3.)

A $TTU$ corresponde à temperatura do ar saturado (ponto 2). A linha de saturação (adiabática) que se verifica no termômetro úmido é uma isentálpica.

Nessas condições, seguindo a isentálpica que passa pelo ponto 2 até atingir a linha de temperatura $TTS$, podemos locar o ponto 1 que caracteriza as condições do ar em estudo (Fig. 5-2).

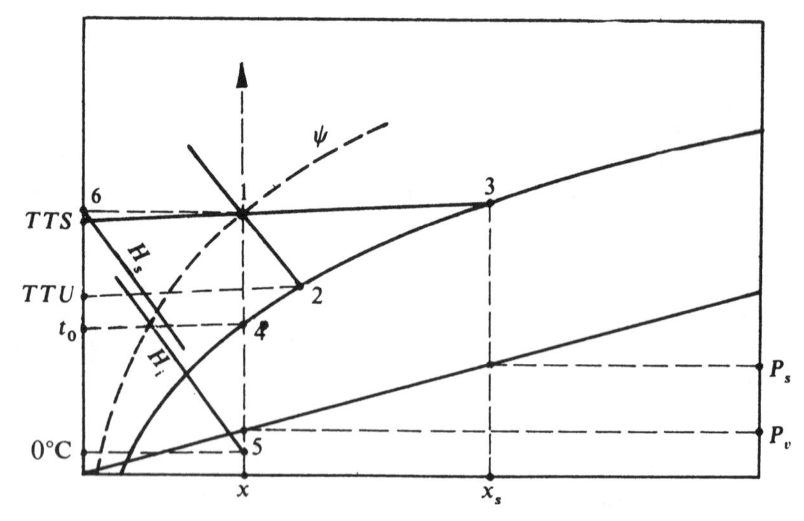


Figura 5-2

No ponto 1 assim achado, podemos determinar:

$$\psi = 39{,}3\,\%,$$
$$H = 13{,}8\,\frac{\text{kcal}}{\text{kgf}},$$
$$x = 10{,}8\,\frac{\text{g}}{\text{kgf}},$$
$$p_v = 13\ \text{mm Hg}.$$

Caso o ar, à temperatura de 30 °C, estivesse saturado, ele atingiria o ponto 3, onde poderíamos então ler

$$x_s = 28{,}2\,\frac{\text{g}}{\text{kgf}},$$
$$p_s = 32\ \text{mm Hg},$$

e mesmo verificar

$$\psi = \frac{x}{x_s} \cong \frac{p_v}{p_s} = 0{,}394.$$

Baixando a temperatura do ar (calor sensível) sem alterar seu conteúdo de umidade $x$, nota-se que o seu grau higrométrico aumenta, até o mesmo atingir a saturação no ponto 4, o qual toma o nome de ponto de orvalho ($t_0 = 14{,}9$ °C), pois, nessa temperatura, o ar começa a orvalhar, perdendo a umidade que se condensa (nuvens, neblina, chuva, etc.).

Aumentando a temperatura do ar (calor sensível) sem alterar o seu conteúdo de umidade $x$, nota-se o contrário, seu grau higrométrico diminui e o ar torna-se secante (ar do inverno aquecido, ar para operação de secagem, etc.).

Baixando a temperatura do ar sem alterar seu conteúdo de umidade $x$ até a temperatura de 0 °C, seu calor sensível se anula e podemos determinar qual o calor latente do mesmo (ponto 5):

$$H_L = 6{,}3\,\frac{\text{kcal}}{\text{kgf}}\cdot$$

Tirando uma perpendicular à ordenada a partir do ponto 1, o calor sensível do ar ao longo da mesma não se altera, anulando-se o calor latente para $x = 0$, de modo que podemos determinar o valor do calor sensível do mesmo (ponto 6):

$$H_s = 7{,}5\,\frac{\text{kcal}}{\text{kgf}}\cdot$$

Naturalmente, deve verificar-se

$$H = H_s + H_L = 6{,}3 + 7{,}5 = 13{,}8\,\frac{\text{kcal}}{\text{kgf}}\cdot$$

*Observação.* As discrepâncias dos valores achados em relação ao cálculo analítico devem-se à inexatidão das fórmulas algébricas e à imprecisão de leitura da carta psicrométrica.

# capítulo 6

# TRANSMISSÃO DE CALOR

## 1 – *GENERALIDADES*

Quando existe uma diferença de temperatura entre duas regiões do espaço, esta tende a desaparecer, espontaneamente, pela passagem de calor de uma região para outra.

Ao conjunto de fenômenos que caracterizam essa passagem de calor damos o nome de transmissão de calor. A transmissão de calor pode efetuar-se de três maneiras distintas designadas de *condução*, *convecção* e *radiação*, obedecendo cada uma dessas formas a leis próprias embora admitindo em comum as seguintes características:

necessidade de uma diferença de temperatura entre as duas regiões;
o fluxo térmico sempre se verifica no sentido das temperaturas decrescentes.

### a – *Condução*

Condução é a passagem de calor de uma zona para outra de um mesmo corpo ou de corpos diversos em íntimo contato, devido ao movimento molecular dos mesmos, sem que se verifiquem deslocamentos materiais no corpo ou sistema considerado.

A teoria mecânica do calor considera que as moléculas dos corpos se acham animadas de movimento vibratório, cuja velocidade é tanto maior quanto mais elevada é sua temperatura.

Êsse movimento vibratório permite um intercâmbio de energia cinética entre as moléculas, das quais, as de maior temperatura cedem, por choque, energia às de menor temperatura, originando-se, assim, a transmissão de calor por meio de condução.

No fenômeno, na realidade muito mais complexo, intervêm os elétrons livres, únicos capazes de efetuar o transporte de energia em consideração.

### b – *Convecção*

Convecção é a passagem do calor de uma zona a outra de um fluido por efeito do movimento relativo das partículas do mesmo, movimento esse provocado pela diferença de pressão ocasionada pela diferença de temperatura e conseqüente diferença de densidade da massa fluida considerada. Se esse fenômeno é intensificado mediante a agitação da massa fluida, toma a denominação de *convecção forçada* para distingui-la da convecção dita *natural ou livre*, que se verifica em caso contrário.

c – *Radiação*

Todos os corpos emitem energia calorífica sob a forma de radiações semelhantes à luz, em quantidade que depende essencialmente da sua natureza e temperatura.

A radiação será, portanto, a transmissão de calor verificada entre dois corpos de temperaturas diferentes, imersos em um mesmo meio mais ou menos transparente a esta espécie de radiação.

A atmosfera e o ar são sempre transparentes à radiação, enquanto que diversos gases (como o anidrido carbônico), vapores (o vapor dágua) e a maior parte dos gases combustíveis não são permeáveis à radiação dentro de certos limites de comprimento de onda. Por outro lado, a maior parte dos líquidos, dentro dos limites de aplicação prática, pode ser considerada como não permeável.

A quantidade de calor trocada na unidade de tempo $Q$ kcal/h, em qualquer um dos processos de transmissão de calor citados, recebe o nome de fluxo térmico.

O fluxo térmico é chamado permanente quando não varia com o tempo, isto é, o calor que penetra no corpo é igual ao calor que abandona o mesmo.

No regime de transmissão de calor permanente, ou estacionário, a distribuição das temperaturas no interior do corpo no qual se verifica a passagem de calor também não varia com o tempo.

O fluxo térmico chama-se não-permanente, ou transitório, quando o mesmo varia com o tempo. É o que acontece no aquecimento ou esfriamento dos corpos no qual o fluxo térmico entrante é diferente do fluxo térmico nascente, de modo que as temperaturas no interior do corpo dependem não só do ponto considerado como do tempo.

## 2 – *TRANSMISSÃO DE CALOR POR CONDUÇÃO*

A transmissão de calor por condução obedece à chamada lei de Fourier, segundo a qual o fluxo térmico é diretamente proporcional à superfície através da qual se verifica a passagem de calor e ao gradiente de temperatura.

Assim, para uma propagação de calor, unidirecional e permanente, através de uma parede plana de faces paralelas (caso mais comum na prática), teríamos (Fig. 6-1):

$$Q \frac{\text{kcal}}{\text{h}} = kS \frac{\Delta t}{l}, \qquad (6\text{-}1)$$

onde

$S$ = superfície através da qual se dá a passagem de calor, dada em m$^2$;
$\Delta t$ = diferença de temperatura entre as faces extremas da parede, dada em °C;
$l$ = espessura da parede, dada em m;
$k$ = coeficiente de proporcionalidade, denominado coeficiente de condutibilidade interna.

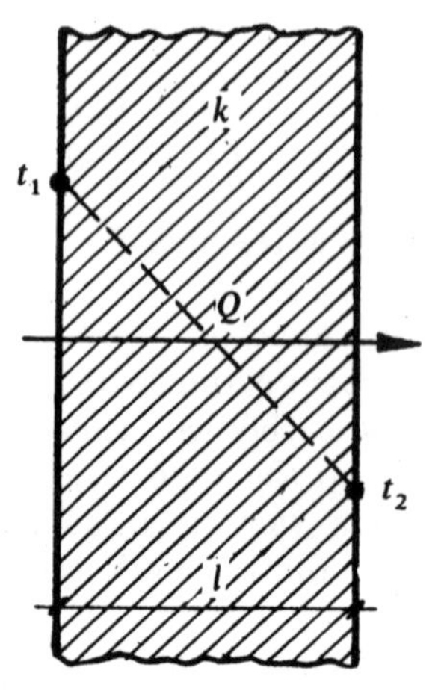


Figura 6-1

O valor de $k$, de acordo com a Eq. (6-1) representa a quantidade de calor que flui na unidade de tempo, por unidade de superfície, quando o gradiente de temperatura no material considerado é de uma unidade de temperatura por unidade de comprimento. Assim, adotando-se como unidades kcal, h, m e °C, teremos

$$k = \frac{Q\,dl}{S\,dt}\,\frac{\text{kcalm}}{\text{h m}^2\,°\text{C}} = \frac{\text{kcal}}{\text{m h °C}}.$$

Igualmente, nas unidades inglesas de

$$\text{libra} = 0{,}453592\,\text{kg},$$

$$\text{grau Fahrenheit} = \frac{5}{9}\,°\text{C},$$

$$\text{polegada} = 2{,}54\,\text{cm},$$

$$\text{pé quadrado} = 30{,}48^2\,\text{cm}^2 = 929\,\text{cm}^2,$$

$$\text{Btu} = 0{,}453592(5/9) = 0{,}252\,\text{kcal},$$

teremos

$$k = \frac{Q\,dl}{S\,dt}\,\frac{\text{Btu polegada}}{\text{h pé}^2\,°\text{F}},$$

de tal forma que

$$k\,\frac{\text{Btu polegada}}{\text{h pé}^2\,°\text{F}} = 8{,}065\,k\,\frac{\text{kcalm}}{\text{h m}^2\,°\text{C}}.$$

Na realidade, o coeficiente de condutibilidade é uma propriedade dos corpos, dependendo essencialmente de seu estado físico.

Geralmente seu valor diminui na ordem sólido-líquido-gasoso, sendo seus valores-limites

$$360 \frac{\text{kcal}}{\text{m h °C}}$$

para a prata e

$$0{,}02 \frac{\text{kcal}}{\text{m h °C}}$$

para o ar puro.

Além disso o valor de $k$ varia, com a natureza do corpo, composição, pureza, temperatura, densidade aparente, conteúdo de umidade, homogeneidade, etc.

De um modo geral, para os corpos sólidos homogêneos a experiência tem demonstrado que o coeficiente de condutividade interna é uma função linear da temperatura, podendo-se fazer

$$k = k_0 + \alpha t,$$

onde

$k_0$ = coeficiente de condutividade térmica a 0 °C;
$\alpha$ = coeficiente de temperatura.

O valor $\alpha$ é positivo para os materiais pouco condutores, enquanto que, para os metais, seu valor é negativo, com exceção do alumínio, conforme a Tab. 6-1.

Tabela 6-1

| Material | $k$, em kcal/m °C h à temperatura de | | | | | | |
|---|---|---|---|---|---|---|---|
| | 0 °C | 100 °C | 200 °C | 300 °C | 400 °C | 500 °C | 600 °C |
| Al | 174 | 187 | 197 | 234 | 274 | 320 | 360 |
| Ag | 360 | 355 | 350 | 345 | 340 | 335 | 330 |
| Fe puro | 60 | 57 | 52 | 47 | 42 | 38 | 34 |
| Ni | 51 | 50 | 49 | 48,5 | 48 | 47 | 46 |
| Cu | 335 | 330 | 327 | 322 | 315 | 312 | 307 |
| Zn | 96 | 92 | 88 | 85 | 80 | — | — |

Por outro lado, para os corpos higroscópicos, o coeficiente de condutividade térmica cresce com a porcentagem de umidade.

Para os materiais porosos, como tijolos de barro, papelão, etc., esse aumento pode ser bastante elevado devido à grande diferença entre o $k$ da água e do ar.

Para os líquidos, de um modo geral, o valor de $k$ diminui com o aumento da temperatura, sendo a água uma exceção, pois, para ela, podemos fazer com boa aproximação de 0 a 80 °C:

$$k_{H_2O} = 0{,}477(1 + 0{,}002984t).$$

Como, por outro lado, a viscosidade dos gases aumenta com a temperatura, o mesmo podemos dizer do coeficiente de condutividade térmica dos mesmos.

Assim, para o ar à pressão atmosférica normal, podemos fazer de 0 a 100 °C:

$$k_{ar} = 0{,}0203 + 6 \cdot 10^{-5} t.$$

As Tabs. 6-2, 6-3 e 6-4 dão os valores de $k$ para os principais materiais de construção e materiais isolantes, em função da sua temperatura de utilização.

Tabela 6-2. Materiais de construção

| Material | $t$, °C | $k$, $\frac{\text{kcal}}{\text{m °C h}}$ | $C$, $\frac{\text{kcal}}{\text{kgf °C}}$ | $\gamma$, $\frac{\text{kgf}}{\text{m}^3}$ |
|---|---|---|---|---|
| Asfalto | 20 | 0,65 | 0,22 | 2 120 |
| Argila | 25 | 0,8 | | 1 775 |
| Areia seca | 20 | 0,28 | | 1 580 |
| Areia com 10% de $H_2O$ | 20 | 1,0 | | |
| *Argamassas* | | | | |
| 1 cim., 2 areia seca | 20 | 0,65 | | 2 180 |
| 1 cim., 5 areia, 9 $H_2O$ | 0 | 1,1 | | 1 900 |
| 1 cim., 4 cal, 12 areia 2% $H_2O$ | 0 | 0,46 | | 1 870 |
| 1 cal, 3 areia, 1,4 $H_2O$ | 20 | 0,58 | | 1 820 |
| Cimento em pó (*portland*) | 90 | 0,25 | 0,186 | 1 505 |
| Cimento agregado | 0-100 | 0,9 | | |
| Concreto armado | 20 | 0,7-1,21 | 0,21 | 1 950 a 2 305 |
| Cimento de gesso | 30 | 0,29 | | 740 |
| Granito | 0-100 | 2,7-3,5 | 0,203 | 2 600 |
| Granito | 20 | 1,5-3,42 | | 2 500 a 3 020 |
| Gesso | 0-50 | 0,37 | | 1 250 |
| Gesso | 20 | 0,40 | 0,259 | 800 a 1 200 |
| *Linoleum* | 20 | 0,16 | | 1 183 |
| *Madeiras* | | | | |
| Balsa | 0 | 0,046 | | 200 |
| Balsa | 30 | 0,037-0,045 | 0,45-0,65 | 112-128 |
| Balsa | 50 | 0,066 | | 200 |
| Pinho ⊥ à fibra | 20 | 0,14 | 0,65 | 550 |
| Pinho ‖ à fibra | 20 | 0,30 | 0,30 | 550 |
| Mármore | 0-100 | 1,8-3,0 | 0,21 | 2 700 |
| Mármore | 20 | 2,4 | 0,193 | 2 500 a 2 705 |
| Vidro | 0-100 | 0,65 | 0,22 | 2 500 |
| Vidro de quartzo | 0-100 | 1,4 | | |
| *Paredes* | | | | |
| De tijolos, nova | 10 | 1,2 | | 1 960 |
| De tijolos, velha | 10 | 0,84 | | 1 763 |
| De tijolos, seca | 30 | 0,37 | | 1 850 |
| Pedra arenosa | 40 | 1,59 | | 2 300 |
| Terra argilosa seca | 20 | 0,45 | 0,2 | 1 700 |
| Terra argilosa molhada (úmida) | 0 | 2,0 | | 2 020 |

Tabela 6-2. Materiais de construção (*continuação*)

| Material | $t$, °C | $k$, $\frac{\text{kcal}}{\text{m °C h}}$ | $C$, $\frac{\text{kcal}}{\text{kgf °C}}$ | $\gamma$, $\frac{\text{kgf}}{\text{m}^3}$ |
|---|---|---|---|---|
| *Tijolos* | | | | |
| De carvão 89 % $C$ | 950 | 1,36 | | 1 190 |
| De cimento | 30 | 1,0 | | |
| De argila úmida | 500 | 1,0 | | |
| De argila, seco, à mão | 25 | 0,34 | 0,18 | 1 570 |
| De argila, seco, à máquina | 0-100 | 0,42 | 0,22 | 1 620 |

Tabela 6-3. Isolantes

| Material | $\gamma$, $\frac{\text{kgf}}{\text{m}^3}$ | $t$, °C | $k$, $\frac{\text{kcal}}{\text{m h °C}}$ | Temp. trab., °C |
|---|---|---|---|---|
| Lã de vidro | 24 | –7 | 0,0323 | 540 |
| | | 38 | 0,0466 | |
| | | 93 | 0,0649 | |
| Lã de vidro | 64 | –7 | 0,0267 | 540 |
| | | 38 | 0,0356 | |
| | | 93 | 0,0472 | |
| Lã de vidro | 76 | | 0,030 | |
| Lã de vidro | 96 | –7 | 0,0243 | 540 |
| | | 38 | 0,0325 | |
| | | 93 | 0,0429 | |
| Lã de vidro | 220 | 100 | 0,043 | |
| | | 200 | 0,057 | |
| | | 300 | 0,070 | |
| Lã de vidro | 410 | 100 | 0,064 | 540 |
| | | 200 | 0,086 | |
| | | 300 | 0,108 | |
| Lã de rocha | 64 | –7 | 0,0224 | 600 |
| | | 38 | 0,0334 | |
| | | 93 | 0,0472 | |
| Lã de rocha | 70 | | 0,022 | 600 |
| | 100 | | 0,024 | |
| Lã de rocha | 128 | –7 | 0,0255 | 600 |
| | | 38 | 0,0340 | |
| | | 93 | 0,0446 | |
| Lã de rocha | 192 | –7 | 0,0273 | |
| | | 38 | 0,0337 | |
| | | 93 | 0,0419 | |
| Diatomita pulverizada | 160 | 204 | 0,057 | 900 |
| | | 315 | 0,072 | |
| | | 93 | 0,049 | |

Tabela 6-3. Isolantes (*continuação*)

| Material | $\gamma, \frac{kgf}{m^3}$ | $t$, °C | $k, \frac{kcal}{m\ h\ °C}$ | Temp. trab., °C |
|---|---|---|---|---|
| Diatomita pulverizada | 290 | 204 | 0,067 | 900 |
| | | 315 | 0,073 | |
| | | –7 | 0,0353 | |
| Magnésia 85% | 270 | 149 | 0,064 | 300 |
| | | 204 | 0,069 | |
| | | 93 | 0,061 | |
| Diatomita | 200 | 0 | 0,04 | 900 |
| | | 100 | 0,05 | |
| | | 200 | 0,061 | |
| Serragem | 200 | 0 | 0,06 | |
| | | 50 | 0,065 | |
| Papelão corrugado, 4 camadas por polegada | 170 | 150 | 0,087 | 150 |
| Papelão laminado | 650 | 20 | 0,07 | |
| Penas | 80 | 20 | 0,030 | |
| Plástico esponjoso | 25 | 20 | 0,035 | 80 |
| Borracha esponjosa | 80 | 20 | 0,03 | 65 |
| Concreto celular | 300 | 0 | 0,049 | |
| | 600 | 0 | 0,12 | |
| Gesso celular | 128 | 20 | 0,043 | |
| | 288 | 20 | 0,073 | |
| Cortiça moída | 150 | 30 | 0,037 | 100 |
| Cortiça expandida | 150-250 | 0 | 0,032 | 100 |
| | | | 0,039 | |
| Feltro de lã | 320 | 38 | 0,041 | 100 |
| | | 200 | 0,036 | |
| Feltro de crina | 270 | 0 | 0,03 | 80 |
| Lã vegetal (Kapok) | 150 | 0 | 0,033 | |
| | | 50 | 0,040 | |
| Placas de cortiça bruta | 200 | 0 | 0,040 | 100 |
| | | 50 | 0,048 | |
| Eucatex isolante | 300 | 0 | 0,043 | 100 |
| Eucatex frigorífico | 210 | 0 | 0,028 | |

Para facilitar a resolução dos problemas de transmissão de calor mais complexos, é preferível introduzir na Eq. (6-1) o conceito de resistência térmica.

Assim, à semelhança do que acontece em eletricidade, chamando a diferença de temperatura $\Delta t$ de diferença de potencial térmico e o fluxo térmico $Q$ de intensidade de corrente térmica, podemos estabelecer, analogamente à lei de Ohm ($R = U/I$), a expressão da resistência térmica, $Rt$:

$$Rt = \frac{\Delta t}{Q}.$$

Tabela 6-4. Isolantes para temperaturas inferiores a 0°C

| Material | $\gamma, \frac{kgf}{m^3}$ | $k$, $P/t$ °C | | | |
|---|---|---|---|---|---|
| | | 0 | -50 | -100 | 100 |
| Algodão | 81 | 0,048 | 0,043 | 0,038 | — |
| Amianto | 700 | 0,201 | 0,196 | 0,190 | — |
| Amianto | 470 | 0,133 | 0,127 | 0,117 | 0,140 |
| Ebonite | 1 200 | 0,15 | — | — | — |
| Lã seca | 140 | 0,033 | — | — | — |
| Seda | 100 | 0,043 | 0,038 | 0,032 | — |
| *Styropor* | 25 | 0,027 | 0,015 | — | — |
| *Moltopren* | 22 | 0,02 | — | — | — |

Isto é, de acordo com a Eq. (6-1),

$$Rt = \frac{\Delta t}{Q} = \frac{l}{kS}. \tag{6-2}$$

O conceito de resistência térmica nos permite simplificar os cálculos referentes à transmissão de calor que se verifica em paredes compostas de várias camadas.

Basta, para isso, considerar cada camada como uma resistência térmica colocada em série com as demais (Fig. 6-2).

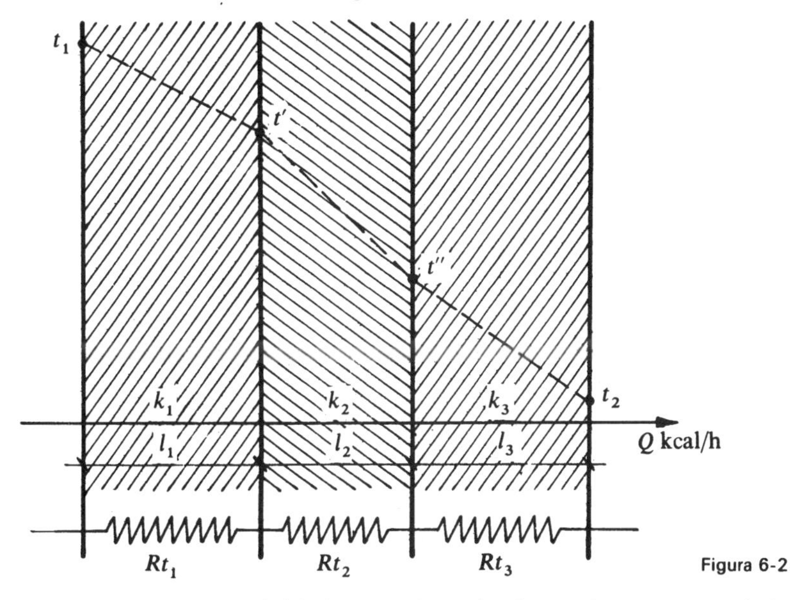


Figura 6-2

Ora, assim como na eletricidade, a resistência do conjunto nos será dada pela soma das resistências parciais, de modo que podemos escrever:

$$R_{t_1} = \frac{t_1 - t'}{Q} = \frac{l_1}{k_1 S},$$

$$R_{t_2} = \frac{t' - t''}{Q} = \frac{l_2}{K_2 S},$$

$$R_{t_3} = \frac{t'' - t_2}{Q} = \frac{l_3}{k_3 S},$$

$$R_t = R_{t_1} + R_{t_2} + R_{t_3} = \frac{t_1 - t'}{Q} + \frac{t' - t''}{Q} + \frac{t'' - t_2}{Q} =$$

$$= \frac{l_1}{k_1 S} + \frac{l_2}{k_2 S} + \frac{l_3}{k_3 S}.$$

Isto é:

$$R_t = \frac{t_1 - t_2}{Q} = \sum \frac{l}{kS}. \qquad \text{(6-3)}$$

As expressões anteriores nos permitem calcular não só o fluxo térmico através de uma parede composta, como as temperaturas intermediárias $t'$, $t''$ etc. das diversas camadas.

*Exemplo* 6-1

Qual a resistência térmica de uma parede de alvenaria constituída de:

2 cm de reboco ($k = 0{,}046$ kcal/m h °C);
25 cm de tijolo comum ($k = 0{,}84$ kcal/m h °C);
2 cm de reboco ($k = 0{,}046$ kcal/m h °C).

Qual a resistência térmica dessa parede, quando revestida com chapa de Eucatex isolante de 1/2″ ($k = 0{,}03$ kcal/m h °C) em uma de suas faces?

$$R_{t\,\text{inicial}} = R_{t_1} + R_{t_2} + R_{t_3} = \frac{l_1}{k_1 S} + \frac{l_2}{k_2 S} + \frac{l_3}{k_3 S}.$$

Assim, para 1 m², teremos

$$R_{t\,\text{inicial}} = \frac{0{,}02}{0{,}046} + \frac{0{,}25}{0{,}84} + \frac{0{,}02}{0{,}046} = 0{,}3845 \frac{°\text{C}}{\text{kcal/h}},$$

$$R_{t\,\text{isolante}} = \frac{l}{kS} = \frac{0{,}0127}{0{,}03} = 0{,}4233 \frac{°\text{C}}{\text{kcal/h}},$$

donde

$$R_{t\,\text{final}} = R_{t\,\text{inicial}} + R_{t\,\text{isolante}} = 0{,}3845 + 0{,}4233 =$$

$$= 0{,}8078 \frac{°\text{C}}{\text{kcal/h}}.$$

*Exemplo* 6-2

Uma câmara frigorífica que deve funcionar a −25 °C em zona onde a temperatura ambiente atinge a +35 °C tem seu isolamento caracterizado pela perda térmica máxima de 10 kcal/h m².

Considerando-se apenas a resistência do isolamento, calcular a espessura de Styropor ($k = 0{,}027$ kcal/m h °C) a adotar para o mesmo. Dado

$$\frac{Q}{S} = \frac{k}{l}\Delta t = 10\,\frac{\text{kcal}}{\text{m}^2\,\text{h}},$$

podemos calcular

$$l = \frac{k\Delta t}{10} = \frac{0{,}027(35 + 25)}{10} = 0{,}162\,\text{m}.$$

## 3 – *TRANSMISSÃO DE CALOR POR CONVECÇÃO*

Já tivemos a oportunidade de lembrar que a transmissão de calor por convecção está diretamente relacionada com o movimento do fluido transmissor de calor por efeito, do qual sempre novas partículas do mesmo se põem em contato com a superfície aquecedora ou esfriadora. A esse transporte de calor por meio de correntes de convecção corresponde, por outro lado, um transporte de calor por condução.

Como quase todos os gases e a maior parte dos líquidos conduzem mal o calor, essa quantidade de energia térmica transmitida por meio de condução é geralmente desprezível, em relação à transportada por meio de convecção. Entretanto, como, por outro lado, segundo a teoria das correntes de Prandtl, em todo fluido em movimento em contato com superfícies sólidas, forma-se na proximidade das paredes uma camada mais ou menos quieta e que, em todos casos, apresenta um movimento laminar paralelo à dita parede, que não permite a convecção, é forçoso admitir, que o calor atravesse essa "subcamada laminar" por condução, não podendo, portanto, essa espécie de transmissão de calor deixar de ser levada em conta.

A diferença física entre a transmissão de calor por condução e convecção, reside na grandeza das partículas que, dotadas de movimento, transportam o calor. Nessas condições, podemos dizer que a convecção é o resultado do movimento microscópico das partículas dos fluidos, enquanto que a condução resulta do movimento microscópico das moléculas ou elétrons livres que entram na constituição dos corpos. Do exposto, depreende-se que a transmissão de calor por convecção pura não existe na prática, mas somente sob a forma de transmissão de calor entre fluidos e paredes, onde intervém também a condução.

Tal processo é designado usualmente como transmissão de calor por condução externa para distingui-lo do processo de transmissão de calor por condução pura que se verifica no interior dos corpos sólidos. O fluxo térmico, no caso, é expresso pela chamada lei de Newton:

$$Q = \alpha_c S \Delta t. \tag{6-4}$$

Ou, ainda, lembrando o conceito de resistência térmica:

$$R_t = \frac{\Delta t}{Q} = \frac{1}{\alpha_c S}, \tag{6-5}$$

onde

$Q$ = fluxo térmico, em kcal/h;
$\Delta t$ = diferença de temperatura entre o fluido e a parede, em °C;
$S$ = superfície de contato, em m²;
$\alpha_c$ = um coeficiente de proporcionalidade denominado coeficiente de transmissão de calor por meio de condução externa ou coeficiente de condutividade externa.

O coeficiente de condutividade externa tem como unidade

$$\alpha_c = \frac{Q}{S\Delta t} \frac{\text{kcal}}{\text{m}^2\text{h °C}},$$

que verifica, com o sistema inglês de unidades, a seguinte correspondência:

$$1 \frac{\text{Btu}}{\text{pé}^2\text{h °F}} = 4{,}8818 \frac{\text{kcal}}{\text{m}^2\text{h °C}}.$$

O coeficiente de condutividade externa não é uma propriedade do fluido ou da parede, mas sim um coeficiente geral com o qual se pretende representar o efeito conjunto de vários fatores, sem explicar o mecanismo em si da transmissão de calor.

Como fatores que afetam diretamente o coeficiente de película, podemos citar:

fluido;
temperatura do fluido e da parede;
pressão;
natureza, posição e dimensões da parede;
natureza e velocidade do escoamento;
mudanças de fase do fluido, se for o caso;

A determinação dos coeficientes de condutividade externa constitui-se em um dos aspectos mais complexos da transmissão de calor.

Na prática, o cálculo de $\alpha_c$ é feito a partir de equações teórico-empíricas de aplicação bastante restrita, as quais tornam o formulário da convecção por demais extenso.

Como orientação inicial, a Tab. 6-5 fornece a ordem de grandeza dos coeficientes de condutividade externa para vários casos.

Em nosso estudo, vamos nos limitar à citação dos coeficientes práticos indispensáveis à resolução dos problemas de transmissão de calor que mais ocorrem nas construções.

Como, entretanto, a transmissão de calor por meio de convecção, nas construções, normalmente se verifica simultaneamente com a radiação, deixaremos para nomear esses coeficientes mais tarde, englobando-os com os da radiação.

Tabela 6-5

| Tipo de convecção | Comportamento fluido | $\alpha_c$ | |
|---|---|---|---|
| | | $\frac{kcal}{m^2h\ °C}$ | $\frac{Btu}{pé^2h\ °F}$ |
| Natural | Gases | 3-20 | 0,6-4 |
| | Líquidos | 100-1 000 | 20-200 |
| | Água em ebulição | 1 000-20 000 | 200-4 000 |
| Forçada | Gases | 10-100 | 2-20 |
| | Líquidos viscosos | 50-500 | 10-100 |
| | Água | 500-10 000 | 100-200 |
| | Vapores em condensação | 10 0000-100 000 | 2 000-20 000 |

## 4 – *TRANSMISSÃO DE CALOR POR RADIAÇÃO*

Nos processos de transmissão de calor por condução e por convecção até agora estudados, o intercâmbio de energia não só é proporcional à diferença de temperatura, como necessita, ainda, de um meio ponderável para o seu transporte. Entretanto, se colocarmos um corpo quente no vácuo, isolado portanto do contato de qualquer meio ponderável, notaremos que o mesmo perde calor e que essa perda não é proporcional à diferença de temperatura entre o corpo e o meio. Esse tipo de transmissão de energia, completamente diverso dos anteriores, é conhecido como *radiação.*

Existem várias teorias para explicar a transmissão de calor por radiação. Em nossos estudos, consideraremos a energia radiante como onda eletromagnética que se propaga com a velocidade da luz (300 000 km/s). Nessas condições, a radiação térmica é definida como sendo as radiações eletromagnéticas cujos comprimentos de onda estão compreendidos entre 0,1 a 100 $\mu$ (1 mícron = = 0,000001 m). Portanto as radiações térmicas e luminosas são fenômenos de mesma natureza que diferem apenas pelo seu comprimento de onda.

A seguir estão relacionados os vários tipos de radiações eletromagnéticas conhecidas, com suas respectivas faixas de comprimento de onda.

Tabela 6-6

| Radiação | Comprimento de onda $\lambda$ (em mícrons) |
|---|---|
| Cósmica | $< 0{,}0000004\ \mu$ |
| Gama | 0,0000004 a 0,0001 $\mu$ |
| Tipo X (raios X) | 0,00001 a 0,01 $\mu$ |
| Ultravioleta | 0,01 a 0,38 $\mu$ |
| Luminosa (luz) | 0,38 a 0,78 $\mu$ |
| Infravermelha | 0,78 a 1 000 $\mu$ |
| Térmica | 0,1 a 100 $\mu$ |
| Radiocomunicação | 1 000 a $2 \times 10^{10} \mu$ |

O calor transmitido por radiação pode ser calculado por expressão semelhante à já adotada para calcular o calor transmitido por condução externa:

$$Q = \alpha_i S \Delta t, \qquad (6\text{-}6)$$

ou, ainda, lembrando o conceito de resistência térmica:

$$R_t = \frac{\Delta t}{Q} = \frac{1}{\alpha_i S}, \qquad (6\text{-}7)$$

onde

$\alpha_i$ = coeficiente de transmissão de calor por radiação, de unidade idêntica à do coeficiente de condutividade externa.

O coeficiente de transmissão de calor por radiação depende de vários fatores, entre os quais podemos citar: temperatura, dimensões e natureza (coeficiente de absorção) das superfícies radiante e irradiada; forma e disposição das superfícies entre si. Tais dependências tornam a sua determinação prática bastante trabalhosa.

Como já lembramos, entretanto, a transmissão de calor por condutividade externa e por radiação, nas construções, em geral se verifica paralelamente (Fig. 6-3).

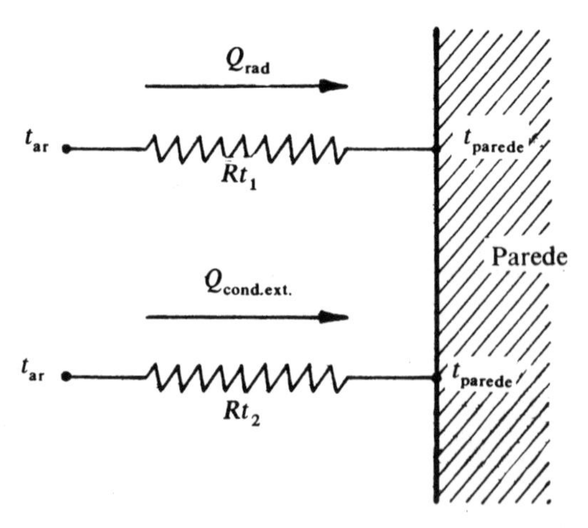


Figura 6-3

Lembrando que, para o caso de resistências em paralelo, o inverso da resistência resultante é igual à soma dos inversos das resistências componentes, podemos escrever

$$\frac{1}{R_t} = \frac{1}{R_{t_1}} + \frac{1}{R_{t_2}}.$$

E, substituindo os valores de $R_{t_1}$ e $R_{t_2}$ por

$$R_{t_1} = \frac{\Delta t}{Q_{\text{rad}}} = \frac{1}{\alpha_i S},$$

$$R_{t_2} = \frac{\Delta t}{Q_{\text{cond. ext.}}} = \frac{1}{\alpha_c S},$$

obtemos

$$\frac{1}{R_t} = \frac{Q_{\text{rad}}}{\Delta t} + \frac{Q_{\text{cond. ext.}}}{\Delta t} = \alpha_i S + \alpha_c S;$$

isto é,

$$R_t = \frac{\Delta t}{Q_{\text{rad}} + Q_{\text{cond. ext.}}} = \frac{1}{(\alpha_i + \alpha_c)S}, \qquad (6\text{-}8)$$

o que nos mostra:

a) ser o calor total em jogo a soma dos calores transmitidos por radiação e condução externa;

b) ser o coeficiente de transmissão de calor, resultante da radiação e da condutividade externa, a soma dos coeficientes $\alpha_i$ e $\alpha_c$. Esse coeficiente de transmissão de calor externo global, que designaremos por

$$\alpha = \alpha_i + \alpha_c,$$

é que apresenta interesse prático mais direto na construção.

Nas nossas aplicações, são particularmente importantes os valores de $\alpha$ que se verificam contra as paredes, pisos e forros das habitações.

É interessante salientar que, numa superfície horizontal, quando a transmissão de calor verifica-se para cima, ela é ajudada pelo movimento convectivo, de modo que o valor de $\alpha$ é maior do que quando a transmissão de calor se verifica para baixo.

A Tab. 6-7 nos dá os valores médios de $\alpha_i + \alpha_c$ para os casos apontados.

Tabela 6-7

| Caso | $\alpha, \frac{\text{kcal}}{\text{m}^2\text{h °C}}$ |
|---|---|
| Ar contra paredes de habitações (internamente) | 7 |
| Ar contra paredes de habitações (externamente)* | 20 |
| Ar contra chapas horizontais (int.) para cima | 9 |
| Ar contra chapas horizontais (int.) para baixo | 5 |
| Ar contra chapas horizontais (ext.) para cima | 25 |
| Ar contra chapas horizontais (ext.) para baixo* | 13 |

*O ar exterior foi considerado com um deslocamento de 24 km/h

Diverso do proceder já exposto é o adotado para o cálculo da transmissão de calor por radiação devida à insolação.

Nesse caso, é preferível calcular o calor transmitido por insolação como uma parcela adicional que penetra diretamente no recinto devido a um aumento hipotético da diferença de temperatura $\Delta t$, criado pela incidência dos raios solares (veja o Cap. 10, Sec. 5).

## 5 – *TRANSMISSÃO DE CALOR ENTRE DOIS FLUIDOS SEPARADOS POR UMA PAREDE*

Quando dois fluidos, a temperaturas diversas, são separados por uma parede, o calor se transmite do fluido cuja temperatura é mais elevada por condutividade externa e radiação à parede, para, a seguir, atravessar a parede por condutividade interna e, finalmente, passar novamente da parede ao segundo fluido por condutividade externa e radiação.

Tal transmissão complexa de calor pode ser calculada introduzindo-se o conceito de "coeficiente total de transmissão de calor", admitindo-se, para isso, que o calor que passa de um fluido a outro, através de uma parede simples ou composta, seja dado pela expressão geral

$$Q = KS\Delta t \,\frac{\text{kcal}}{\text{h}}, \tag{6-9}$$

onde

$S$ = superfície da parede;
$K$ = coeficiente total de transmissão de calor, em kcal/m$^2$h °C;
$\Delta t$ = diferença de temperatura entre dois fluidos considerados.

O coeficiente total de transmissão de calor, naturalmente, compõe-se dos coeficientes de transmissão de calor externo (condutividade externa e radiação, se for o caso), entre cada um dos fluidos e a respectiva parede, e do coeficiente de condutividade interna da própria parede. Assim, considerando o caso geral representado na Fig. 6-4 e empregando o conceito de resistência térmica, podemos escrever, em se tratando de um fluxo permanente ($Q$ = constante),

$$R_{t_1} = \frac{t_1 - t'}{Q} = \frac{1}{\alpha_1 S},$$

$$R_{t_2} = \frac{t' - t''}{Q} = \frac{l}{kS},$$

$$R_{t_3} = \frac{t'' - t_2}{Q} = \frac{1}{\alpha_2 S}.$$

Assim, a resistência térmica do conjunto terá por expressão

$$R_t = \frac{t_1 - t_2}{Q} = \frac{1}{\alpha_1 S} + \frac{l}{kS} + \frac{1}{\alpha_2 S}. \tag{6-10}$$

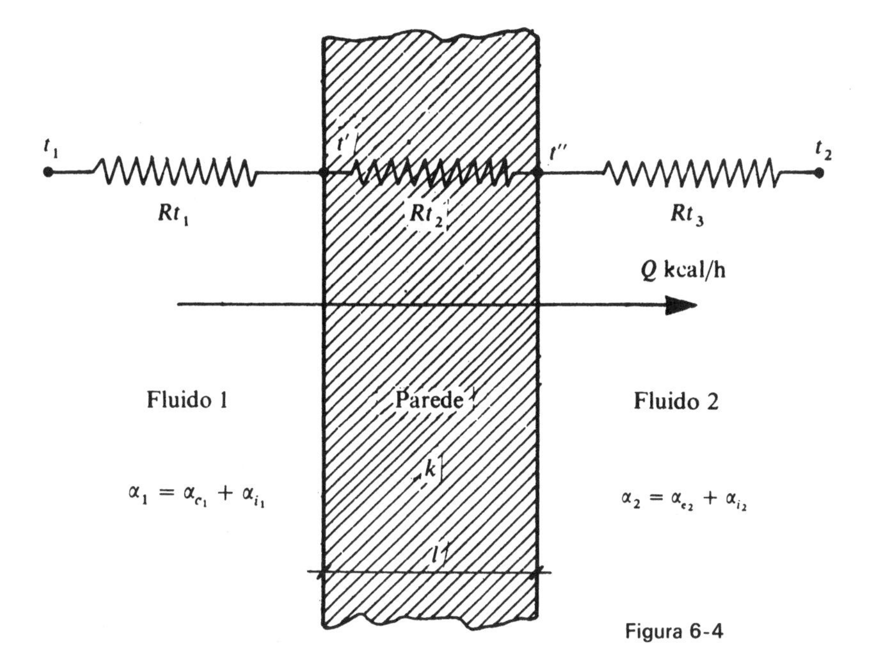


Figura 6-4

Comparando essa equação com a (6-9),

$$R_t = \frac{t_1 - t_2}{Q} = \frac{\Delta t}{Q} = \frac{1}{KS},$$

concluímos que

$$K = \frac{1}{\dfrac{1}{\alpha_1} + \dfrac{l}{k} + \dfrac{1}{\alpha_2}}. \tag{6-11}$$

*Observação.* Tratando-se de uma parede composta, a mesma equação pode ser usada, substituindo-se apenas o valor $l/k$ pelo somatório

$$\sum \frac{l}{k}.$$

A Tab. 6-8 dá valores de $K$ para os casos mais correntes em construção.

De acordo com a Tab. 6-8, nota-se que as paredes de tijolos furados têm um valor de $K$ menor do que as paredes de tijolos cheios. Isso se deve ao fato de que uma camada de ar entre 2 paredes (ou no interior de um tijolo) representa uma resistência térmica equivalente a uma espessura $l_e$ de material (tijolo), que nos é dada pela (Fig. 6-5):

$$R_t = R_{t_1} + R_{t_2} = \frac{1}{\alpha S} + \frac{1}{\alpha S} = \frac{l_e}{kS},$$

Tabela 6-8

| Número | Tipo de separação | $K, \frac{\text{kcal}}{\text{m}^2\text{h °C}}$ |
|---|---|---|
| A | *Paredes internas* | |
| 1 | Simples, de madeira, 1,5 cm | 2,88 |
| 2 | Simples, de estuque | 3,03 |
| 3 | Simples, de Celotex 1,5 cm | 1,71 |
| 4 | Simples, de Celotex 2,5 cm | 0,93 |
| 5 | Dupla, de madeira (2,5 cm) e estuque, em cada lado | 1,65 |
| 6 | Dupla, de Celotex (1,5 cm), em cada lado | 0,88 |
| 7 | Dupla, de Celotex (2,5 cm), em cada lado | 0,59 |
| 8 | De concreto (5 cm) sem reboco | 3,1 |
| 9 | De concreto (10 cm), sem reboco | 2,7 |
| 10 | De concreto (15 cm), sem reboco | 2,4 |
| 11 | De concreto (5 cm), rebocada 2 faces | 2,7 |
| 12 | De concreto (10 cm), rebocada 2 faces | 2,4 |
| 13 | De concreto (15 cm), rebocada 2 faces | 2,2 |
| 14 | De tijolos comuns cheios (12 cm), rebocada 2 faces | 2,05 |
| 15 | De tijolos comuns ocos (12 cm), rebocada 2 faces | 1,90 |
| 16 | De tijolos comuns ocos (25 cm), rebocada 2 faces | 1,33 |
| 17 | De tijolos de concreto ocos (10 cm), rebocada 2 faces | 1,56 |
| 18 | De tijolos refratários cheios (12 cm), rebocada 2 faces | 2,1 |
| 19 | De tijolos refratários cheios (25 cm), rebocada 2 faces | 1,6 |
| B | *Paredes externas* | |
| 1 | Simples, de chapa ondulada de ferro | 6,34 |
| 2 | Simples, de chapa ondulada de cimento-amianto (1 cm) | 5,66 |
| 3 | Simples, de chapa lisa de cimento-amianto (1 cm) | 5,36 |
| 4 | Dupla, de chapa ondulada e chapa lisa de ferro | 3,66 |
| 5 | Dupla, de ondulado de ferro e madeira (2,5 cm) | 2,3 |
| 6 | Dupla, de ondulado de cimento-amianto e madeira (2,5 cm) | 2,1 |
| 7 | Dupla, de ondulado de ferro, madeira (1,5 cm) + madeira (2,5 cm) | 1,32 |
| 8 | Simples, de madeira (2,5 cm) | 2,83 |
| 9 | Dupla, de madeira (2,5 cm + 1,5 cm) | 1,51 |
| 10 | Dupla, de madeira (2,5 cm) e Celotex (1,5 cm) | 0,82 |
| 11 | De tijolos comuns cheios (25 cm), sem reboco) | 1,75 |
| 12 | De tijolos comuns cheios (12 cm), rebocada 2 faces | 2,5 |
| 13 | De tijolos comuns cheios (25 cm), rebocada 2 faces | 1,7 |
| 14 | De tijolos comuns cheios (38 cm), rebocada 2 faces | 1,34 |
| 15 | De tijolos refratários cheios (12 cm), rebocada 1 face | 2,9 |
| 16 | De tijolos refratários cheios (25 cm), rebocada 1 face | 2,0 |
| 17 | De tijolos refratários cheios (38 cm), rebocada 1 face | 1,6 |
| 18 | De tijolos comuns ocos (25 cm), rebocada 2 faces | 1,81 |
| 19 | De tijolos comuns ocos (25 cm), com 1,5 cm Celotex | 0,98 |
| 20 | De tijolos de concreto ocos (20 cm), rebocado 2 faces | 2,73 |
| 21 | De tijolos de concreto ocos (30 cm), rebocada 2 faces | 2,44 |

Tabela 6-8 (*continuação*)

| Número | Tipo de separação | $K, \frac{\text{kcal}}{\text{m}^2\text{h °C}}$ |
|---|---|---|
| 22 | De concreto (5 cm), sem reboco | 4,2 |
| 23 | De concreto (10 cm), sem reboco | 3,6 |
| 24 | De concreto (15 cm), sem reboco | 3,1 |
| 25 | De concreto (5 cm), rebocada 2 faces | 3,5 |
| 26 | De concreto (10 cm), rebocada 2 faces | 3,0 |
| 27 | De concreto (15 cm), rebocada 2 faces | 2,7 |
| 28 | De pedra (20 cm) | 3,42 |
| 29 | De pedra (30 cm) | 2,58 |
| 30 | De pedra (40 cm) | 2,39 |
| 31 | De pedra (60 cm) | 1,61 |
| 32 | De tijolos comuns cheios (12 cm) e Celotex (1,5 cm), rebocada 2 faces | 1,11 |
| 33 | De tijolos comuns cheios (25 cm) e Celotex (1,5 cm), rebocada 2 faces | 0,93 |
| 34 | De tijolos comuns cheios (12 cm) e Celotex (2,5 cm), rebocada 2 faces | 0,71 |
| 35 | De tijolos comuns cheios (25 cm) e Celotex (2,5 cm), rebocada 2 faces | 0,64 |
| 36 | Dupla, de tijolos (2 × 12 cm), rebocada 2 faces (camada de ar de 5 a 12 cm) | 1,38 |
| 37 | Dupla, de tijolos (2 × 25 cm), rebocada 2 faces (camada de ar de 5 a 12 cm) | 0,93 |
| 38 | Tijolo-fachada (10 cm), tijolo oco (15 cm), rebocada 1 face | 1,67 |
| 39 | Tijolo-fachada (10 cm), tijolo oco (20 cm), rebocada 1 face | 1,57 |
| 40 | Tijolo-fachada (10 cm), tijolo-concreto oco (20 cm), rebocada 1 face | 2,00 |
| 41 | Tijolo-fachada (10 cm), concreto (15 cm), rebocada 1 face | 2,63 |
| 42 | Tijolo-fachada (10 cm), concreto (20 cm), rebocada 1 face | 2,44 |
| 43 | Pedra-fachada (10 cm), tijolo oco (15 cm), rebocada 1 face | 1,77 |
| 44 | Pedra-fachada (10 cm), tijolo oco (20 cm), rebocada 1 face | 1,67 |
| 45 | Pedra-fachada (10 cm), tijolo-concreto oco (20 cm), rebocada 1 face | 2,15 |
| 46 | Pedra-fachada (10 cm), concreto (15 cm), rebocada 1 face | 2,84 |
| 47 | Pedra-fachada (10 cm), concreto (20 cm), rebocada 1 face | 2,59 |
| | *Observação*. Os valores apresentados até aqui foram calculados para exteriores com um deslocamento de ar da ordem de 24 km/h. | |

Tabela 6-8 (*continuação*)

| Número | Tipo de separação | $K, \frac{kcal}{m^2h\ °C}$ |
|---|---|---|
| C | *Entrepisos* | |
| 1 | Piso de madeira (2,5 cm) sobre barrotes | 1,7-2,1 |
| 2 | Piso de madeira (2,5 cm) sobre barrotes, forro madeira (1,5 cm) | 1,0-1,18 |
| 3 | Piso de madeira (2,5 cm) sobre barrotes, forro de estuque | 1,17-1,46 |
| 4 | Piso de madeira (2,5 cm) sobre barrotes, forro contraplacado (1,0 cm) | 1,10-1,37 |
| 5 | Piso de madeira (2,5 cm) sobre barrotes, forro de Celotex (1,5 cm) | 0,86-1,07 |
| 6 | Piso de madeira (2,5 cm) sobre barrotes, forro de Celotex (1,5 cm) e estuque | 0,83-1,03 |
| 7 | Piso de madeira (2,5 cm) sobre barrotes, forro de Celotex (2,5 cm) e estuque | 0,63-0,78 |
| 8 | Concreto (10 cm) rebocado | 2,1-2,8 |
| 9 | Concreto (10 cm), com piso de mosaico e forro rebocado | 2,15-2,7 |
| 10 | Concreto (10 cm), com piso *Linoleum* (3 mm) e forro rebocado | 2,0-2,6 |
| 11 | Concreto (10 cm), com piso de tacos e forro rebocado | 1,6-2,0 |
| 12 | Concreto (10 cm), com tacos e estuque suspenso | 1,37-1,71 |
| 13 | Concreto (10 cm), com piso de mosaico e estuque suspenso | 1,33-1,66 |
| 14 | Concreto (10 cm), com piso de tacos e estuque suspenso | 1,10-1,37 |
| 15 | Concreto (10 cm), com forro de Celotex (1,5 cm) suspenso | 0,95-1,12 |
| 16 | Concreto (10 cm), com piso de mosaico e forro de Celotex (1,5 cm) suspenso | 0,92-1,10 |
| 17 | Concreto (10 cm) com tacos e forro de Celotex (1,5 cm) suspenso | 0,83-0,98 |
| | *Observação.* Os valores tabelados neste item C correspondem, respectivamente, a um fluxo térmico de cima para baixo e vice-versa. | |
| D | *Forros* | |
| 1 | Estuque | 3,37 |
| 2 | Contraplacado de 1 cm | 2,88 |
| 3 | Celotex de 1,5 cm | 1,81 |
| 4 | Celotex de 1,5 cm e estuque | 1,71 |
| 5 | Celotex de 2,5 cm e estuque | 1,12 |
| E | *Sotéias* | |
| 1 | Concreto (10 cm), com impermeabilização de feltro | 3,5 |
| 2 | Concreto (15 cm), com impermeabilização de feltro | 3,17 |
| 3 | Concreto (10 cm), com isolante (1,5 cm) | 1,66 |

Tabela 6-8 (*continuação*)

| Número | Tipo de separação | $K, \frac{\text{kcal}}{\text{m}^2\text{h °C}}$ |
|---|---|---|
| 4 | Concreto (15 cm), com isolante (1,5 cm) | 1,61 |
| 5 | Concreto (10 cm), com isolante (2,5 cm) | 1,12 |
| 6 | Concreto (15 cm), com isolante (2,5 cm) | 1,07 |
| F | *Coberturas* | |
| 1 | Telha de barro | 10 |
| 2 | Madeira de 2,5 cm e telha de barro | 2,6 |
| 3 | Chapa de ferro e telhas de barro | 5,0 |
| | *Observação.* Os itens E e F foram calculados para exteriores com deslocamento de ar da ordem de 24 km/h. | |
| G | *Aberturas externas* | |
| 1 | Portas simples de ferro com vidros | 6,5 |
| 2 | Portas simples de madeira com vidros (85%) | 5,5 |
| 3 | Portas duplas de madeira com vidros (espaço > 2 cm) | 2,2 |
| 4 | Portas triplas de madeira com vidros (espaço > 2 cm) | 1,37 |
| 5 | Portas de madeira maciça (2 cm) | 3,37 |
| 6 | Portas de madeira maciça (2,7 cm) | 2,88 |
| 7 | Portas de madeira maciça (3,3 cm) | 2,54 |
| 8 | Portas de madeira maciça (4,0 cm) | 2,25 |
| 9 | Blocos de vidro (19,5 × 19,5 × 9,8 cm) | 2,40 |
| 10 | Clarabóias simples | 6,5 |
| 11 | Clarabóias duplas | 3 |
| | *Observação.* Estes valores (G) foram calculados para exteriores com um deslocamento de ar da ordem de 24 km/h. | |
| H | *Aberturas internas* | |
| 1 | Janelas simples | 4 |
| 2 | Janelas duplas | 1,7 |
| 3 | Portas de madeira maciça (2,0 cm) | 2,05 |
| 4 | Portas de madeira maciça (2,7 cm) | 1,85 |
| 5 | Portas de madeira maciça (3,3 cm) | 1,71 |
| 6 | Portas de madeira maciça (4,0 cm) | 1,56 |
| 7 | Blocos de vidro (19,5 × 19,5 × 9,8 cm) | 1,95 |

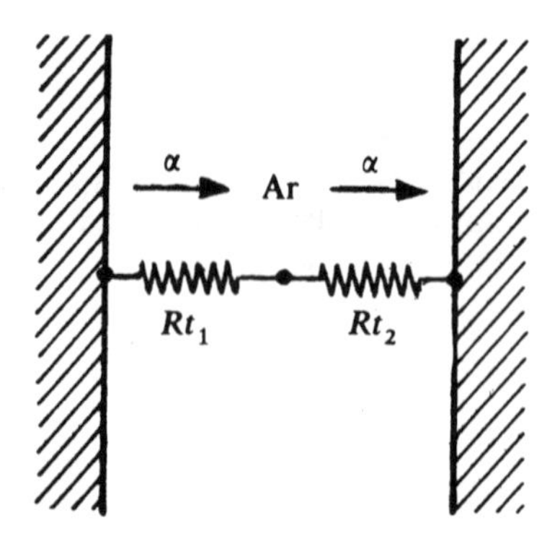


Figura 6-5

isto é,

$$l_e = \frac{2k}{\alpha} \cdot$$

Ou seja, levando-se em conta a proporção geral dos furos,

$$l_e \cong \frac{k}{\alpha} \cdot$$

Ora, como, para as transmissões de calor que se verificam nas habitações, $\alpha \cong 7$, e o valor apresentado por $k$ para os tijolos comuns é da ordem de 0,84, teremos,

$$l_e \cong \frac{0{,}84}{7} = 0{,}12\,\text{m}.$$

Desse modo, ao substituirmos (mesmo parcialmente) uma porção de material de espessura inferior a 0,12 m por uma camada de ar, estaremos aumentando a resistência térmica do tijolo. Assim, os tijolos furados terão uma resistência térmica superior ($k$ menor) à dos tijolos cheios e seu valor de $k$ será tanto menor quanto maior for o número de seus furos.

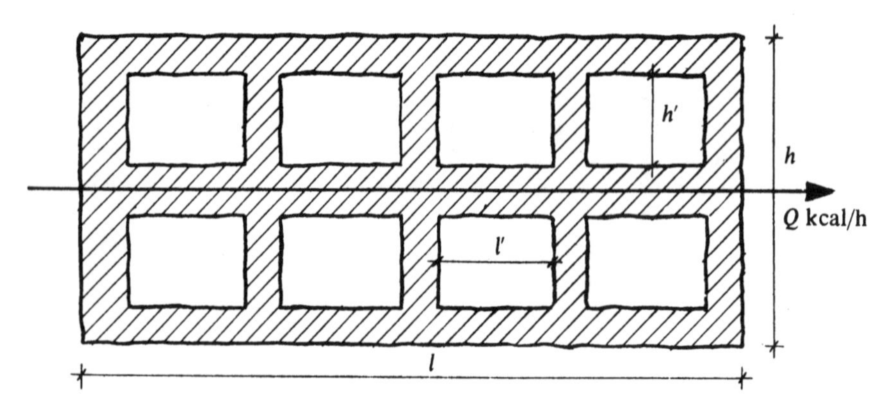


Figura 6-6

Chamando de (Fig. 6-6):

$A$ a parcela de cheios perpendicularmente à direção de propagação do calor,

$$A = \frac{h - 2h'}{h} \qquad 1 - A = \frac{2h'}{h};$$

$B$ a parcela de cheios na direção de propagação do calor,

$$B = \frac{l - nl'}{l};$$

$n$ o número de furos na direção de propagação do calor;

$k$ o coeficiente de condutibilidade do tijolo cheio;

$k_e$ o coeficiente de condutibilidade interna equivalente do tijolo furado considerado como homogêneo;

e aplicando o conceito de resistência térmica, podemos chegar teoricamente à expressão

$$k_e = k\left[A + \frac{1 - A}{(B + (0{,}12n/l))}\right]. \qquad (6\text{-}12)$$

*Exemplo* 6-3

Determinar o coeficiente de condutibilidade interna equivalente de um tijolo furado, considerado como homogêneo, sabendo-se:

$$l = 0{,}15\ \text{m}; \qquad l' = 0{,}025\ \text{m};$$

$$h = 0{,}08\ \text{m}; \qquad h' = 0{,}025\ \text{m};$$

$$n = 4; \qquad k = 0{,}84\,\frac{\text{kcal}}{\text{m h °C}};$$

$$A = \frac{h - 2h'}{h} = 0{,}375,$$

$$B = \frac{l - nl'}{l} = 0{,}333,$$

$$k_e = 0{,}84\left[0{,}375 + \frac{0{,}625}{0{,}333 + (0{,}48/0{,}15)}\right] = 0{,}465\,\frac{\text{kcal}}{\text{m h °C}}.$$

A Eq. (6-12) nos mostra, ainda, que o tijolo furado ideal é aquele que apresenta os valores de $n$ máximos e $A$ mínimos (Fig. 6-7). Da mesma forma, podemos concluir que um tijolo furado não deve ser colocado com os furos na direção de propagação do calor.

Por outro lado, o enchimento dos furos de um tijolo furado com material isolante seco (lã de vidro, *styropor*, cortiça etc.) só é interessante quando a dimensão $l'$ dos furos é superior a cerca de 1,5 cm.

A análise feita para os tijolos furados pode ser aplicada às camadas de ar entre paredes de alvenaria, usadas para criar uma resistência térmica superior à que se obteria com o mesmo espaço cheio de tijolos.

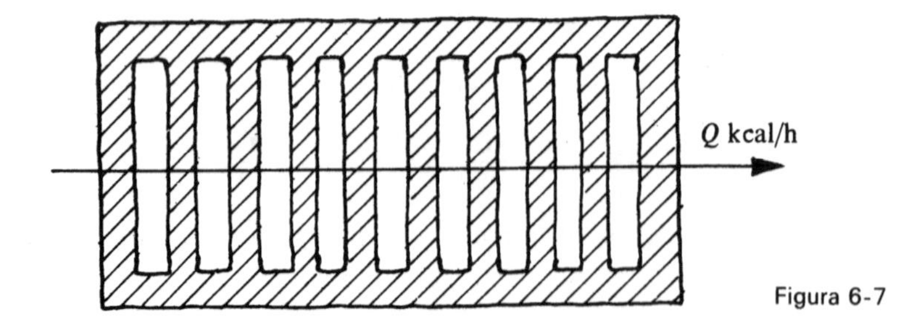


Figura 6-7

*Exemplo* 6-4

Determine o coeficiente total de transmissão de calor de uma parede externa constituída por:

1,5 cm de Celotex;
2 cm de reboco;
25 cm de tijolo comum;
2 cm de reboco.

O valor de $K$ pedido é dado, nesse caso, pela Eq. (6-11), onde $l/k$ é substituído pelo somatório $\Sigma l/k$, correspondente aos diversos materiais:

$$K = \frac{1}{\frac{1}{\alpha_1} + \frac{l_1}{k_1} + \frac{l_2}{k_2} + \frac{l_3}{k_3} + \frac{l_2}{k_2} + \frac{1}{\alpha_2}}.$$

Substituindo os valores de $\alpha$ e $k$ pelos dados das Tabs. 6-7 e 6-2, obtemos

$$K = \frac{1}{\frac{1}{7} + \frac{0{,}015}{0{,}03} + \frac{0{,}02}{0{,}46} + \frac{0{,}25}{0{,}84} + \frac{0{,}02}{0{,}46} + \frac{1}{20}} =$$

$$= \frac{1}{1{,}078} = 0{,}93 \frac{\text{kcal}}{\text{m}^2\,\text{h}\,°\text{C}},$$

valor que confere com o dado no item 33 da Tab. 6-8.

*Exemplo* 6-5

Calcular as perdas de calor de uma peça aquecida a 22 °C para o exterior cuja temperatura é de 50 °C, sabendo-se que a mesma é constituída de:

50 m$^2$ de piso de concreto com mosaicos sobre o pavimento inferior;
50 m$^2$ de forro de concreto com tacos sob pavimento superior;
40 m$^2$ de paredes externas de 25 cm de tijolos comuns cheios;
45 m$^2$ de paredes internas de 15 cm de tijolos comuns cheios;
10 m$^2$ de janelas externas de madeira com vidro;
5 m$^2$ de portas internas de 3,3 cm de madeira.

Adotando os valores de $K$ que constam na Tab. 6-8, podemos calcular

$$Q = \Sigma KS\,\Delta t,$$

o que está registrado no quadro que segue.

| Superfície | $S_{m^2}$ | $K$ | $\Delta t$ | $Q, \frac{\text{kcal}}{\text{h}}$ |
|---|---|---|---|---|
| Piso de concreto com mosaico | 50 | 2,15 | 17 °C | 1 827 |
| Forro de concreto com tacos | 50 | 2,0 | 17 °C | 1 700 |
| Paredes externas de 25 cm | 40 | 1,7 | 17 °C | 1 156 |
| Paredes internas de 15 cm | 45 | 2,05 | 17 °C | 1 568 |
| Janelas externas, madeira + vidro | 10 | 5,5 | 17 °C | 935 |
| Portas internas, madeira de 3,3 cm | 5 | 1,71 | 17 °C | 145 |
| | Total | | | 7 331 |

*Exemplo* 6-6

Calcular a temperatura da face interna e as perdas térmicas através de uma parede externa de alvenaria comum de 12 cm para as seguintes condições:

$$t_1 = t_{\text{ar interno}} = 22\ °\text{C},$$
$$t_2 = t_{\text{ar externo}} = 5\ °\text{C},$$

Verificar as mesmas respostas para o caso de adotar-se um isolamento interno de 1,5 cm de Eucatex.

Tomando para coeficiente total de transmissão de calor da parede em consideração o valor da Tab. 6-8, podemos calcular, para 1 m$^2$,

$$Q = KS\,\Delta t = 2{,}5 \cdot 1 \cdot 17 = 42{,}5\,\frac{\text{kcal}}{\text{m}^2\text{h}},$$

ou, ainda,

$$R_t = R_{t_1} + R_{t_2} + R_{t_3} = \frac{\Delta t}{Q} = \frac{1}{KS} = \frac{1}{2{,}5} = 0{,}4\,\frac{°\text{C h}}{\text{kcal}}.$$

Para calcular a temperatura $t'$ da face interna da parede, basta estabelecer a expressão da resistência térmica $R_{t_1}$, da passagem do calor entre o ar interior e a face interna da parede [Eq. (6-8)]:

$$R_{t_1} = \frac{t_1 - t'}{Q} = \frac{1}{\alpha_1 S}$$

donde

$$t' = t_1 - \frac{Q}{\alpha_1 S} = 22 - \frac{43{,}5}{7 \cdot 1} = 15{,}9\ °\text{C}.$$

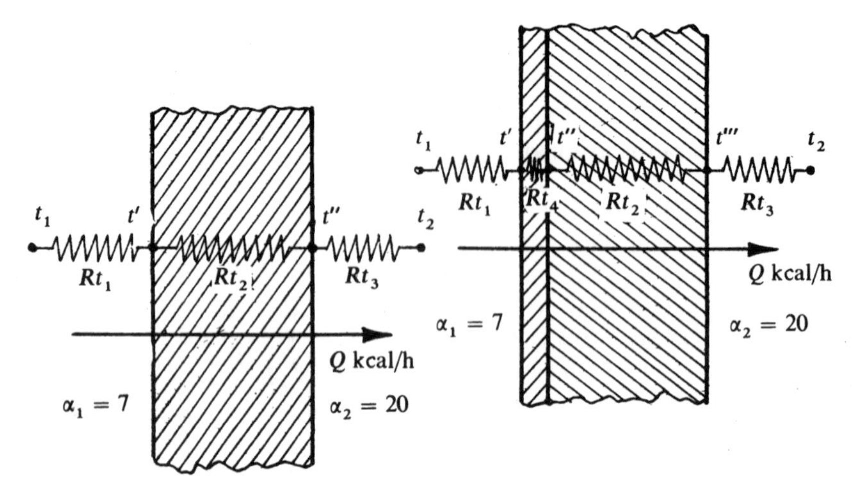


Adotando-se um isolamento interno de 1,5 centímetros de Eucatex, à resistência térmica do conjunto fica adicionada uma nova parcela, $R_{t_4}$:

$$R_{t_4} = \frac{l}{kS} = \frac{0,015}{0,03 \cdot 1} = 0,5 \frac{°\text{Ch}}{\text{kcal}}.$$

A resistência térmica do conjunto passará a ser então

$$R_t = R_{t_1} + R_{t_4} + R_{t_2} + R_{t_3} = 0,4 + 0,5 = 0,9 \frac{°\text{Ch}}{\text{kcal}}.$$

Nessas condições, podemos calcular os novos valores de $Q$ e $t'$:

$$R_t = \frac{\Delta t}{Q} = 0,9,$$

$$Q = \frac{\Delta t}{0,9} = \frac{17}{0,9} = 18,9 \frac{\text{kcal}}{\text{h m}^2},$$

$$R_{t_1} = \frac{t_1 - t'}{Q} = \frac{1}{\alpha_1 S},$$

$$t' = t_1 - \frac{Q}{\alpha_1 S} = 22 - \frac{18,9}{7 \cdot 1} = 19,3 \text{ °C}.$$

Portanto a adição de material isolante na parede da habitação não só reduziu as perdas térmicas (inverno), como aumentou a temperatura da face interna da mesma, o que, conforme veremos, permite eliminar os graves problemas da condensação da unidade do ar, que se verifica nas superfícies frias.

## 6 – *ISOLAMENTO DAS HABITAÇÕES*

Isolantes são materiais de baixo coeficiente de condutibilidade $k$.

Os materiais isolantes são normalmente materiais porosos cuja elevada resistência térmica se baseia na baixa condutibilidade do ar contido em seus vazios.

Do exposto, depreende-se que, quanto menor a densidade do material e maior o número de poros, maior o seu poder de isolamento.

O limite dessa capacidade, naturalmente, é a condução pura do ar em repouso, cujo valor é da ordem de 0,02 kcal/m$^2$ h °C.

A finalidade do isolamento é evitar as trocas térmicas indesejáveis e manter a temperatura da parede a níveis adequados, tanto na técnica do calor como na do frio.

Um bom isolante deve apresentar as seguintes qualidades:

a) baixa condutibilidade térmica;

b) resistir bem à temperatura em que é aplicado;

c) boa resistência mecânica;

d) ser imputrescível e inatacável por pragas;

e) ser incombustível;

f) não ser higroscópico e apresentar, se possível, baixa porosidade à penetração do vapor dágua.

Os materiais isolantes mais usados, tanto na indústria da construção como nas instalações térmicas, estão registradas com suas respectivas características nas Tabs. 6-3 e 6-4. Comparando a resistência térmica destes isolantes com a do tijolo comum,

$$\frac{l_{\text{isolante}}}{k_{\text{isolante}}} = \frac{l_{\text{tijolo}}}{k_{\text{tijolo}}} = \frac{l_{\text{tijolo}}}{0{,}84},$$

podemos concluir que, em média,

| Uma espessura de 1 cm de isolante: | Equivale a uma espessura de tijolo de: |
|---|---|
| Madeira de pinho | 6 cm |
| Amianto | 6 cm |
| Papelão corrugado | 10 cm |
| Cortiça, lã de vidro | 18 cm |
| Eucatex isolante | 19 cm |
| Madeira de balsa | 21 cm |
| Eucatex frigorífico | 30 cm |
| Styropor | 31 cm |
| Moltopren | 42 cm |

O cálculo da espessura a adotar para os isolamentos pode obedecer a três critérios, que expomos a seguir.

a – *Critério econômico*

À medida que aumentamos a espessura de isolamento, as perdas térmicas diminuem, mas o custo do isolamento aumenta.

O investimento mais econômico será aquele para o qual a soma do custo anual das perdas térmicas e do custo anual de amortização do material isolante seja um mínimo.

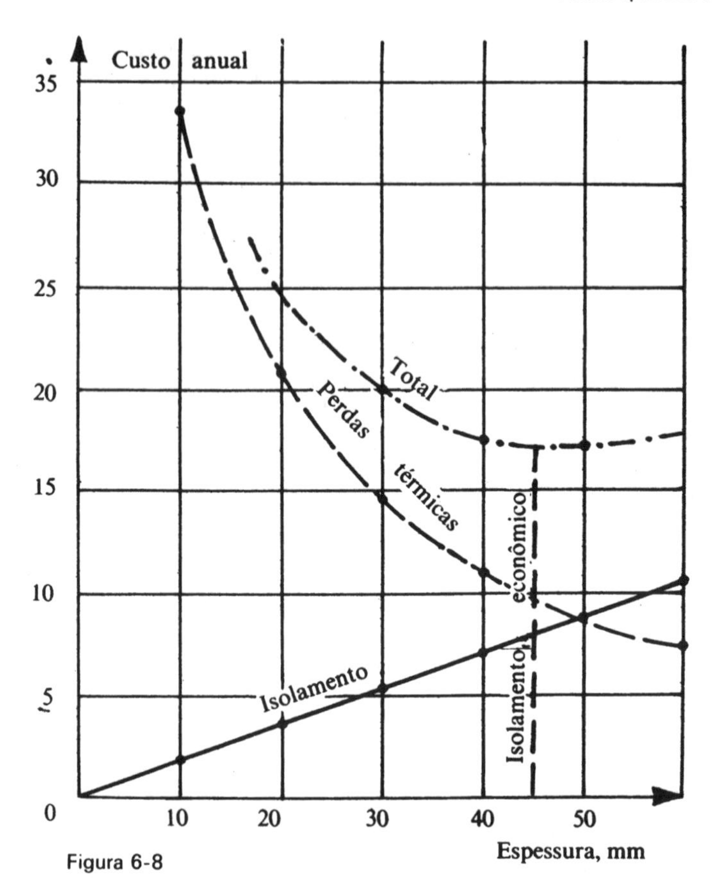


Figura 6-8

A Fig. 6-8 mostra um diagrama típico, usado para a determinação gráfica da espessura de isolamento mais econômica.

b – *Critério da temperatura superficial*

Consiste em calcular a espessura do isolante a partir da fixação de uma temperatura superficial que elimine a possibilidade de condensação da umidade do ar sobre a superfície da parede.

Assim, para evitar a condensação superficial, a temperatura da superfície da parede não deve ser inferior à temperatura de orvalho do ar ambiente.

Realmente, ao baixar a temperatura do ar aquém de sua temperatura de orvalho, este perde umidade. A deposição da umidade se dá, portanto, na direção do quente para o frio, sendo completamente errado concluir que as paredes das habitações em dias frios umedecem pelo lado de dentro devido à umidade externa. O fenômeno, na realidade, é resultante da condensação de vapor dágua do ar interior, em contato com a parede excessivamente fria. Pela mesma razão, as janelas embaciam no inverno pelo lado de dentro das habitações.

*Exemplo* 6-7

Sabendo-se que o ar no interior de uma residência apresenta as condições

$$TTS = 20\ °C,$$
$$TTU = 18\ °C,$$
$$\psi = 82\%,$$

verificar a possibilidade de condensação da umidade em paredes de alvenaria de 15 cm, quando a temperatura externa atingir 0 °C.

Caso houver possibilidade de verificar-se o inconveniente acima, calcular a espessura de Eucatex necessária para eliminá-lo.

Numa parede externa de alvenaria de 15 cm,

$$K = 2{,}5\,\frac{\text{kcal}}{\text{m}^2\text{h}\ °\text{C}} \quad \text{(Tab. 6-8)},$$

$$Q = KS\,\Delta t = 2{,}5 \cdot 1 \cdot (20-0) = 50\,\frac{\text{kcal}}{\text{m}^2\text{h}},$$

$$R_t = \frac{t_1 - t'}{Q} = \frac{1}{\alpha_1 S},$$

$$t' = t_1 - \frac{Q}{S\alpha_1} = 20 - \frac{50}{7 \cdot 1} = 12{,}86\ °\text{C}.$$

Ora, como, de acordo com a carta psicrométrica (veja o Cap. 5, Sec. 6) a temperatura de orvalho do ar interior é igual a 17 °C, *haverá necessariamente condensação* na face interna da parede.

Para evitar esse inconveniente, o valor mínimo da temperatura $t'$ deve ser fixado em 17 °C, isto é:

$$t' = t_1 - \frac{Q}{\alpha_1 S} = 17\ °\text{C},$$

donde

$$\frac{Q}{S} = \alpha_1(t_1 - t') = 7(20-17) = 21\,\frac{\text{kcal}}{\text{m}^2\text{h}}.$$

Portanto a resistência térmica $\Delta t/Q$, que era 20/50, passará a ser 20/21, o que corresponde a um aumento de

$$\frac{20}{21} - \frac{20}{50} = 0{,}55\,\frac{°\text{C}}{\text{kcal/h m}^2}.$$

Para conseguir esse aumento de resistência térmica com Eucatex ($k = 0{,}03$ kcal/ /m h °C) será necessária uma espessura de isolamento de:

$$R_t = \frac{l}{kS} = 0{,}55\,\frac{°\text{C}}{\text{kcal/h m}},$$

$$l = 0{,}55kS = 0{,}55 \cdot 0{,}03 \cdot 1 = 0{,}0165\ \text{m}.$$

Caso diverso da condensação superficial é o da condensação no interior das paredes (condensação oculta – *concealed condensation*).

Os materiais de construção, de um modo geral, por mais impermeáveis que sejam, deixam passar o vapor dágua, quando sujeitos a uma diferença de pressão de vapor.

Como a pressão do vapor no ar quente geralmente é superior à do ar frio, há uma tendência da passagem do vapor do ambiente mais quente para o ambiente mais frio.

A condutibilidade de umidade dos materiais é caracterizada por um coeficiente semelhante ao da condução térmica, que toma o nome de permeabilidade.

A permeabilidade, $P$, de um material é a quantidade de umidade em gramas por hora e por metro quadrado de superfície de passagem, que atravessa uma parede de 1 m de espessura do mesmo por mm Hg de diferença de pressão de vapor.

A Tab. 6-9 nos dá valores da permeabilidade de diversos materiais de construção e isolantes.

Tabela 6-9

| Material | $\frac{P}{l}$ | $P, \frac{\text{gm}}{\text{m}^2\text{h mm Hg}}$ |
|---|---|---|
| Ar | | 0,0833 |
| Fibra de madeira | | 0,003 a 0,028 |
| Lã de vidro | | 0,008 |
| Estuque | | 0,007 |
| Concreto, 1:2:4 | | 0,0023 |
| Cortiça | | 0,0017 |
| Parede tijolos ocos | | 0,0015 |
| Parede tijolos maciços | | 0,0003-0,00055 |
| Styropor, 15 kgf/m$^3$ | | 0,00125 |
| Styropor, 30 kgf/m$^3$ | | 0,00075 |
| Styropor, 50 kgf/m$^3$ | | 0,00062 |
| Madeira compensada | | 0,0002 |
| Papel impermeável | 0,0055 | |
| Feltro asfáltico (1,8 a 3 kgf/m$^2$) | 0,000038 | |
| Pintura a óleo, 3 demãos | 0,000025 | |
| Pintura asfáltica, 2 demãos | 0,000012 | |
| Papel de revestimento impregnado de asfalto | 0,0067 | |

À semelhança da resistência térmica, podemos definir uma resistência à passagem do vapor, a qual nos é dada por

$$R_v = \frac{\Delta p \text{ mm Hg}}{M_v \text{ g/h}} = \frac{l \text{ m}}{PS \text{ m}^2}. \qquad (6\text{-}13)$$

Nessas condições, podemos calcular a variação das pressões do vapor ao longo de uma parede de maneira idêntica à variação das temperaturas.

Caso a pressão do vapor atingida no interior da parede seja superior à de saturação, que é uma função da temperatura local do material da própria parede, haverá condensação.

*Exemplo* 6-8

Verificar a possibilidade de condensação no interior de uma parede de uma residência, constituída de 30 cm de tijolos maciços, isolada internamente com 1″ de fibra de madeira prensada ($P = 0{,}055$ gm/m²h mm Hg), quando sujeita às condições:

internas, 22 °C e 60% de umidade,
externas, 0 °C e 90% de umidade.

De acordo com a Fig. 6-9 a distribuição de temperaturas pode ser calculada a partir de:

$$\frac{\Delta t}{Q} = \frac{1}{\alpha_1} + \sum \frac{l}{k} + \frac{1}{\alpha_2},$$

$$\frac{22}{Q} = \frac{1}{7} + \frac{0{,}0254}{0{,}03} + \frac{0{,}30}{0{,}84} + \frac{1}{20},$$

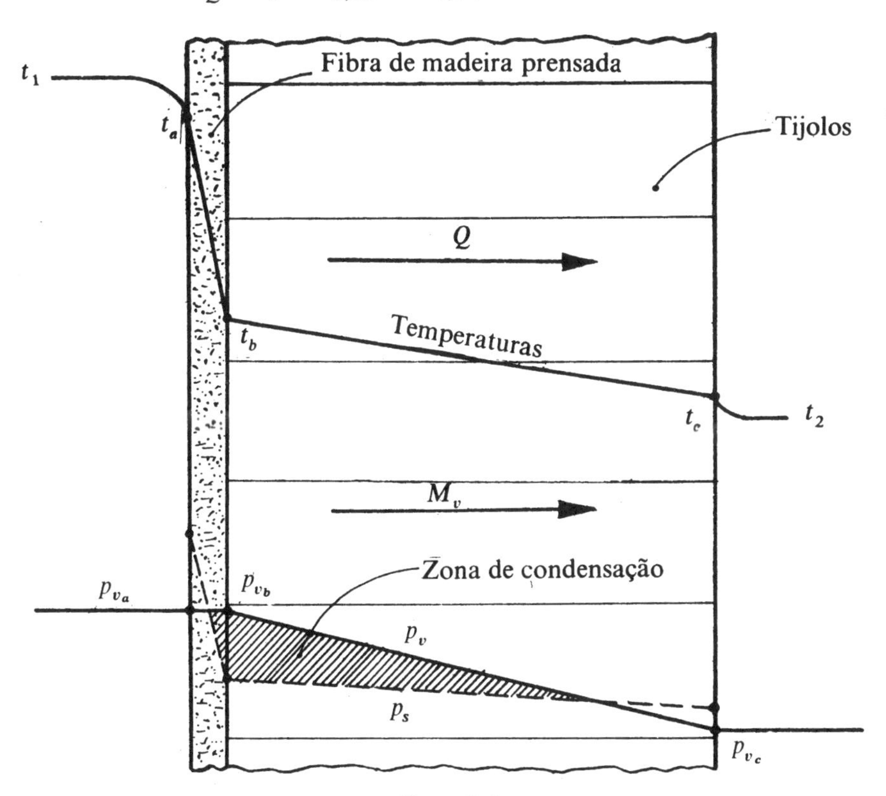


Figura 6-9

$$\frac{22}{Q} = 0{,}143 + 0{,}848 + 0{,}357 + 0{,}05 = 1{,}398,$$

$$Q = \frac{22}{1{,}398} = 15{,}75 \frac{\text{kcal}}{\text{m}^2\text{h}},$$

$$t_a = t_1 - \frac{Q}{\alpha_1} = 22 - \frac{15{,}75}{7} = 19{,}75\ °\text{C},$$

$$t_b = t_a - Q\frac{l}{k} = 19{,}75 - 15{,}75 \cdot 0{,}848 = 6{,}4\ °\text{C},$$

$$t_e = t_b - Q\frac{l}{k} = 6{,}4 - 15{,}75 \cdot 0{,}357 = 0{,}75\ °\text{C}.$$

Por sua vez, a distribuição de pressões é calculada a partir de (Tab. 6-9)

$$R_v = \frac{\Delta p \text{ mm Hg}}{M_v} = \sum \frac{l}{p} = \frac{0{,}3}{0{,}00055} + \frac{0{,}0254}{0{,}055},$$

$$R_v = \frac{\Delta p \text{ mm Hg}}{M_v} = 545 + 0{,}46 = 545{,}46 \frac{\text{mm Hg m}^2\text{h}}{g},$$

onde, sendo (veja o Cap. 5, Sec. 6)

$$\left.\begin{aligned} p_{v_a} &= f(t_1, \varphi_1) = 12 \text{ mm Hg} \\ p_{v_c} &= f(t_2, \varphi_2) = 4{,}0 \text{ mm Hg} \end{aligned}\right\} \Delta p \text{ mm Hg} = 8 \text{ mm Hg},$$

obtemos

$$M_v = \frac{8}{545{,}46} = 0{,}0147 \frac{\text{g}}{\text{m}^2\text{h}},$$

donde

$$p_{v_b} = p_{v_a} - M_v \frac{\text{isolante}}{p_{\text{isolante}}} = 12 - 0{,}0147 \cdot 0{,}46 = 11{,}93 \text{ mm Hg}.$$

Os valores achados, juntamente com as pressões de saturação correspondentes às temperaturas locais da parede, estão registrados na tabela que segue:

| Valores | Em *a* | Em *b* | Em *c* |
|---|---|---|---|
| $t$ °C | 19,75 | 6,4 | 0,75 |
| $p_s$ mm Hg | 17 | 7,5 | 5 |
| $p_v$ mm Hg | 12 | 11,93 | 4 |

Ora, como as pressões assumidas pelo vapor ultrapassam, em algumas zonas, à pressão de saturação correspondente à temperatura reinante no local considerado (veja também a Fig. 6-9), podemos concluir que haverá condensação nos mesmos.

Na prática, a condensação no interior das paredes é evitada pela disposição adequada do material isolante.

Assim, quando o material isolante é de grande permeabilidade (como, por exemplo, fibra de madeira, lã de vidro, cortiça, etc.), a colocação do mesmo no lado quente da parede facilita a condensação [(Fig. 6-10(a)], enquanto que a colocação no lado frio, ao contrário, dificulta bastante a condensação [Fig. 6-10(b)].

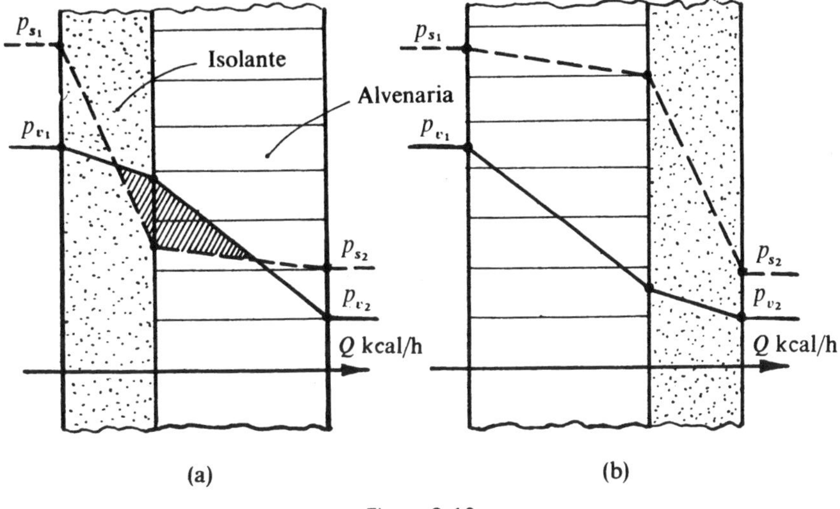


Figura 6-10

A mesma coisa acontece, mas em menor escala, quando o material isolante de baixa permeabilidade, como se pode notar pelas Figs. 6-11(a) e 6-11(b).

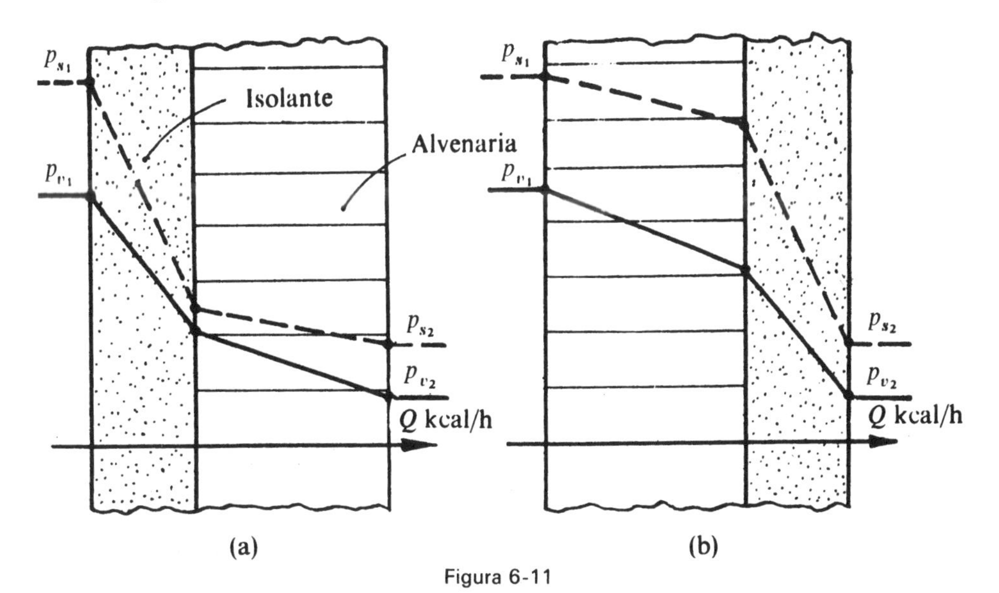


Figura 6-11

Outra técnica normalmente adotada para se evitar a condensação é o uso de barreiras de vapor constituídas de materiais de baixa permeabilidade colocadas no lado de maior pressão de vapor (lado quente da parede), e que reduzem a pressão do vapor no interior da mesma.

Assim, a colocação de uma barreira de vapor, no caso crítico assinalado na Fig. 6-10(a), elimina totalmente a possibilidade de condensação oculta, como bem mostra a Fig. 6-12.

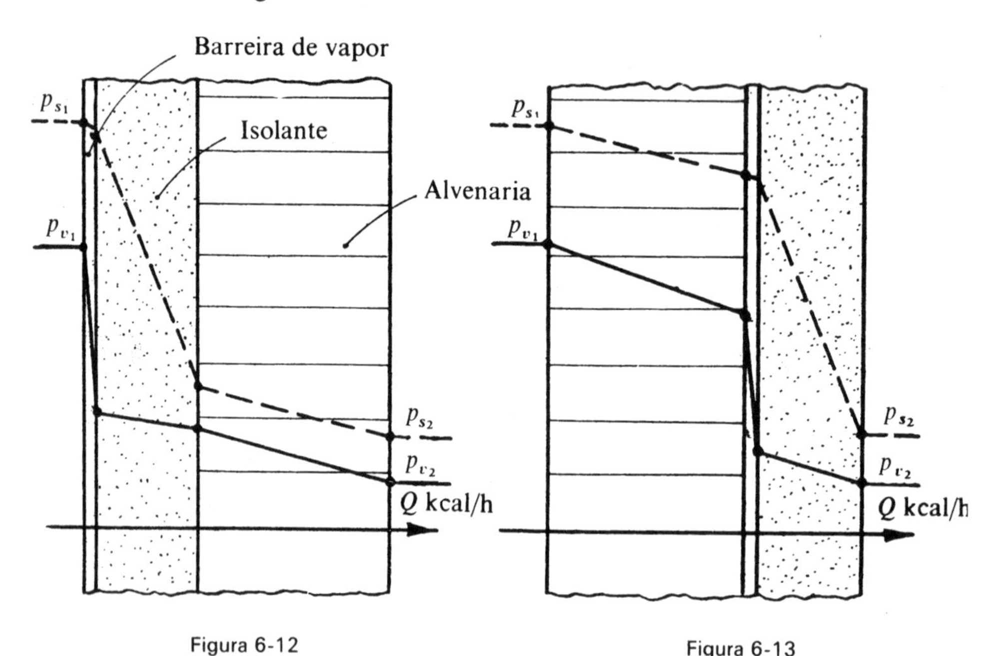


Figura 6-12

Figura 6-13

Na técnica de isolamento de frigoríficos, onde as possibilidades de condensação são enormes, em virtude das grandes diferenças de pressão de vapor que surgem, não só o material isolante é colocado normalmente do lado frio da parede, como obrigatoriamente são usadas barreiras de vapor (pintura asfáltica) colocadas entre o isolante e a alvenaria (Fig. 6-13).

É interessante salientar que barreiras de vapor mal localizadas (no lado frio), criam condições favoráveis à condensação.

Quando a condensação se verifica a uma temperatura inferior a 0 °C, poderá ocorrer a destruição da parede pela formação de gelo no interior da mesma.

Numa parede homogênea, em regime de transmissão de calor estacionário, não havendo condensação superficial, também não ocorrerá condensação interna (as retas de $p_s$ e $p_v$ não podem cruzar-se).

c – *Critério do fluxo térmico limite*

Atendendo a condições econômicas e de condensação, o isolamento pode ser, de um modo bastante prático, especificado a partir de um fluxo térmico.

Com efeito, ao especificarmos um fluxo térmico máximo, não só estaremos atendendo a uma economia de calor, ou de frio, como limitando também a diferença de temperatura $t'$ entre o ar exterior e a parede, principal causa da condensação superficial.

Assim, atendendo à nomenclatura da Fig. 6-14, a expressão da resistência térmica, $R_t$, mostra que

$$R_{t_1} = \frac{t_1 - t'}{Q} = \frac{1}{\alpha_1 S},$$

$$\Delta t' = t_1 - t' = \frac{Q}{\alpha_1 S}.$$

Especificando portanto o fluxo máximo $Q/S$, em kcal/h, por $m^2$ de superfície, a diferença de temperatura, $\Delta t'$, máxima que se verifica, para o caso-limite em que o ar está em repouso ($\alpha_1 = 7$ kcal/$m^2$h °C), também fica fixada.

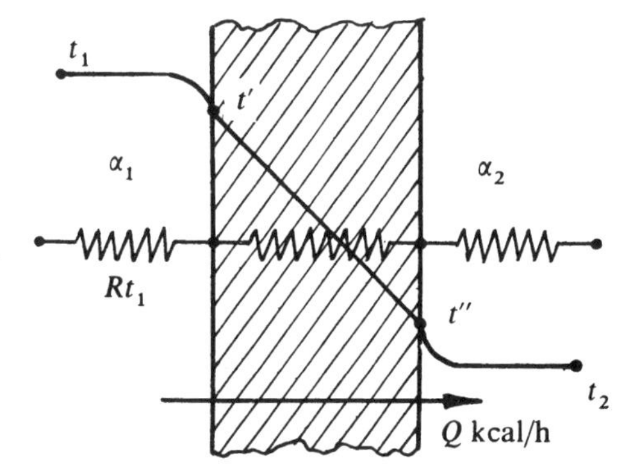


Figura 6-14

Ora, para que o ar, à temperatura $t_1$, condense em contato com a parede à temperatura $t'$, é necessário que o seu grau higrométrico, $\psi$, seja suficientemente grande para que o abaixamento de temperatura, igual a $\Delta t' = t - t'$, faça-o atingir o seu ponto de orvalho (veja o Cap. 5, Sec. 6).

Podemos, portanto, elaborar a Tab. 6-10, que relaciona os valores-limite $Q/S$, $\Delta t'$ e $\psi$.

Tabela 6-10

| $\frac{Q}{S}, \frac{\text{kcal}}{\text{m}^2\text{h}}$ | 8 | 10 | 12 | 15 | 20 | 25 | 30 | 35 | 40 |
|---|---|---|---|---|---|---|---|---|---|
| $\Delta t' = t_1 - t'$ | 1,14 | 1,42 | 1,71 | 2,14 | 2,85 | 3,57 | 4,28 | 5,00 | 5,70 |
| $\psi$ para condensação | >90% | >88% | >86% | >84% | >81% | >78% | >75% | >72% | >69% |

Assim, para o caso de frigoríficos, os isolamentos são classificados como:

excelentes, para $Q/S = 8\,kcal/m^2h$;
bons, para $Q/S = 10\,kcal/m^2h$;
regulares, para $Q/S = 12\,kcal/m^2h$;
aceitáveis, para $Q/S = 15\,kcal/m^2h$;
maus, para $Q/S > 15\,kcal/m^2h$.

Para o caso de habitações, atendendo a que, no inverno, o lado quente é o interno, onde só excepcionalmente o grau higrométrico excede os 70% ($Q/S = 40$ kcal/m$^2$ h), fixando a temperatura interna de conforto em 22 °C, podemos calcular, para as diversas temperaturas externas, a espessura de parede homogênea de alvenaria a ser usada (Tab. 6-11):

$$Q = KS(t_i - t_e),$$

$$K = \frac{Q}{S(t_i - t_e)} = \frac{40}{22 - t_e}.$$

Na realidade, esses valores devem ser aumentados, atendendo-se a que, no inverno, a umidade externa (chuva), umedecendo a parede, aumenta o seu valor de $K$ (principalmente do lado que não recebe o Sol).

Tabela 6-11

| $t_e$ | $K\ \frac{kcal}{m^2h\ °C}$ | $l$, espessura da parede de alvenaria, m |
|---|---|---|
| −10 °C | 1,25 | 0,50 |
| − 5 °C | 1,48 | 0,40 |
| 0 °C | 1,82 | 0,30 |
| 5 °C | 2,35 | 0,20 |
| 10 °C | 3,33 | 0,10 |

Adotando-se, por outro lado, paredes não-homogêneas (materiais isolantes), tornam-se indispensáveis os cuidados já apontados, para que não se verifique também a condensação no interior da parede (condensação oculta).

No verão, em virtude das pequenas diferenças de temperatura que intervêm ($t_e - t_i < 10$ °C), o problema de isolamento reduz-se apenas ao aspecto econômico.

Caso especial é o isolamento da insolação, em virtude da qual as diferenças de temperaturas atingidas no verão podem ser (veja o Cap. 10, Sec. 5):

nas paredes, de até 30 °C;
nos forros, de até 50 °C;
nas janelas, de até 100 °C.

As providências que podem ser tomadas no caso, e que visam apenas à redução das perdas térmicas, são expostas a seguir.

*Nas paredes.* Isolamento adicional, pinturas externas claras, marquises ou vegetação para colocar as paredes em sombra.

*Nos forros.* Quando se trata de forro em terraço, isolamento adicional, a fim de reduzir $Q/S$ ($< 15\,\text{kcal/m}^2\,\text{h}$). Esse isolamento deve ser muito bem protegido contra intempérie, sendo preferível adotar-se, de baixo para cima, a seguinte ordem: estrutura, isolante, impermeabilização e camada de proteção executada com lajotas suspensas, deixando-se uma camada de ar móvel pela parte de baixo.

Quando se trata de forro de telhado, é preferível executar, abaixo deste, uma camada de ar móvel, que arrastará todo calor de insolação, deixando o forro à temperatura do ar exterior (o qual não é influenciado pela radiação solar).

*Nas janelas.* Bloqueio da insolação pelo lado de fora por meio de vegetação, marquises ou *bris soleil*, que reduzem a insolação em 75%. Em último caso, é aceitável a colocação de cortinas ou persianas claras pelo lado de dentro, que reduzem a insolação em 50%.

## 7 – *NOÇÃO DE TRANSMISSÃO DE CALOR EM REGIME TRANSITÓRIO*

A transmissão de calor nas paredes das habitações verifica-se em regime transitório, quando as temperaturas no interior da mesma variam com o tempo. Nesse caso, parte do calor que entra por uma das faces da parede serve para aquecê-la, de modo que a quantidade de calor que sai pela outra face é menor, isto é, o fluxo térmico não é permanente. É o que acontece nas paredes das habitações, devido às variações diárias de temperatura.

Devido à fase de aquecimento ou esfriamento da parede, durante o regime citado, as variações periódicas de temperatura são amortecidas ao longo da parede, de modo que, a uma profundidade $x$ da mesma, seu valor é bem menor do que na superfície.

Assim, chamando de $\Delta t$ a variação periódica de temperatura na superfície, e $\tau$ o período em horas em que a mesma se verifica, a variação periódica de temperatura $\Delta t_x$, a uma profundidade $x$ da parede, será dada por

$$\Delta t_x = \Delta t\, e^{-x\sqrt{(\pi \gamma C)/(k\tau)}} \qquad (6\text{-}14)$$

*Exemplo* 6-9

Calcular o amortecimento das variações diárias de temperatura ocasionadas por paredes de alvenaria de 30, 60 e 90 cm.

Ora, sabendo-se que

$$\gamma = 1\,763\,\frac{\text{kgf}}{\text{m}^2},$$

$$C = 0{,}2\,\frac{\text{kcal}}{\text{kgf}\,^\circ\text{C}},$$

$$k = 0{,}84 \frac{\text{kcal}}{\text{m h °C}},$$

$$\tau = 24\,\text{h},$$

podemos calcular para $x = 0{,}3$ m:

$$\frac{\Delta t_x}{\Delta t} = e^{-0{,}3\sqrt{(0{,}2 \cdot 1763\pi)/(0{,}84 \cdot 24)}} = e^{-2{,}3} = \frac{1}{10}.$$

E, da mesma forma, para

$$x = 0{,}6\,\text{m}, \quad \frac{\Delta t_x}{\Delta t} = \frac{1}{100};$$

$$x = 0{,}9\,\text{m}, \quad \frac{\Delta t_x}{\Delta t} = \frac{1}{1\,000}.$$

Essa é a razão pela qual, ao variar bruscamente a temperatura do ambiente externo, o interior das residências que se mantêm fechadas permanece durante várias horas ainda com sua temperatura praticamente inalterada.

Da mesma forma, as variações diárias de temperatura se reduzem a 0,0001 de seu valor, para profundidades da superfície da Terra igual a 1,35 m e as variações anuais se reduzem a 0,001, para uma profundidade de 26 m, razão pela qual os laboratórios científicos, que necessitam da constância da temperatura, são construídos a profundidades consideráveis.

# capítulo 7

# VENTILAÇÃO

## 1 – *GENERALIDADES*

Dá-se o nome de ventilação ao processo de renovar o ar de um recinto (A.B.N.T.).

O fim fundamental da ventilação é controlar a pureza e deslocamento do ar em um recinto fechado, embora, dentro de certos limites, a renovação do ar também possa controlar a temperatura e a umidade do mesmo.

O ar é o constituinte da atmosfera, envolvente gasosa de nosso planeta, que tem uma espessura superior a 500 km.

Recebe o nome de ar respirável, o ar próximo ao nível do mar, numa espessura correspondente a 1 ou 2% da espessura total da atmosfera.

A composição média do ar atmosférico respirável (ar puro), em condições normais, é aproximadamente, em volume,

$$\begin{aligned} N_2, &\quad 78{,}03\%; \\ O_2, &\quad 20{,}99\%; \\ CO_2, &\quad 0{,}03\%; \\ H_2O, &\quad 0{,}47\%; \\ \text{outros gases}, &\quad 0{,}48\%, \end{aligned}$$

além de odores, poeiras e bactérias.

Recebe o nome de ar ambiente, todo o ar contido em recintos limitados, destinados à habitação.

O ar ambiente, naturalmente, não tem a mesma composição do ar puro, podendo, em muitos casos, apresentar alterações substanciais que o tornam inadequado para a respiração.

Um ambiente diz-se salubre quando o ar que o mesmo contém apresenta propriedades físicas (pressão, temperatura, umidade e movimentação) e químicas tais que possibilitam favoravelmente a vida em seu meio.

## 2 – *MODIFICAÇÕES FÍSICAS E QUÍMICAS DO AR AMBIENTE E SEUS LIMITES HIGIÊNICOS ADMISSÍVEIS*

### a – *Pressão*

Modificações sensíveis da pressão atmosférica normal são ocasionadas pela elevação dos ambientes acima do nível do mar, conforme nos mostra a fórmula de Laplace. [Eq. (5-1).]

Quando a pressão atinge valores muito inferiores à pressão atmosférica normal (760 mm Hg = 10 332 mm $H_2O$), a respiração torna-se difícil e começam a manifestar-se no organismo transtornos conhecidos com o nome de "mal das montanhas" (a cerca de 3 300 m de altura, a pressão se reduz a 2/3 de seu valor ao nível do mar e a respiração começa a tornar-se difícil).

b – *Temperatura e umidade*

A temperatura juntamente com a umidade são os responsáveis pelas trocas de calor com o exterior efetuadas pelo corpo humano e determinam para o ambiente as suas características de conforto térmico (veja também o Cap. 10, Sec. 2d).

A sensação de bem-estar causada por um determinado ambiente pode ser caracterizada, no que diz respeito a sua temperatura e umidade, pela chamada temperatura efetiva do mesmo.

Temperatura efetiva de um ambiente é a temperatura de um ambiente saturado de umidade que, subjetivamente, apresenta as mesmas condições de conforto térmico que o ambiente considerado.

Devido ao desprendimento de calor e de vapor dágua efetuado pelo corpo humano (aparelhos de iluminação, de combustão, máquinas, etc.), os ambientes sofrem um crescimento rápido na sua temperatura efetiva, tanto que, modernamente, considera-se como certo que as perturbações higiênicas que se verificam normalmente nos ambientes habitados devem atribuir-se primordialmente ao índice em estudo.

Assim, enquanto que, para temperaturas efetivas de 23 °C, verifica-se um conforto térmico absoluto, para temperaturas efetivas próximas dos 30 °C, o metabolismo humano começa a tornar-se difícil, privando o homem de suas atividades externas (trabalho braçal, etc.) e, para os 37 °C, as trocas térmicas com o ambiente se anulam, impossibilitando a vida (atividades internas) de forma permanente.

c – *Oxigênio*

Nem todo o oxigênio do ar é aproveitado para a respiração, pois o ar expirado contém ainda cerca de 15,4% de oxigênio. Desse modo, podemos tomar como 14% (cerca de 2/3 da porcentagem normal) o índice mínimo de oxigênio aconselhável para o ar destinado à respiração.

Experiências têm demonstrado que, para uma porcentagem de oxigênio de 10%, verifica-se a asfixia e, com 7%, a morte.

d – *Contaminantes*

São causas da contaminação do ar:

a) as pessoas e animais, que, além de reduzirem a porcentagem de $O_2$, aumentando assim a porcentagem de $CO_2$ e $H_2O$, exalam substâncias nauseabundas (miasma) e microrganismos. As substâncias nauseabundas emitidas pelo corpo humano, em parte pela respiração e em parte através da pele, são constituídas de compostos orgânicos complexos, cuja presença, embora perceptível ao olfato, é de difícil verificação química. Por essa razão, torna-se mais fácil a sua verificação indiretamente, por meio do índice de $CO_2$;

b) a combustão para fins de aquecimento ou iluminação, que consome o oxigênio e produz gases nocivos;

c) os motores a combustão, como de automóveis e demais veículos automotores, que, em túneis, garages, oficinas etc., consomem o oxigênio do ar e introduzem no ambiente os gases de seu escapamento;

d) os gases, vapores e mesmo pequenas partículas, produtos das indústrias que constituem elementos nocivos à saúde;

e) nas minas, as partículas de carvão e de outros minérios, os produtos resultantes, da oxidação de madeiras, da decomposição de rochas, cujas naturezas químicas, muitas vezes originam gases deletérios (rochas mercuriais, betuminosas, arseniacais etc.), os gases provenientes das explosões e mesmo gases explosivos como o grisu.

Quanto ao $CO_2$, embora não seja um gás tóxico, a sua presença no ar indica redução do oxigênio ou mesmo presença de miasma.

Assim, admitindo-se que a porcentagem de $CO_2$ cresce proporcionalmente à porcentagem de miasma, é universalmente aceito 0,1 % como índice máximo aconselhável para o anidrido carbônico contido no ar destinado à respiração.

Na realidade, o organismo suporta quantidades elevadas de $CO_2$, sucumbindo mais por falta do oxigênio que ocasiona. Assim, para uma porcentagem de $CO_2$ igual a 10%, verifica-se a asfixia e, para cerca de 15%, a morte.

Quanto aos demais elementos como partículas sólidas (poeiras, fumaças e fumos), partículas líquidas (*mist*, *fog*), gases e vapores, organismos vivos (pólens, esporos de fungos e bactérias), serão considerados como contaminantes se suas concentrações passarem dos limites recomendados ou se sua natureza for nociva ao homem. (Para maiores detalhes veja a Bibliografia.)

## 3 – *QUANTIDADE DE AR NECESSÁRIA À VENTILAÇÃO*

O organismo humano em respouso, a fim de manter as suas funções fisiológicas involuntárias, consome em média (metabolismo básico) 16 litros de $O_2$(0 °C, 760 mm Hg) por hora. Entretanto nem todo o oxigênio do ar é aproveitado no processo da respiração, pois, conforme vimos, o ar inspirado contém 20,99 % de oxigênio, enquanto que o expirado apresenta, ainda, desse elemento uma parcela média de 15,4 % em volume. Nessas condições, apenas 5,5 % do volume do ar respirado é aproveitado para o metabolismo humano, de modo que o consumo do mesmo, para as condições indicadas será

$$\frac{16}{0{,}055} \cong 300 \text{ litros de ar por hora.}$$

Se o ar expirado fosse imediatamente substituído e, portanto, não voltasse ao pulmão, o ar necessário à ventilação por pessoa em repouso seria somente 0,3 $m^3$/h. O problema, entretanto, não é de substituição e sim de diluição, pois o ar de ventilação é misturado com o do ambiente, o qual, embora já utilizado, volta novamente a ser respirado. Nessas condições, dependendo da atividade das pessoas (que aumenta o seu metabolismo e, portanto, o seu consumo de oxigênio) e do tipo de ambiente (produção de contaminantes), a quantidade de ar necessária à ventilação pode ser cerca de 25 a 150 vezes superior à indicada acima (8 a 50 $m^3/h$).

Para locais em que a contaminação do ar é produzida unicamente pelas pessoas (fumando ou não) que os ocupam, podemos calcular a quantidade de ar adotada em $m^3/h$ por pessoa, a qual toma o nome de "ração de ar", em função da finalidade do ambiente a ventilar.

Assim, de acordo com as normas brasileiras a respeito do assunto (BN-10, da A.B.N.T.), podemos relacionar os valores que constam da Tab. 7-1.

Tabela 7-1. Ar exterior de ventilação

| Local | $m^3/h$ | pessoa | Concentração de fumantes |
|---|---|---|---|
| | recomendável | mínimo | |
| Bancos | 17 | 13 | ocasional |
| Barbearias | 25 | 17 | considerável |
| Salões de beleza | 17 | 13 | ocasional |
| Bares | 68 | 42 | — |
| Cassinos–Grill–room | 45 | 35 | — |
| Escritórios | | | |
| Públicos | 25 | 17 | alguns |
| Privados | 42 | 25 | nenhum |
| Privados | 51 | 42 | considerável |
| Estúdios | 35 | 25 | nenhum |
| Lojas | 17 | 13 | ocasional |
| Salas de hotéis | 51 | 42 | grande |
| Residências | 35 | 17 | alguns |
| Restaurantes | 25 | 20 | considerável |
| Salas de diretores | 85 | 50 | muito grande |
| Teatros–Cinemas–Auditórios | 13 | 8 | nenhum |
| Teatros–Cinemas–Auditórios | 25 | 17 | alguns |
| Salas de aulas | 50 | 40 | nenhum |
| Salas de reuniões | 85 | 50 | muito grande |
| Aplicações gerais | | | |
| Por pessoa (não fumando) | 13 | 8 | — |
| Por pessoa (fumando) | 68 | 42 | — |

(1)Será permitido o retorno somente quando forem usados condicionadores individuais.
(2)Salvo especificação em contrário, não haverá recirculação de ar.
*Nota.* No caso de ser empregada filtração eletrostática ou processo químico de purificação, as quantidades de ar exterior poderão ser reduzidas.

Quando, além da ventilação necessária à respiração, cogita-se melhorar as condições de conforto térmico do ambiente, agravadas no verão pelo metabolismo das pessoas, é preferível adotar-se uma ração de ar maior. Assim, para instalação de ventilação pura (sem ar condicionado) de teatros, cinemas, auditórios etc., o *Código de Obras* da Prefeitura Municipal de Porto Alegre exige uma ração de ar mínima de $50\,m^3/h$ pessoa.

Quando se trata de ventilação permanente de ambientes onde são produzidas grandes quantidades de calor (sala de máquinas, de caldeiras, de fornos, cozinhas, churrascarias etc.), nos quais se deseja manter a temperatura do recinto, $t_r$, pouco acima da temperatura exterior, $t_e$, a quantidade de ar necessária nos será dada por

$$V = \frac{Q}{\gamma C_p(t_r - t_e)} \cong \frac{Q}{0{,}288(t_r - t_e)}, \qquad (7\text{-}1)$$

onde $Q$ representa a quantidade de calor a arrastar do ambiente considerado, por meio da renovação de ar, a qual é a diferença entre a quantidade de calor produzida no recinto por todos os elementos que representam fontes de calor (máquinas, fornos, fogões, aparelhos de iluminação, ocupantes etc.) e a quantidade de calor trocada com o exterior por transmissão, em vista da diferença de temperatura $t_r - t_e$.

A relação entre o volume do ar de ventilação que penetra no ambiente por hora e o volume do mesmo, tem o nome de "índice de renovação do ar". Assim, para a ventilação natural,

$$n = \frac{V\,m^3/h}{V_a\,m^3} = 1 \text{ a } 2,$$

enquanto que, para a ventilação artificial, o índice de renovação atinge valores de 6 a 20.

Para valores de $n$ superiores a 20, que podem ser considerados como excepcionais, surgem problemas de ordem técnica difíceis de serem superados (correntes de ar excessivas).

De acordo com a A.B.N.T. (NB-10), a velocidade do ar na zona de ocupação, sto é, no espaço compreendido entre o piso e o nível de 1,50 m, deve ficar compreendida entre 0,025 e 0,25 m/s. Excepcionalmente, será permitido ultrapassar os limites acima fixados, na vizinhança das grelhas de retorno e de insuflamento que, por necessidade de construção, forem localizadas abaixo do nível de 1,50 m e no espaço normalmente ocupado por pessoas.

Para facilitar a seleção dos índices de renovação de ar a adotar em cada caso, a fábrica de ventiladores Clarage (E.U.A.) recomenda a Tab. 7-2, onde $n$ é dado em função do tipo de ambiente a ventilar.

Tabela 7-2

| Ambiente | $n$ |
|---|---|
| Auditórios, igrejas, túneis, estaleiros | 6 |
| Fábricas, oficinas, escritórios, lojas, salas de diversões | 10 |
| Restaurantes, clubes, garages, cozinhas | 12 |
| Lavanderias, padarias, fundições, sanitários | 20 |

*Exemplo* 7-1

Calcular a quantidade de ar necessária à ventilação pura de um auditório de 12 000 m³ destinado a 1 500 pessoas.

Considerando que a ventilação em consideração destina-se não só a fornecer o ar necessário a uma boa diluição do ar ambiente contaminado pela respiração das pessoas, mas também a melhorar as condições de conforto térmico do ambiente no verão, adotaremos a ração de ar exigida pelo código de obras da Prefeitura Municipal de Porto Alegre (50 m³/h pessoa).

Lembrando que cada pessoa em repouso, no verão, produz cerca de 45 kcal/h de calor sensível (veja o Cap. 10, Sec. 2b), tal ração de ar corresponde aproximadamente à vazão necessária para arrastar esse calor com uma diferença de temperatura $t_a - t_e$ de 3 °C, isto é,

$$V = \frac{Q \text{ kcal/h pessoa}}{0{,}288(t_a - t_e)} = \frac{45 \text{ kcal/h pessoa}}{0{,}288 \cdot 3} = 52 \frac{\text{m}^3}{\text{h pessoa}},$$

de modo que teremos

$$V = 1\,500 \cdot 50 = 75\,000 \text{ m}^3/\text{h}.$$

Finalmente, considerando que o volume do recinto é de 12 000 m³ (a cada pessoa deve corresponder aproximadamente um volume de 50/6 = 8,3 m³), o índice de renovação de ar da instalação será

$$n = \frac{V}{V_a} = \frac{75\,000}{12\,000} = 6{,}25,$$

valor bastante razoável, de acordo com a Tab. 7-2. (Caso esse valor fosse excessivo, o volume da peça deveria ser aumentado a fim de dar condições técnicas à instalação de ventilação.)

## 4 – *TIPOS DE VENTILAÇÃO*

De um modo geral, a renovação do ar de um ambiente pode ser classificada como segue:

- Natural ou espontânea
- Artificial ou forçada
  - Local, exaustora
  - Geral, diluidora
    - Por insuflamento
    - Por aspiração
    - Mista

### a – *Ventilação natural*

Recebe o nome de ventilação espontânea de um local aquela que se verifica em virtude das diferenças de pressões naturais (originadas pelos ventos e gradientes de temperatura), existentes através das superfícies que limitam o ambiente considerado.

Com efeito, no interior das habitações, a temperatura do ar varia de local para local de tal forma que a variação de densidade do mesmo cria diferenças

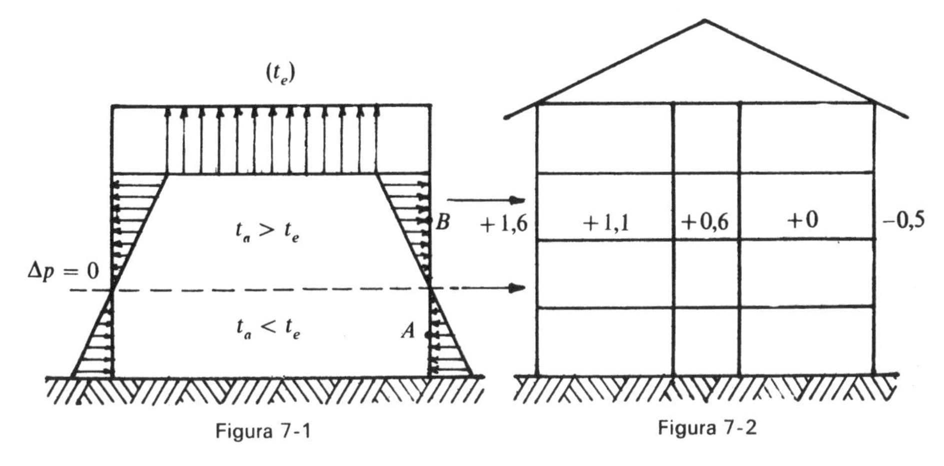


Figura 7-1 Figura 7-2

de pressão, que se escalonam no sentido vertical (Fig. 7-1). Da mesma forma, a ação dos ventos provoca um escalonamento de pressão no sentido horizontal (Fig. 7-2).

Diferenças de pressões de 0,05 mm $H_2O$ já são suficientes para entreter correntes de ar apreciáveis, desde que haja caminho para as mesmas, correspondendo esse valor a fenômenos que ocorrem naturalmente na prática. Assim, lembrando que a diferença de pressão devido ao deslocamento do ar (pressão cinética) nos é dada por

$$\Delta p_c = \frac{c^2}{2g}\gamma \cong 0{,}06\,c^2, \tag{7-2}$$

e que as diferenças de pressão devidas aos gradientes de temperatura (termos sifão) tem por expressão:

$$\Delta p_t = H(\gamma_1 - \gamma_2) = H\gamma_0\left(\frac{T_0}{T_1} - \frac{T_0}{T_2}\right) = 1{,}293H\left(\frac{273}{T_1} - \frac{273}{T_2}\right), \tag{7-3}$$

podemos registrar os valores que constam da Tab. 7-3.

Tabela 7-3

| Natureza | c, km/h | c, m/s | H | Δt | Δγ | Δp, mm $H_2O$ |
|---|---|---|---|---|---|---|
| Ventos | 5 | 1,39 | | | | 0,12 |
| Ventos | 10 | 2,78 | | | | 0,46 |
| Ventos | 15 | 4,17 | | | | 1,04 |
| Ventos | 20 | 5,56 | | | | 1,86 |
| Ventos | 25 | 6,95 | | | | 2,89 |
| Dif. temp. | | | 2 m | 2 °C | 0,007 | 0,014 |
| Dif. temp. | | | 2 m | 5 °C | 0,02 | 0,04 |
| Dif. temp. | | | 4 m | 2 °C | 0,007 | 0,028 |
| Dif. temp. | | | 4 m | 5 °C | 0,02 | 0,08 |
| Dif. temp. | | | 10 m | 5 °C | 0,02 | 0,2 |

A ventilação natural de um ambiente pode ser intensificada por meio de aberturas dispostas convenientemente, de modo a aproveitarem-se os elementos que ocasionam as diferenças de pressões estudadas, como sejam: ventos, diferença de altura e diferenças de temperaturas.

Assim, as janelas, quando convenientemente dispostas, com aberturas em *A* e *B*, permitem uma ventilação natural adequada por simples diferença de temperatura.

As portas, ou mesmo janelas colocadas em paredes opostas, representam um papel importante na ventilação onde o vento entra como principal responsável.

A ventilação por diferença de temperatura pode também ser obtida por simples aberturas separadas de entrada e saída de ar. Nesse caso, a diferença de nível entre ambas é importante, podendo ser a mesma aumentada por meio de canais de admissão ou saída do ar (chaminés de ventilação), os quais intensificam em muito a ventilação natural assim obtida. É o que acontece com as aberturas praticadas adequadamente nos forros de telhados (residências, fábricas, etc.), as quais, além de ocasionarem substancial acréscimo da ventilação natural (no verão), arrastam o calor de insolação que, incidindo sobre as telhas, aquecem o forro (Fig. 7-3).

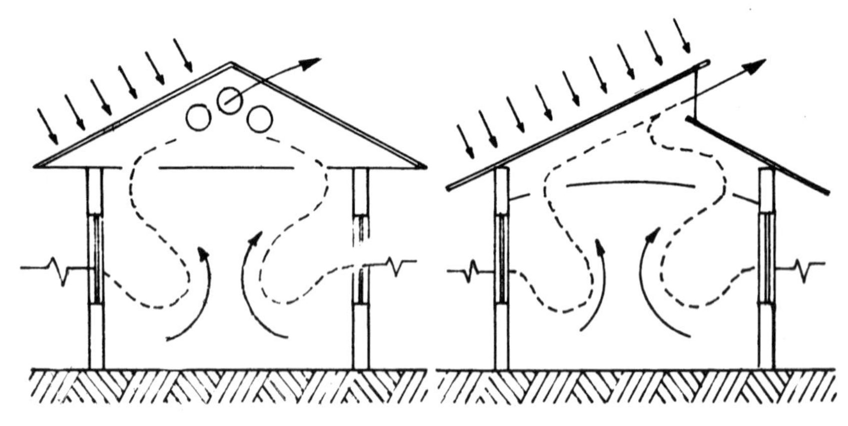

Figura 7-3

b – *Ventilação forçada*

Quando a renovação do ar é proporcionada por diferenças de pressão criadas mecanicamente, a ventilação toma o nome de ventilação artificial, forçada ou mecânica.

A ventilação artificial é adotada sempre que os meios naturais não proporcionam o índice de renovação de ar necessário, ou, ainda, como elemento de segurança nas condições de funcionamento precário da circulação natural do ar.

A ventilação mecânica, além de ser independente das condições atmosféricas, apresenta as vantagens de possibilitar o tratamento do ar (filtragem, umidificação, secagem, etc.) e a sua melhor distribuição, operações estas que geralmente acarretam elevadas perdas de carga na circulação do ar.

De acordo com o tipo de contaminação do recinto, a ventilação mecânica adotada pode ser local exaustora ou geral diluidora.

Na ventilação local exaustora, o ar contaminado é capturado antes de se espalhar pelo recinto, verificando-se, pela retirada do mesmo, a entrada do ar exterior de ventilação.

Uma instalação de ventilação local exaustora é constituída normalmente de: captores (capelas, coifas, fendas, caixas de esmeril, bocas comuns etc.), que envolvem o elemento poluidor, extraindo o contaminante; o separador ou coletor do material capturado (câmaras de decantação, ciclones, filtros de pano ou eletrostáticos, lavadores, combustores etc.); o elemento mecânico para a movimentação do ar e, as necessárias canalizações para a circulação do mesmo.

Trata-se, portanto, de ventilação altamente especializada, que só é adotada, quando as fontes de contaminação são locais, como ocorre em ambientes industriais onde existem cabinas de pintura ou de jato de areia, aparelhos de solda, forjas, fogões, tanques para tratamentos químicos, esmeris, máquinas para beneficiamento de madeira, transporte de materiais pulverulentos, misturadores, ensacadores, britadores, peneiras, silos etc. Tal estudo escapa ao âmbito de nosso curso. (Para maiores detalhes, veja a Bibliografia.)

Como ilustração, entretanto, apresentamos no Exemplo 7-2, o cálculo da ventilação local exaustora de uma cozinha por meio de coifa colocada sobre o fogão.

Na ventilação geral diluidora, o ar exterior de ventilação é misturado com o ar viciado do ambiente, conseguindo-se, com isso, uma diluição do contaminante até limites higienicamente admissíveis. É o tipo de ventilação normalmente adotado quando é impossível capturar o contaminante antes de o mesmo se espalhar pelo recinto, como ocorre nos ambientes onde a poluição é devida a pessoas que o ocupam ou a fontes esparsas (de calor ou contaminantes). A ventilação geral diluidora será feita por insuflamento, se o ambiente for limpo (auditório, lojas etc.). Nesse caso, o ar exterior poderá ser filtrado e distribuído uniformemente no ambiente, mantendo-o a uma pressão superior à do exterior, o que evita a infiltração no mesmo de ar não-tratado.

Quando a contaminação do ambiente é elevada, torna-se preferível, às vezes, adotar o processo de aspiração (salas de máquinas, ambientes com pó, etc.). Nesse caso, embora o ambiente fique a uma pressão inferior à do exterior, permitindo infiltrações de ar não tratado, a extração do contaminante é mais intensa e a quantidade de ar necessária para a diluição é menor.

Finalmente, quando se deseja extrair o contaminante principal (sala de fumantes) e, ao mesmo tempo, manter o ambiente estanque ao ar exterior e suprido com ar filtrado, adota-se o sistema misto de ventilação geral diluidora, com insuflamento e aspiração combinados.

Nos recintos habitados, a instalação de ventilação mais adotada é a ventilação geral diluidora por insuflamento, usando-se a aspiração parcial do ar ambiente (a fim de manter a sobrepressão da peça), só excepcionalmente quando a concentração de fumos é elevada e localizada.

Nessas condições, ocupar-nos-emos essencialmente das instalações de ventilação desse tipo, as quais são constituídas essencialmente dos seguintes elementos (Fig. 7-4):

tomada de ar exterior, 1;
dutos de ar exterior, 2;
local do tratamento do ar, 3;
filtros, 4;
ventilador de insuflamento com motor de acionamento, 5;
dutos de insuflamento, 6;
bocas de insuflamento, 7;
bocas de saída, 8;
dutos de saída, 9;
ventilador de aspiração com motor de acionamento, 10 (só excepcionalmente);
descarga do ar, 11.

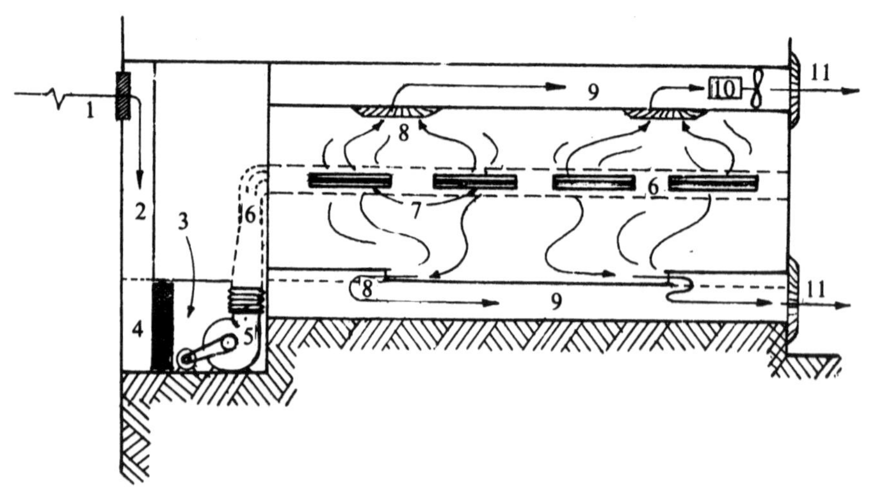


Figura 7-4

*Observação.* As bocas de saída, no maior número de casos, são desempenhadas pelas frestas ou aberturas normais do ambiente como portas e janelas.

Técnica especial de ventilação mecânica é a adotada na renovação do ar de minas em galerias. A ventilação, nesse caso, é efetuada por um dos processos que seguem.

a) Exaustão das frentes de trabalho por meio de ventiladores colocados na boca da mina e ligados com o seu interior por meio de condutos de aspiração, geralmente executados de lona, chapa soldada ou madeira. Esse proceder apresenta o inconveniente de levar para a frente de trabalho ar parcialmente viciado, pois o ar exterior é poluído ao passar pela galeria de exploração.

b) Insuflamento de ar nos locais de trabalho por meio de ventiladores colocados na boca da mina e ligados com o seu interior por meio de condutos de insuflamento, geralmente de lona, chapa ou madeira. A par das vantagens de conduzir o ar puro diretamente às frentes de trabalho, o processo de injeção apresenta, entretanto, o grande inconveniente de expulsar o ar através da galeria, trazendo poeiras e fumaças, que prejudicam o seu tráfego.

c) O processo misto consiste em reunir as vantagens dos dois processos anteriores, fazendo-se a exaustão após as descargas dos tiros e demolições intensas e insuflamento durante as horas de trabalho normal nas quais não se verificam formações de poeiras e fumaças.

d) Insuflamento do ar pelas próprias galerias, por meio de ventiladores *V* colocados à boca da mina. Para isso, o avanço se dá por duas galerias ao mesmo tempo, fazendo-se insuflamento por uma e saída pela outra. As ligações entre as mesmas vão sendo fechadas progressivamente com o seu avanço, como esclarece a Fig. 7-5.

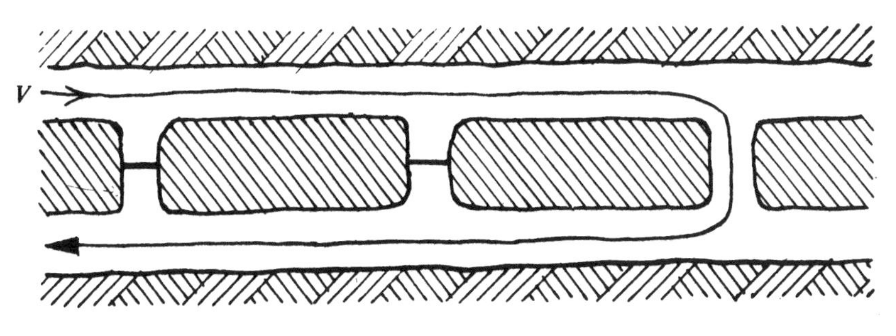


Figura 7-5

e) Nas galerias mortas, não atingidas pela ventilação geral, seja qual for o processo adotado, a ventilação é feita por meio de pequenos ventiladores auxiliares, formando ramais especiais de ventilação. O ventilador auxiliar toma o ar da ventilação geral e o insufla na galeria não atingida pelo ar em questão.

## 5 – *SISTEMAS DE DISTRIBUIÇÃO DO AR*

Nas instalações de ventilação mecânica que se destinam ao conforto e que normalmente são do tipo insuflamento, o ar de renovação deve ser distribuído uniformemente sobre a totalidade da superfície do local, devendo ser evitadas as correntes de ar desagradáveis, as zonas de estagnação e os curtos circuitos.

Para isso a velocidade do ar na zona de ocupação deve ficar compreendida entre os limites recomendados pela A.B.N.T. (veja "índice de renovação de ar", na Sec. 3 deste capítulo).

A ASHRAE fixa em 0,075 e 0,2 m/s os limites inferior e superior de velocidade do ar para recintos com pessoas em trabalho sedentário. Velocidades superiores a 0,2 m/s só são toleradas quando a temperatura efetiva do ar é superior à ótima fisiológica, podendo ser, em caso contrário, causa de desconfortos e mesmo doenças.

A direção mais conveniente para o movimento do ar é a de frente para as pessoas, sendo aceitável a de cima e desaconselhável a de trás ou de baixo.

Quando o ar insuflado apresenta, com relação ao ar ambiente, uma diferença de temperatura apreciável ($> 3\ °C$), não deve ser injetado diretamente sobre as zonas ocupadas, mas sim misturado inicialmente fora do contato com seus ocupantes (veja também o Cap. 10).

Com esses objetivos, tanto as bocas de insuflamento como de saída devem ser localizadas e dimensionadas racionalmente (veja a Sec. 6).

Em grande número de casos, uma boa distribuição do ar insuflado já atende aos objetivos citados, podendo ser a boca de saída, bem localizada, reduzida a uma única.

Com base nas considerações anteriores, podemos citar três tipos de distribuição de ar usualmente adotados nas instalações de ventilação mecânica por insuflamento.

a – *Distribuição para baixo*

No sistema de distribuição para baixo, o ar é introduzido no local pela parte superior e retirado pela parte inferior do mesmo. Esse sistema é o preferido nas instalações de condicionamento de ar de verão, onde o ar insuflado é mais frio que o ambiente, sendo mesclado com o ar da peça antes de atingir a seus ocupantes. O ar que entra atua como um pistão, empurrando para as bocas de saída o ar viciado da sala.

Esse sistema pode igualmente ser adotado para o aquecimento de inverno, pois o ar viciado, mais frio que o insuflado, procurará, naturalmente, as bocas de saída, verificando-se uma distribuição uniforme da ventilação (Fig. 7-6). Atualmente é o processo de distribuição de ar mais adotado, em virtude de sua uniformidade, aplicabilidade tanto para inverno como para o verão e, principalmente, pelo fato de o ar ser insuflado em zona limpa (não levanta poeiras), de cima e longe dos ocupantes.

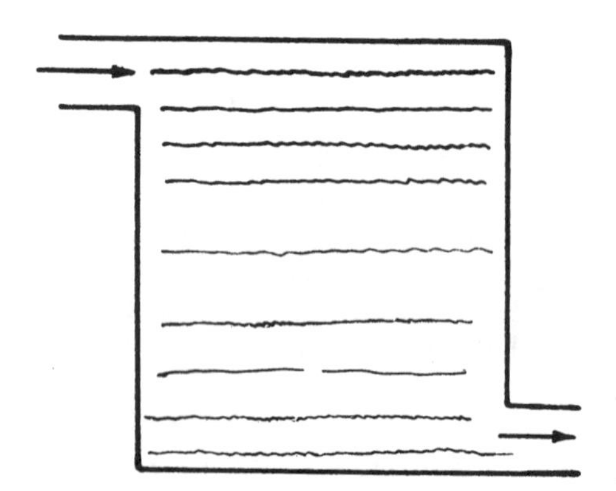

Figura 7-6

b – *Distribuição mista*

Sistema de distribuição mista é aquele em que o ar apresenta movimento tanto para cima como para baixo. É o processo de distribuição indicado para os grandes ambientes e locais onde se permite fumar.

O insuflamento se faz por cima ou à meia-altura, enquanto que a saída de ar verifica-se por cima, com os fumos e impurezas, por meio de um exaustor especial e, por baixo, após entrar em contato com os ocupantes (Fig. 7-4).

c – *Distribuição cruzada*

Consiste esse tipo de distribuição no insuflamento horizontal do ar a velocidades elevadas pela parte superior do recinto, o que origina correntes de ar secundárias que se encarregam de arrastar o ar viciado dos níveis inferiores. É indicado apenas para pequenos ambientes. A saída se faz pelo lado oposto, por meio de grelhas situadas à mesma altura do insuflamento, ou mesmo por meio de orifícios localizados próximos ao insuflamento e adequadamente dispostos de modo a evitar curto circuito das correntes de ar (Fig. 7-7).

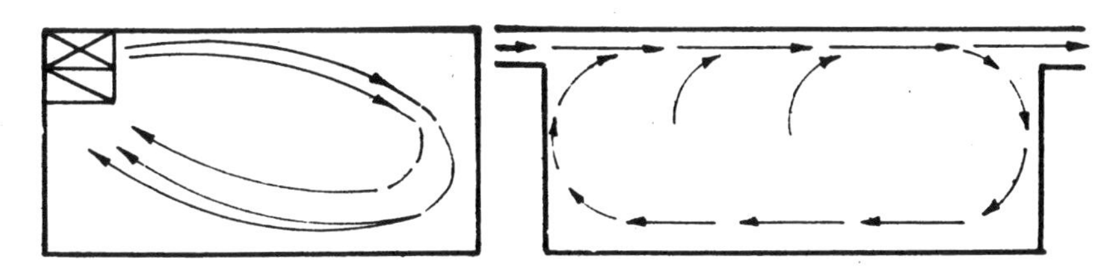

Figura 7-7

## 6 – *CÁLCULO DOS ELEMENTOS DE UMA INSTALAÇÃO DE VENTILAÇÃO*

Os cálculos referentes às instalações de ventilação consistem, essencialmente, no dimensionamento de seus elementos e na determinação das perdas de carga intervenientes, a fim de estabelecer-se a potência mecânica necessária ao motor de acionamento do ventilador.

O dimensionamento dos elementos por onde circula o ar é feito, normalmente, a partir de velocidades recomendadas, usando-se a expressão:

$$\Omega = \frac{V}{3\,600c}, \qquad (7\text{-}4)$$

onde

$\Omega$ = seção, em m$^2$, a adotar para o elemento considerado;
$V$ = vazão, em m$^3$/h;
$c$ = velocidade recomendada, em m/s.

Entretanto a escolha das velocidades a adotar nas ramificações das canalizações e, bocas de insuflamento, constituem técnica especial que exige estudo mais aprofundado.

Tabela 7-4. Velocidades recomendadas e máximas para dutos de ar e equipamentos de sistemas de baixa pressão

| Designação | | Recomendadas (m/s) | | | Máximas (m/s) | | |
|---|---|---|---|---|---|---|---|
| | | Residências | Escolas, teatros e edifícios públicos | Prédios industriais | Residências | Escolas, teatros e edifícios públicos | Prédios industriais |
| Tomadas de ar exterior (1) | | 2,50 | 2,50 | 2,50 | 4,00 | 4,50 | 6,00 |
| Serpentinas (1) | Resfriamento | 2,25 | 2,50 | 3,00 | 2,25 | 2,50 | 3,60 |
| | Aquecimento | 2,25 | 2,50 | 3,00 | 2,50 | 3,00 | 7,50 |
| Lavadores de ar | — Borrifador | 2,50 | 2,50 | 2,50 | 3,50 | 3,50 | 3,50 |
| | — alta velocidade | — | — | 9,00 | — | — | 9,00 |
| Descarga do ventilador | min | 5,00 | 6,50 | 8,00 | — | — | — |
| | máx | 8,00 | 10,00 | 12,00 | 8,50 | 11,00 | 14,00 |
| Dutos principais | min | 3,50 | 5,00 | 6,00 | — | — | — |
| | máx | 4,50 | 6,50 | 9,00 | 6,00 | 8,00 | 10,00 |
| Ramais horizontais | min | — | 3,00 | 4,00 | — | — | — |
| | máx | 3,00 | 4,50 | 5,00 | 5,00 | 6,50 | 9,00 |
| Ramais verticais | min | — | 3,00 | — | — | — | — |
| | máx | 2,50 | 3,50 | 4,00 | 4,00 | 6,00 | 8,00 |

(1) Tomando como base a área de face e não a área livre.

O mesmo acontece com as perdas de carga nos dutos e acessórios, cujo estudo abordaremos sumariamente a seguir:

## 7 – *VELOCIDADES RECOMENDADAS*

A escolha das velocidades para os diversos elementos de uma instalação de ventilação baseia-se no custo da circulação do ar, nível de ruído e aspectos técnicos como arraste de poeiras, gotas etc.

De acordo com a A.B.N.T. (PNB-10 de 1972), as velocidades recomendadas para as instalações de ventilação e condicionamento de ar estão registradas na Tab. 7-4. Mais detalhadas em alguns aspectos é a Tab. 7-5, recomendada pela Carrier.

Tabela 7-5

| Aplicações | Velocidades máximas, m/s | | |
|---|---|---|---|
| | Dutos principais | Ramais | Dutos de saída |
| Residências | 4,0 | 3,0 | 3,0 |
| Dormitórios de hotéis | 7,5 | 5,5 | 5,0 |
| Teatros | 8,0 | 6,0 | 6,0 |
| Escritórios particulares | — | 5,5 a 6,5 | 4,0 a 5,0 |
| Escritórios públicos | 11,0 | 7,0 | 6,0 |
| Restaurantes | 9,0 | 7,0 | 6,0 |
| Lojas (pisos inferiores) | 10,5 | 8,0 | 6,0 |
| Lojas (pisos superiores) | 9,0 | 7,0 | 6,0 |

Quanto às bocas de insuflamento, a par de seu racional dimensionamento, que estudaremos à parte, a fim de serem evitados os ruídos, as velocidades máximas recomendadas são as que constam da Tab. 7-6.

Tabela 7-6

| Aplicações | Velocidade máxima de insuflamento, m/s |
|---|---|
| Estúdios | 1,5 a 2,5 |
| Residências | 2,5 a 3,8 |
| Igrejas | 2,5 a 3,8 |
| Dormitórios de hotel | 2,5 a 3,8 |
| Teatros | 2,5 a 3,8 |
| Cinemas | 5,0 |
| Escritórios particulares | 2,5 a 3,8 |
| Escritórios públicos | 5,0 a 6,3 |
| Lojas (pisos inferiores) | 10,0 |
| Lojas (pisos superiores) | 7,5 |

Por outro lado, para as bocas de saída, embora a velocidade do ar diminua muito rapidamente à medida que nos afastamos da mesma, dependendo da proximidade das pessoas, são recomendadas as velocidades máximas que constam da Tab. 7-7.

Tabela 7-7

| Situação da grade | Velocidade máxima referida à área total, m/s |
|---|---|
| Sobre a zona ocupada pelas pessoas | > 4,0 |
| Dentro da zona ocupada (longe dos assentos) | 3,0 a 4,0 |
| Dentro da zona ocupada (perto dos assentos) | 2,0 a 3,0 |
| Em portas ou janelas | 2,5 a 3,5 |

## 8 – *BOCAS DE INSUFLAMENTO*

Bocas de insuflamento, ou difusores, são as aberturas através das quais se introduz o ar no ambiente; podem ser de parede ou de teto. As bocas de insuflamento de parede são as grades, as quais podem ser classificadas em:

a) grades de palhetas horizontais e verticais fixas;

b) grades de palhetas horizontais e verticais de simples deflexão (horizontal ou vertical) (Fig. 7-8);

c) grades de palhetas horizontais e verticais de dupla deflexão (horizontal e vertical) (Fig. 7-9).

Figura 7-8

Figura 7-9

*Observação.* Essas grades, quando providas de regulagem, recebem o nome de registros.

As bocas de insuflamento de teto podem ser de diversos tipos:

a) difusores de placas perfuradas;

b) grades que jogam o ar horizontalmente;

c) difusores com anéis ou palhetas embutidos, sem indução interna (aerofuso tipo *S*) (Fig. 7-10);

d) difusores com anéis ou palhetas em degrau, sem indução interna (aerofuso tipo *ES*) (Fig. 7-11);

Figura 7-10

Figura 7-11

e) difusores com anéis ou palhetas embutidos, com indução interna (anemostato tipo *AC*) (Fig. 7-12);

f) difusores com anéis ou palhetas em degraus, com indução interna (anemostato tipo *AR*) (Fig. 7-13);

g) difusores com saída central ou com iluminação.

Além desses, os difusores de forro podem ser quadrados ou retangulares (multidirecionais), semiquadrados, semi-retangulares e semicirculares.

As bocas de insuflamento apresentam as seguintes características: indução, divergência e jato, ou impulsão.

*Indução.* É o fenômeno pelo qual, parte do ar ambiente (ar secundário) entra em movimento, devido ao choque do ar primário que, ao ser insuflado no ambiente, perde velocidade e se mistura com o mesmo. A indução pode ocorrer tanto no interior como no exterior da boca de insuflamento.

*Divergência.* É o ângulo formado pelo fluxo de ar, tanto no plano horizontal como no plano vertical, o qual, devido à indução, cresce ao afastar-se da boca de insuflamento.

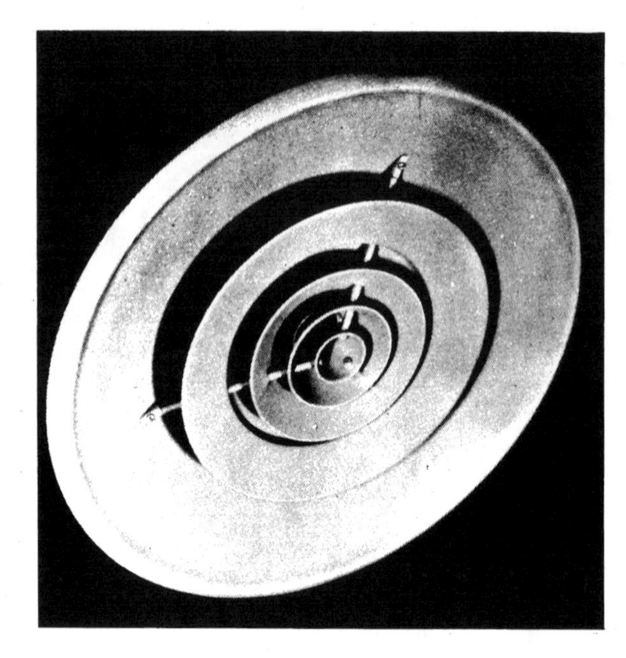

Figura 7-12

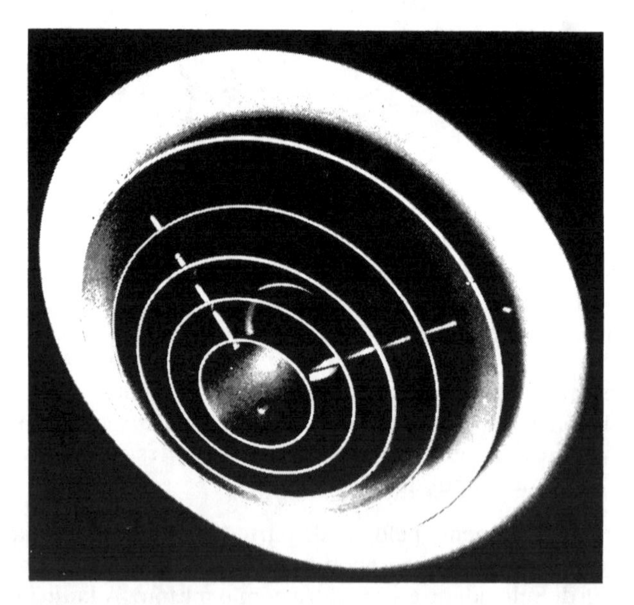

Figura 7-13

*Jato ou impulsao.* E a distância horizontal percorrida pelo fluxo de ar desde o seu lançamento até que sua velocidade se reduza a um valor suficientemente baixo (velocidade terminal) para que o choque do mesmo contra obstáculos (paredes, colunas ou fluxo de ar de outro difusor) não possa produzir correntes

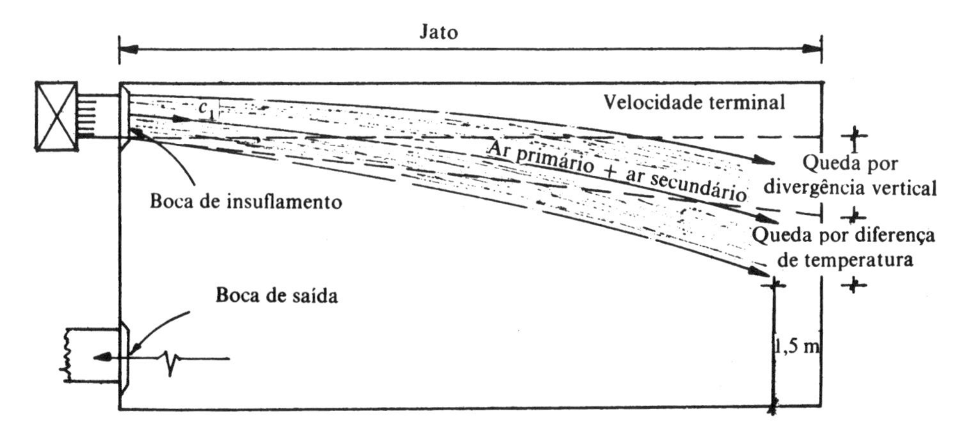


Figura 7-14

de ar desagradáveis na zona de ocupação (Fig. 7-14). As velocidades terminais recomendadas são as que constam da Tab. 7-8.

Tabela 7-8

| Ambiente | Velocidade terminal |
|---|---|
| Indústrias, corredores, áreas de acesso etc. | 1 m/s |
| Escritórios públicos, lojas, restaurantes, igrejas, teatros etc. | 0,75 m/s |
| Escritórios particulares, residências, hospitais, quartos de hotel etc. | 0,5 m/s |
| Mínimo | 0,25 m/s |

O jato depende da velocidade real de insuflamento, $c_1$, da velocidade terminal, do tipo de boca e da divergência da mesma, podendo-se, de um modo geral, fazer

$$\text{Jato}_m = K \frac{V_s \, \text{m}^3/\text{s}}{\sqrt{\Omega_e \, \text{m}^2}}, \tag{7-5}$$

onde $\Omega_e$ é a área efetiva (área contraída da veia fluida), um pouco menor do que a área livre ($\Omega_l$) e que pode ser calculada a partir da área da face:

$$a = \frac{\Omega_e}{\Omega} = f\,(\text{bordos, forma da grade}).$$

O valor de $K$ depende do tipo de boca, divergência e velocidade terminal. Os valores de $K$ e valores médios de $a$ para os tipos de grades e aerofusos mais comuns estão registrados na Tab. 7-9.

Tabela 7-9

| Tipo | Palhetas | Divergência do jato | $a_{médio}$ | Velocidade terminal | $K$ |
|---|---|---|---|---|---|
| Grade | Paralelas | 18 a 20° | 0,78 | 0,25 m/s | 10,3 a 11,7 |
| Grade | Divergentes | 30° | 0,68 | 0,25 m/s | 8,2 a 9,5 |
| Grade | Divergentes | 60° | 0,62 | 0,25 m/s | 5,2 a 6,5 |
| Grade | Divergentes | 90° | 0,58 | 0,25 m/s | 3,8 a 5,0 |
| Grade *A* | Paralelas | 15° | 0,78 | 0,25 m/s | 12,05 |
| Grade *C* | Divergentes | 23,4° | 0,70 | 0,25 m/s | 9,7 |
| Grade *E* | Divergentes | 45,2° | 0,62 | 0,25 m/s | 7,6 |
| Grade *G* | Divergentes | 73,2° | 0,58 | 0,25 m/s | 5,6 |
| Aerofuso *S* | Embutidas | — | 0,32 | 0,5 m/s | 2,36 |
| Aerofuso *S* | Embutidas | — | 0,32 | 0,75 m/s | 1,98 |
| Aerofuso *S* | Embutidas | — | 0,32 | 1,0 m/s | 1,50 |
| Aerofuso *ES* | Em degrau | — | 0,8 | 0,5 m/s | 2,36 |
| Aerofuso *ES* | | — | 0,8 | 0,75 m/s | 1,98 |
| Aerofuso *ES* | | — | 0,8 | 1,0 m/s | 1,50 |
| Grade | Barber Colman | Regulável | 0,7 a 0,85 | (Veja dados acima) | |

*Queda ou ascensão* é o deslocamento para baixo ou para cima que se verifica ao longo do jato devido à divergência ou a diferenças de temperatura.

*Difusão ou dispersão* é o fenômeno que ocorre no fim do jato ou em seus bordos, onde a velocidade inferior a 1 m/s possibilita a formação de correntes de convecção.

*Perda de carga na boca* é a perda de pressão que se verifica no fluxo do ar que atravessa a mesma. A perda de carga, de um modo geral, pode ser calculada pela expressão

$$J_{\text{boca}} = \lambda_1 \frac{c^2}{2g} \gamma, \tag{7-6}$$

onde $c$ é a velocidade real na boca, dada por

$$c = \frac{V_s}{a\Omega} = \frac{c_f}{a},$$

sendo $c_f$ a velocidade de face ou velocidade aparente e $\lambda_1$ o coeficiente de resistência da mesma, cujo valor depende do tipo de boca (Tab. 7-10).

A seleção e o dimensionamento das bocas de insuflamento devem ser feitos numa determinada ordem, conforme expomos a seguir.

a) escolha dos pontos de insuflamento para uma distribuição uniforme do ar, definindo-se a área de atendimento de cada uma delas (quadradas para os difusores de forro multidirecionais e retangulares para as grades ou difusores de forro unidirecionais).

b) Escolha do tipo de boca atendendo à localização da mesma, forma e dimensões da área a atender (fixando-se a divergência das grades ou o tipo de difusor de forro a usar).

Tabela 7-10

| Tipo | Divergência do fluxo | $\lambda_1$ |
|---|---|---|
| Grade (paralela) | 18 a 20° | 1,2 |
| Grade (divergente) | 30° | 1,0 |
| Grade (divergente) | 60° | 0,8 |
| Grade (divergente) | 90° | 0,7 |
| Aerofusos tipo *S* | — | 1,0 |
| Aerofusos tipo *ES* | — | 1,0 |
| Grades Barber Colman | | 1,5 a 2,5 |

Essa escolha deve ser orientada lembrando que:

a grade tipo *A* de palhetas paralelas apresenta pequena divergência horizontal de fluxo e é indicada para grandes jatos, atendendo áreas de forma retangular alongada (Fig. 7-15);

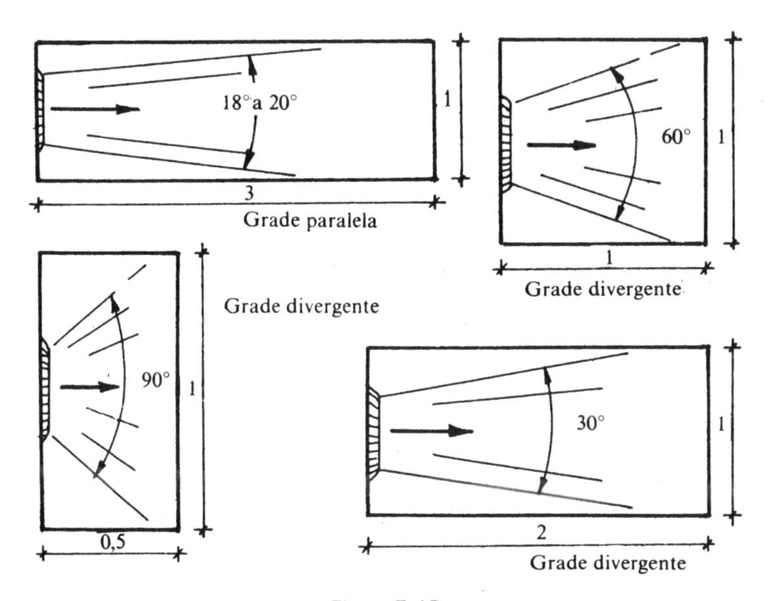


Figura 7-15

as grades tipo *C*, *E* e *G* apresentam divergências crescentes e se aplicam em áreas de proporção 1:2 até 1:0,5;

o aerofuso tipo *S* serve para grandes jatos com pequena indução e é usado em peças de pequeno pé direito, pois insufla o ar praticamente na horizontal;

o aerofuso tipo *ES* tem menor impulsão, mas maior indução e é usado nas peças de pé direito elevado, pois joga o ar para baixo;

os anemostatos *AC* e *AR* com indução interna permitem a injeção de ar com diferenças de temperatura elevadas, sem perigo de atingir as pessoas antes de estar suficientemente misturado com o ar ambiente;

as grades tipo Barber Colman são de palhetas verticais orientáveis, atendendo a todas as aplicações citadas para as grades *A*, *C*, *E* e *G*, além de terem belo aspecto.

c) Dimensionamento do difusor a partir do tipo escolhido, jato, velocidade terminal recomendada, e vazão [Eq. (7-5) e Tab. 7-9].

É importante verificar, no caso, se a velocidade de insuflamento achada é superior à recomendada, face a problemas de ruído (Tab. 7-6). Caso contrário o tipo de boca e a distribuição dos pontos de insuflamento devem ser reestudados.

O dimensionamento dos difusores pode ser feito por meio de diagramas como os anexos, elaborados para os aerofusos tipo *S* e *ES* (com velocidades terminais de 0,5 m/s, 0,75 m/s e 1 m/s) e para as grades tipo *A*, *C*, *E* e *G* (com velocidades terminais de 0,25 m/s).

d) Cálculo da perda de carga do difusor, por meio da Eq. (7-6) e Tab. 7-10, para o futuro dimensionamento da canalização e ventilador de acionamento (veja exemplo).

## 9 – *CANALIZAÇÕES*

As canalizações de uma instalação de ventilação, tanto de tomada de ar exterior como de insuflamento ou exaustão, podem ser classificadas como:

- Plenos
- Dutos
  - Alta pressão
  - Baixa pressão

Os plenos são canalizações executadas na própria estrutura da construção, constituídas por rebaixos de forro ou vãos, onde o ar se desloca com velocidades inferiores a 1,7 m/s.

Os dutos de alta pressão são canalizações de seção circular onde o ar atinge velocidades superiores a 10 m/s. Trata-se de técnica especial, pouco usada em virtude da grande potência consumida para a circulação do ar e que exige abafadores em cada boca de saída para eliminar os ruídos elevados que se formam no escoamento do ar a grandes velocidades.

Os dutos de baixa pressão são canalizações geralmente de seção retangular onde as velocidades adotadas são inferiores a 10 m/s.

Os dutos podem ser executados com chapas metálicas de aço galvanizado, alumínio semiduro, cobre, aço inoxidável, aço recoberto com chumbo, chumbo, ou mesmo, materiais não-metálicos como alvenaria, cimento amianto, concreto, madeira, madeira aglomerada, plástico, fibra de vidro (*fiber glass*), etc.

As peças, quando de chapa metálica, são confeccionadas com juntas executadas com o próprio material (Fig. 7-16).

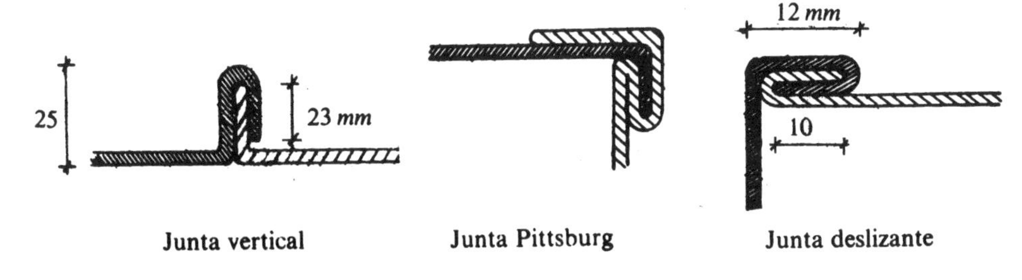


Figura 7-16

As diversas peças, por sua vez, são interligadas por meio de uniões sem solda (Fig. 7-17).

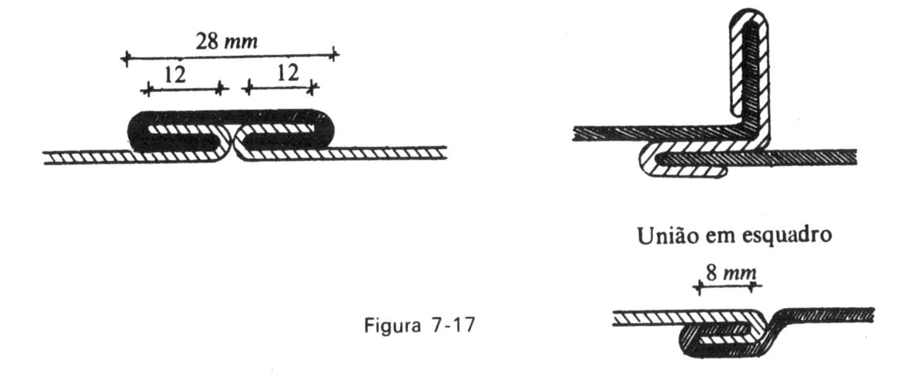


Figura 7-17

União interior

De acordo com as normas brasileiras (PNB-10), no caso de chapas galvanizadas, as bitolas recomendadas para a fabricação de dutos são as que constam na Tab. 7-11.

Tabela 7-11. Bitolas de Chapas para a Fabricação de Dutos Rígidos e Sistemas de Baixa Pressão (Pressão Estática até 50 mm de Coluna d'água e Velocidade até 10 m/s)

| Espessuras | | | | Circular | | Retangular lado maior (mm) |
|---|---|---|---|---|---|---|
| Alumínio | | Aço Galvanizado | | Helicoidal (mm) | Calandrado com cosra longitudinal (mm) | |
| Bitola | mm | Bitola | mm | | | |
| 24 | 0,64 | 26 | 0,50 | até 225 | até 450 | até 300 |
| 22 | 0,79 | 24 | 0,64 | 250 a 600 | 460 a 750 | 310 a 750 |
| 20 | 0,95 | 22 | 0,79 | 650 a 900 | 760 a 1 150 | 760 a 1 400 |
| 18 | 1,27 | 20 | 0,95 | 950 a 1 250 | 1 160 a 1 500 | 1 410 a 2 100 |
| 16 | 1,59 | 18 | 1,27 | 1 300 a 1 500 | 1 510 a 2 300 | 2 110 a 3 000 |

Um bom projeto de canalização de ventilação deve obedecer à seguinte orientação:

a) o momento de transporte (produto vazão-distância) deve ser o mínimo para se obter uma canalização econômica.

Atendendo a esse objetivo, o traçado da rede pode obedecer aos seguintes tipos de distribuição:

a) em linha [Fig. 7-18(a)];
b) palmada [Fig. 7-18(b)];
c) mista [Fig. 7-18(c)].

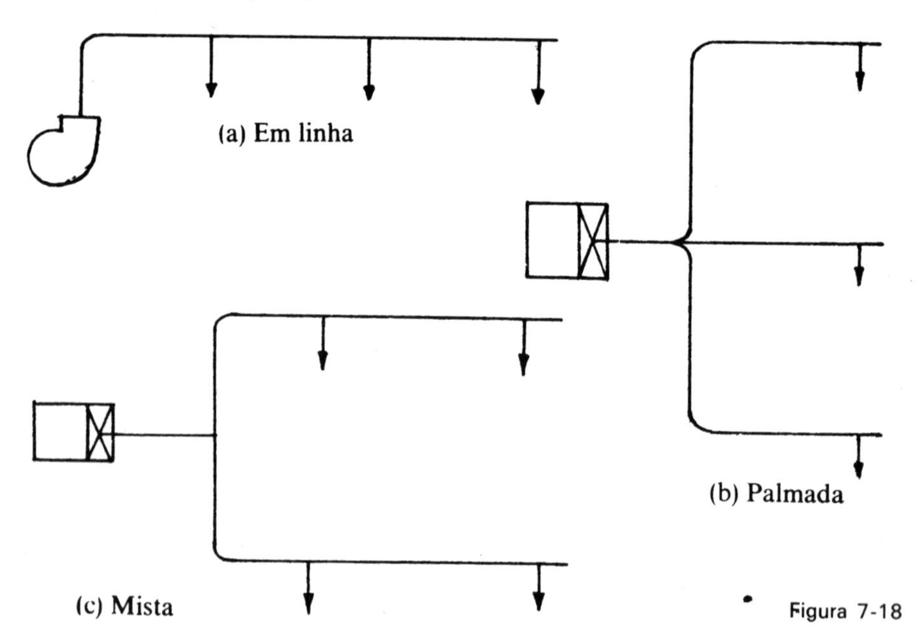


Figura 7-18

Devem ser adotadas medidas para reduzir as perdas de carga nos acessórios, como, por exemplo, guias nos joelhos e nas curvas (Fig. 7-19).

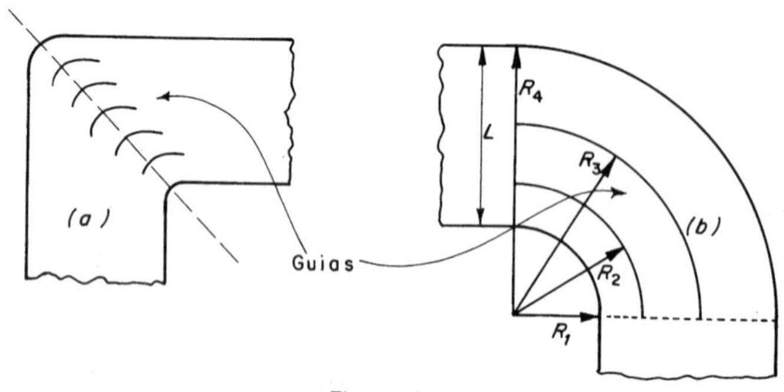


Figura 7-19

Para colocação de guias tipo (a) (Fig. 7-19) nos joelhos, pode ser adotado o processo que segue.

*Linha-base*:

a) para joelhos sem redução, risque uma linha diagonal do canto interno ao canto externo [Fig. 7-20(a)];

b) para joelhos com redução, coloque o ponto *O* à distância *R* de ambos os lados do canto externo do joelho. Ligue esse ponto *O* aos cantos interno e externo [Fig. 7-20(b)].

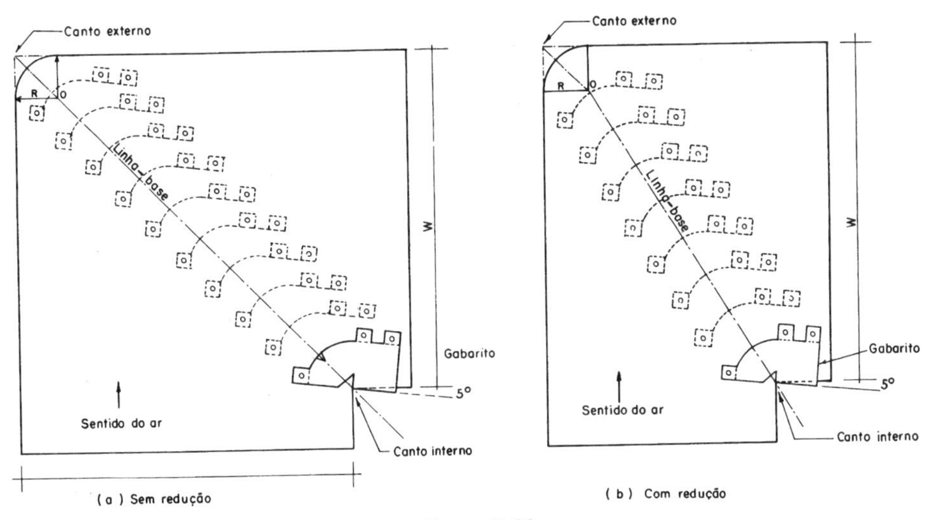


Figura 7-20

*Locação das veias*:

a) executa-se o canto externo do joelho, arredondando-o com o *R* correspondente;

b) coloque a veia (Fig. 7-21) do canto interno à distância *R* do canto sobre a linha-base;

c) a partir desta (veia), marque, sobre a linha-base, as distâncias *R* para as veias intermediárias;

d) se a distância entre o canto externo e a última veia colocada for maior que 1 1/2 *R*, coloque uma veia intermediária, dividindo esse espaço em duas partes iguais.

*Colocação do gabarito para marcação dos furos para os rebites*:

a) coloque o gabarito (Fig. 7-22) no canto interno, coincidindo sua linha-base de 40° com a linha-base previamente riscada no joelho (Fig. 7-20);

b) corra com o gabarito em direção ao canto externo, com o espaçamento de *R* quantas vezes couber sobre a linha-base.

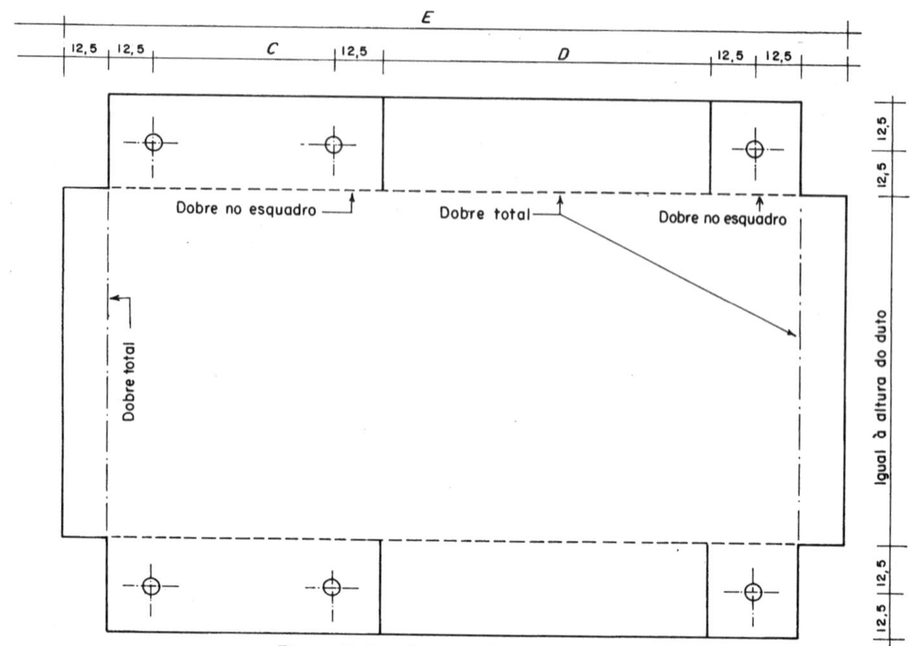


Figura 7-21. Desenvolvimento da veia

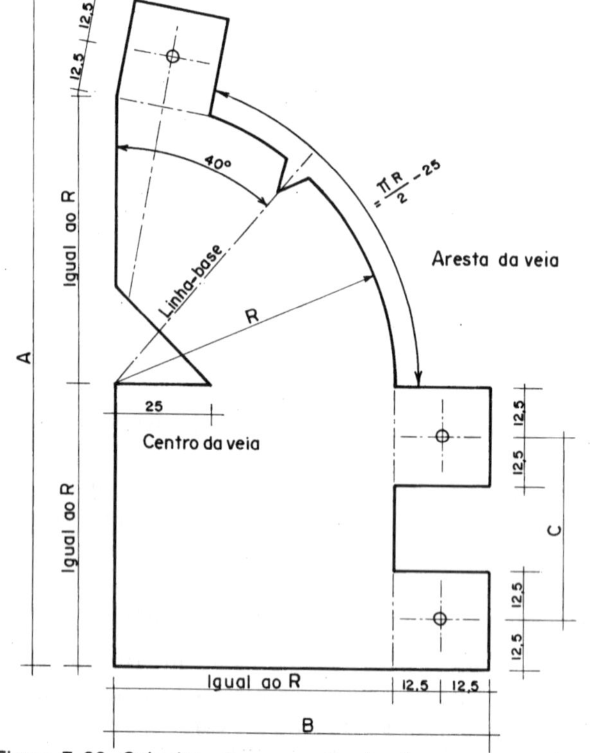


Figura 7-22. Gabarito para marcação dos furos para os rebites

Tabela 7-12

| $W$* | $R$ | $A$ | $B$ | $C$ | $D$ | $E$ |
|---|---|---|---|---|---|---|
| 120 Até 600 | 75 | 175 | 100 | 50 | 95 | 220 |
| 610 Até 900 | 125 | 275 | 150 | 100 | 175 | 350 |
| 910 Até 1 200 | 175 | 375 | 200 | 150 | 255 | 480 |
| 1 210 Até + | 255 | 535 | 280 | 230 | 375 | 680 |

*No caso de joelho com redução usar o lado maior

As cotas representadas por letras encontram-se na Tab. 7-12. As chapas usadas para execução das veias devem ser de espessura igual à usada no joelho (veja a Tab. 7-13). As medidas estão expressas em milímetros.

Tabela 7-13

| Lado maior do duto | Chapa |
|---|---|
| – Até 300 | 26 |
| 310 Até 750 | 24 |
| 760 Até 1 200 | 22 |
| 1 210 Até 1 500 | 20 |
| 1 510 Até + | 18 |

Para a colocação de guias tipo (b) (Fig. 7-19) nas curvas, adotaram-se relações de raios iguais, isto é,

$$\frac{R_4}{R_3} = \frac{R_3}{R_2} = \frac{R_2}{R_1} = r.$$

De tal forma que, chamando $n$ o número de guias,

$$\frac{R_4}{R_1} = r^{n+1},$$

$$r = \sqrt[n+1]{\frac{R_4}{R_1}}. \qquad (7\text{-}7)$$

Nos aumentos de seção, com a mesma finalidade de reduzir as perdas de carga (veja Ennio Cruz da Costa, *Mecânica dos Fluidos*), devem ser adotados pequenos ângulos de divergência ($\alpha <$), ou mesmo, veias para reduzi-los (Fig. 7-23).

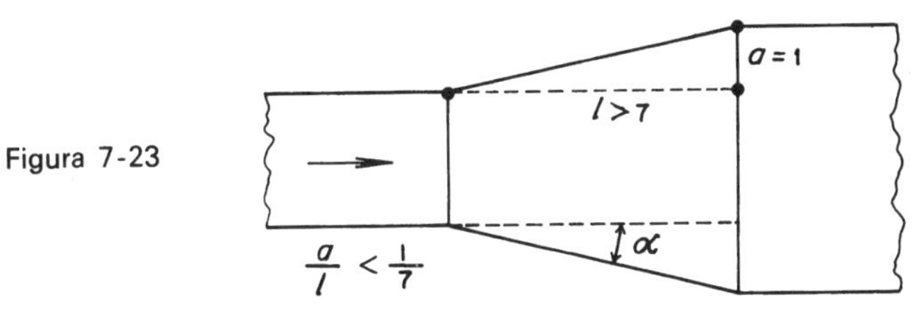


Figura 7-23

A colocação das bocas de insuflamento (aerofusos ou grades) deve ser feita como nos mostram os desenhos da Fig. 7-24, evitando-se a pressão cinética do escoamento, para o insuflamento do ar no ambiente.

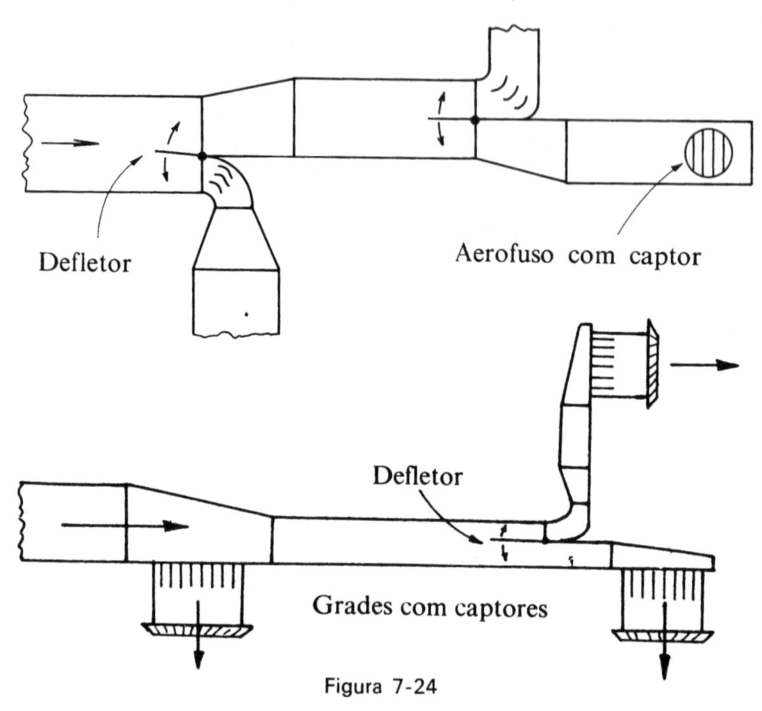


Figura 7-24

O fluxo de ar nas bocas de insuflamento deve ser orientado por meio de captores apropriados (Fig. 7-25) dispostos perpendicularmente à veia fluida. Esses captores, normalmente, têm 7,5 cm de comprimento e são espaçados de 5 em 5 cm.

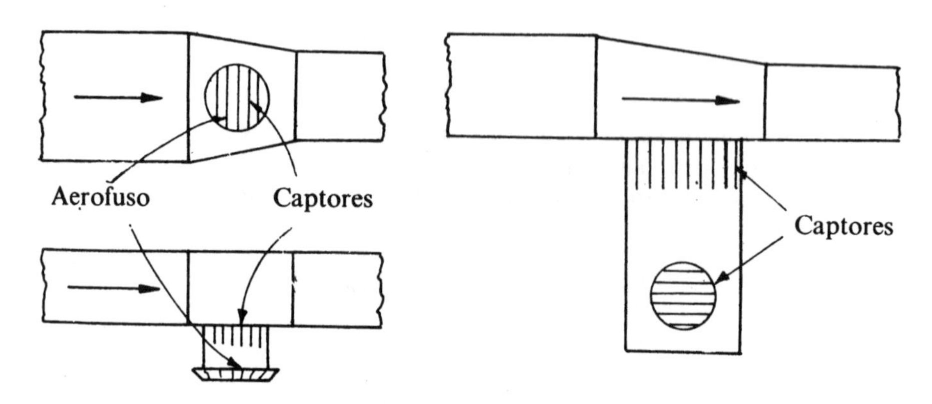


Figura 7-25

O dimensionamento da canalização deve atender a que, além das velocidades recomendadas, as pressões em todas as bocas de insuflamento sejam iguais (ou aquelas necessárias para vencer as perdas de carga próprias de cada uma delas). Os métodos de cálculo adotados são:

arbitragem de velocidades,
igual perda de carga,
recuperação de pressão dinâmica (*static regain*).

O processo de arbitragem de velocidade consiste em adotar as velocidades recomendadas, não prevendo o equilíbrio das pressões dinâmicas nas bocas de insuflamento. É, portanto, um processo de cálculo grosseiro, só aceitável pela sua simplicidade. Com exatidão esse método de cálculo só pode ser usado nos dutos principais onde, sendo a vazão comum a todas as bocas de insuflamento, a perda de carga criada não é causa de desequilíbrio de pressão dinâmica entre as mesmas.

O processo de igual fricção consiste em adotar a mesma perda de carga por unidade de comprimento para toda a canalização, proceder que, embora simplifique os cálculos, não atinge também o desejado equilíbrio de pressão já citado.

O método de recuperação de pressão dinâmica consiste em recuperar a pressão dinâmica da veia fluida, reduzindo a sua velocidade, a fim de vencer as perdas de carga entre as diversas bocas de insuflamento. Com tal proceder, a velocidade ao longo da rede vai diminuindo (pressão cinética), aumentando a pressão dinâmica, que vai sendo consumida em vencer as perdas de carga em cada trecho, de tal forma que, em cada boca de insuflamento, a pressão de saída (dinâmica) seja a mesma.

Com efeito, considerando, em virtude das pequenas variações de pressão, o fluido como incompressível, a equação das pressões de Bernoulli, para o caso teórico de um escoamento (veja Ennio Cruz da Costa, *Mecânica dos Fluidos*),

$$p + h\gamma + \frac{c^2}{2g}\gamma = \text{constante}, \tag{7-8}$$

onde,

$p$ = a pressão dinâmica do fluido em escoamento,
$h\gamma$ = a pressão devida à gravidade (a qual, como o ar está mergulhado num meio de igual densidade, é nula),
$\frac{c^2}{2g}\gamma$ = a pressão cinética devida à velocidade,

mostra-nos que, numa mudança de seção (Fig. 7-26),

$$p_1 + \frac{c_1^2}{2g}\gamma = p_2 + \frac{c_2^2}{2g}\gamma,$$

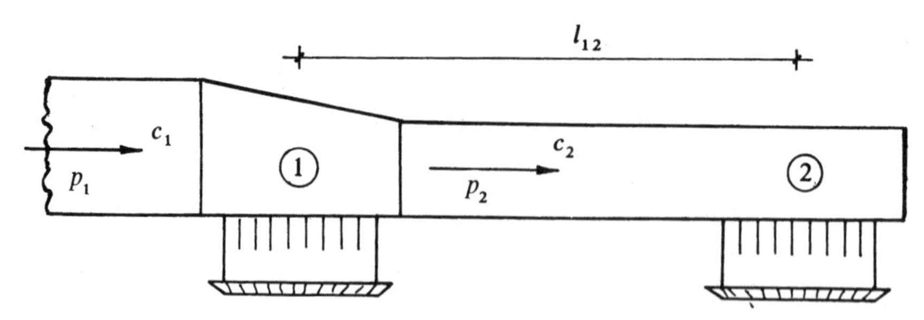


Figura 7-26

donde, como a velocidade $c_1 > c_2$, resulta a recuperação de pressão dinâmica:

$$\Delta p = p_2 - p_1 = \frac{c_1^2}{2g}\gamma - \frac{c_2^2}{2g}\gamma.$$

Na realidade, os atritos na mudança de seção fazem com que essa recuperação não seja integral, podendo-se considerar, na prática, um rendimento de 75%, isto é:

$$\Delta p = p_2 - p_1 = 0{,}75\left(\frac{c_1^2}{2g}\gamma - \frac{c_2^2}{2g}\gamma\right) \tag{7-9}$$

Essa recuperação de pressão pode ser aproveitada para vencer a perda de carga do trecho de canalização que vai até a próxima boca de insuflamento.

Assim, sabendo-se que a perda de carga $j$ de um conduto circular de diâmetro $D$ nos é dada (veja Ennio Cruz da Costa, *Mecânica dos Fluidos*),

$$j = \frac{\lambda l_{12}}{D}\frac{c_2^2}{2g}\gamma = \frac{0{,}0827\, l_{12}\lambda V_s^2 \gamma}{D^5}, \tag{7-10}$$

onde o coeficiente de resistência

$$\lambda = f\left(\text{Re}, \frac{E}{D}\right)$$

pode ser obtido graficamente por meio do diagrama de Stanton, ou ainda, de uma maneira mais prática, para o cálculo de perdas de carga em canalizações de ventilação de chapa galvanizada, adotando a fórmula empírica recomendada pela ASHRAE:

$$j = 0{,}001199\, l_{12}\frac{C_2^{1,9}}{D^{1,22}} = 0{,}00188\, l_{12}\frac{V_s^{1,9}}{D^{5,02}} = 0{,}001026\, l_{12}\frac{C_2^{2,51}}{V_s^{0,61}}. \tag{7-11}$$

Podemos identificar a recuperação de pressão com a perda de carga, obtendo a expressão

$$0{,}0459\,(c_1^2 - c_2^2) = 0{,}001026\,\frac{l_{12}}{V_s^{0,61}}\,c_2^{2,51}, \tag{7-12}$$

a qual, para facilidade de cálculo, decomporemos nas seguintes equações:

$$A = \frac{l_{12}}{V_s^{0,61}},$$

$$j = 0{,}001026 A c_2^{2,51},$$

$$\text{recuperação de pressão} = 0{,}0459\ (c_1^2 - c_2^2). \qquad (7\text{-}13)$$

Nessas condições,

dada a vazão e o comprimento do trecho, podemos calcular $A$;

obtido $A$, podemos selecionar, em função da velocidade inicial $c_1$, uma velocidade $c_2$ para o trecho, tal que a perda de carga $j$ (dada em função de $A$ e $c_2$) seja igual à recuperação de pressão dinâmica (dada em função de $c_1$ e $c_2$);

ou ainda, a partir de $A$, para uma velocidade $c_2$ qualquer menor que $c_1$, qual a diferença de pressão dinâmica entre os pontos 1 e 2:

$$j - \text{recuperação}.$$

As dependências expressas pelas equações anteriores podem ser traduzidas por meio de três famílias de linhas, como as representadas no diagrama duplo da Fig. 7-27.

Como os valores $V_s$, $l_{12}$ e $c_1$ são dados do projeto, jogando-se com $c_2$ podemos facilmente determinar, com o auxílio do diagrama citado, a recuperação de pressão e a perda de carga, identificando-os, caso possível.

Assim, a partir de $V_s$ (ponto 1) e $l_{12}$ (ponto 2), determinamos $A$ (ponto 3).

Selecionada a velocidade $c_2$ menor do que $c_1$ (ponto 5′, 5 ou 5″), a perda de carga nos será dada a partir de $A$ (ponto 3), pelos pontos 4′, 4 ou 4″.

A recuperação de pressão nos será dada, por sua vez, pela interseção de $c_1$ com a abcissa $c_2$, dependendo da qual (pontos 5′, 5 ou 5″), poderá ser menor (ponto 6′), igual (ponto 6) ou maior (ponto 6″) do que a perda de carga no trecho $j$.

Selecionada a velocidade $c_2$ no trecho, podemos calcular a seção a adotar para o mesmo, e assim sucessivamente. A seção calculada, teoricamente, deve ser circular devido às equações adotadas. Entretanto, se foi adotada uma seção retangular de altura $H$ e largura $L = aH$, com a mesma velocidade calculada $c_2$ (mesma seção), *a perda de carga será maior que a recuperação.*

Com efeito, de acordo com o conceito de diâmetro hidráulico ($D_h$) (vejá Ennio Cruz da Costa, *Mecânica dos Fluidos*):

$$j_{\text{retangular}} = \frac{\lambda_R l_{12}}{D_h}\frac{c_2^2}{2g}\ j = 0{,}001199\ l_{12}\ \frac{c_2^{1,9}}{D_h^{1,22}}$$

$$j_{\text{circular}} = \frac{\lambda_C l_{12}}{D}\frac{c_2^2}{2g}\ j = 0{,}001199\ l_{12}\ \frac{c_2^{1,9}}{D^{1,22}}$$

onde,

$$D_h = \frac{4\Omega}{P} = \frac{4HL}{2(H+L)} = \frac{4aH^2}{2(1+a)H} = \frac{2a}{1+a}H.$$

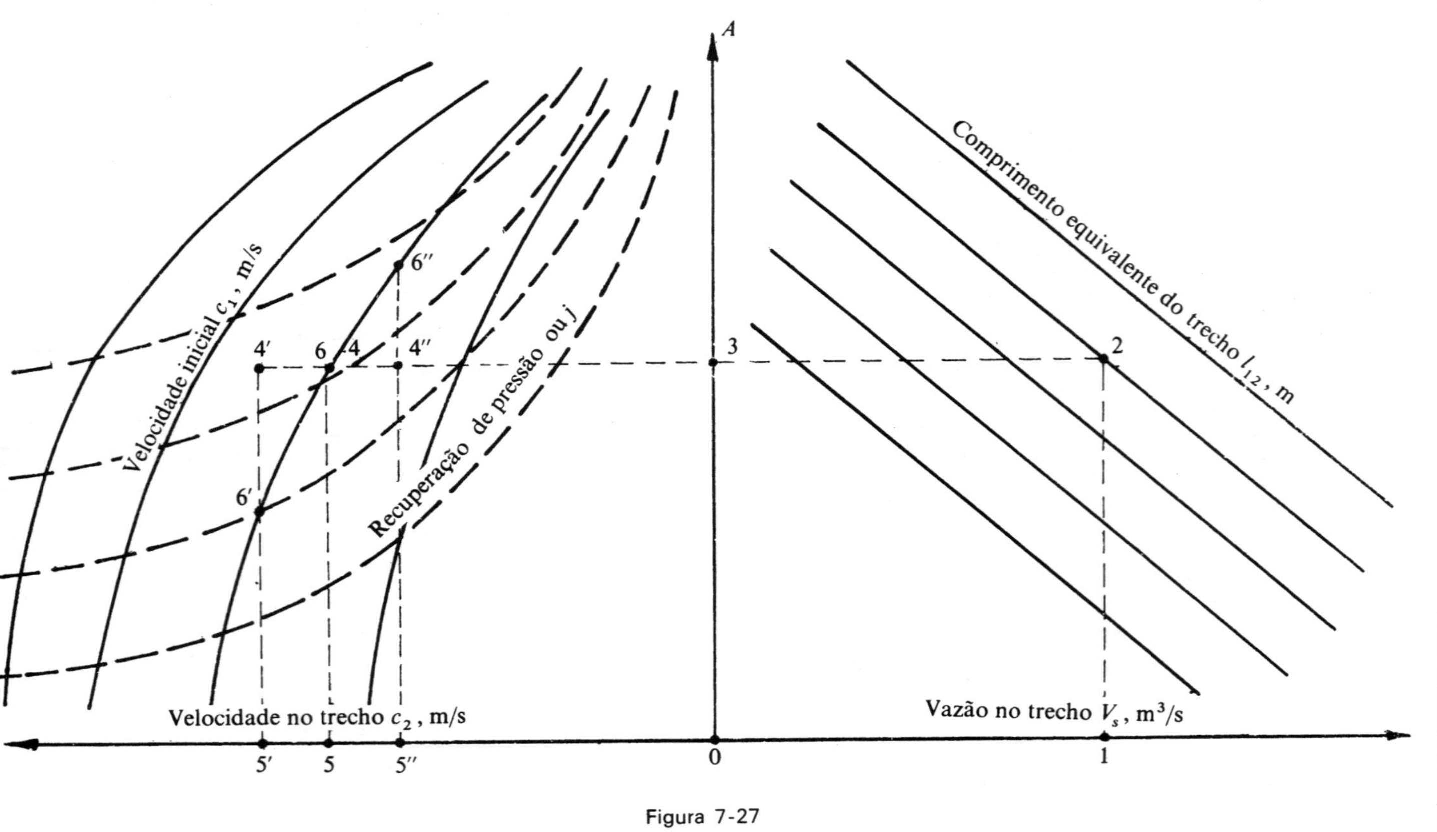
A
Comprimento equivalente do trecho $l_{12}$, m
Velocidade inicial $c_1$, m/s
Recuperação de pressão ou $j$
6''
4'
6
4
4''
3
2
6'
Velocidade no trecho $c_2$, m/s
Vazão no trecho $V_s$, m³/s
5'
5
5''
0
1

Figura 7-27

E para igual seção (mesma velocidade):

$$\frac{\pi D^2}{4} = HL = aH^2,$$

$$D = \sqrt{\frac{4aH^2}{\pi}} = 2H\sqrt{\frac{a}{\pi}}.$$

De modo que

$$b = \frac{j_{\text{retangular}}}{j_{\text{circular}}} = \left(\frac{D}{D_h}\right)^{1,22} = \left(\frac{2H\sqrt{\frac{a}{\pi}}}{\frac{2a}{1+a}H}\right)^{1,22} = \left(\frac{\sqrt{\frac{a}{\pi}}}{\frac{a}{1+a}}\right)^{1,22}$$

A Tab. 7-14 nos dá valores dessa relação em função de $a = L/H$.

Tabela 7-14

| $a$ | $\frac{D}{H} = 2\sqrt{\frac{a}{\pi}}$ | $\frac{D_h}{H} = \frac{2a}{1+a}$ | $\frac{j_{\text{retangular}}}{j_{\text{circular}}} = \left(\frac{D}{D_h}\right)^{1,22} = b$ |
|---|---|---|---|
| 1 | 1,13 | 1,00 | 1,16 |
| 1,5 | 1,38 | 1,20 | 1,19 |
| 2 | 1,60 | 1,33 | 1,25 |
| 2,5 | 1,78 | 1,43 | 1,31 |
| 3 | 1,95 | 1,50 | 1,38 |
| 3,5 | 2,11 | 1,56 | 1,44 |
| 4 | 2,26 | 1,60 | 1,52 |

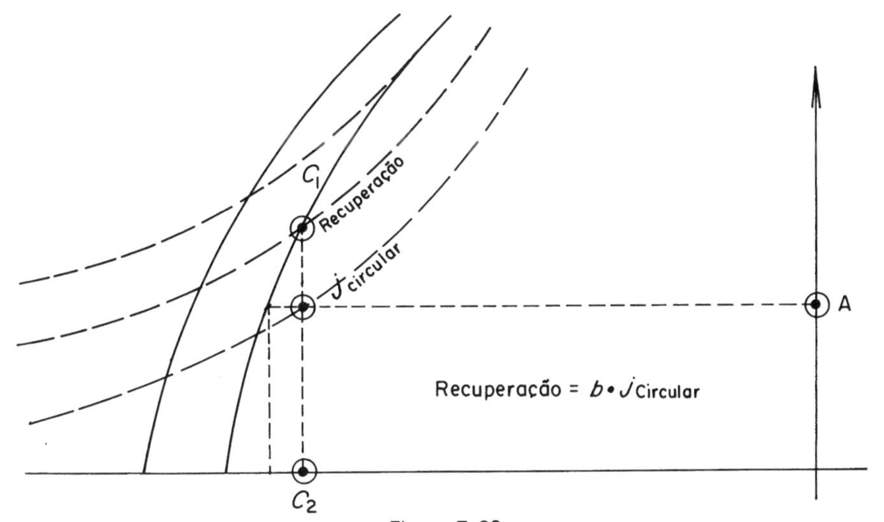


Figura 7-28

Nessas condições, para identificar a perda de carga real ($j_{retangular}$) com a recuperação, será necessário fazer

$$j_{retangular} = j_{circular} \cdot b \equiv \text{recuperação},$$

isto é,

$$0{,}001026\ l_{12}\ \frac{c_2^{2,51}}{V_s^{0,61}} \cdot b \equiv 0{,}0459(c_1^2 - c_2^2),$$

onde $b = f(a)$.

No diagrama apresentado, a determinação exata de $c_2$, quando foi adotada uma seção retangular, de acordo com o exposto, pode ser direta (Fig. 7-28).

*Exemplo.*

Sabendo que $l_{12} = 5$ m, $V_s = 1$ m$^3$/s, $c_1 = 5$ m/s, calcular $c_2$ para um duto retangular de $a = L/H = 2$.

No diagrama, para uma seção circular, podemos ler:

$$A = 5,$$
$$c_2 = 4{,}48 \text{ m/s}.$$

Entretanto, adotando uma seção retangular, devemos ter:

$$A = 5,$$
$$b = 1{,}25.$$

Donde

$$c_2 = 4{,}36 \text{ m/s},$$
$$j_{circular} = 0{,}212 \text{ mm } H_2O,$$
$$\text{Recuperação} = 0{,}265 \text{ mm } H_2O,$$
$$j_{retangular} = j_{circular} \cdot b = 0{,}212 \cdot 1{,}25 = 0{,}265.$$

*Observação.* Igual resultado poderia ser obtido mais facilmente considerando-se o comprimento do duto retangular:

$$l_{retangular} = b \cdot l_{circular}.$$

Assim, para o exemplo anterior, teríamos $l_{retangular} = 1{,}25 \cdot 5$ e obteríamos igualmente $c_2 = 4{,}36$ m/s.

Como se pode notar, a correção da velocidade $c_2$, ao passar a seção de circular para retangular de $a = L/H = 2$, foi inferior a 3%. Na prática, embora essa correção para o caso possa variar de 0 até cerca de 10% com o aumento de $A$ (crescimento de $l_{12}$ e redução de $V_s$), pode-se, sem grande erro, calcular a seção retangular (desde que a mesma mantenha uma proporção entre a largura $L$ e a altura $H$ de, no máximo, 2:1) diretamente a partir da velocidade por meio do diagrama para uma seção circular.

É interessante salientar que, no cálculo das canalizações, o comprimento do trecho $l_{12}$ a adotar deve ser o comprimento dos dutos, adicionado do comprimento equivalente dos acessórios da canalização (curvas, transformações, etc.).

O comprimento equivalente de um acessório de canalização de diâmetro $D$ é o comprimento do duto que, substituído pelo acessório em consideração, provoca, na canalização, a mesma perda de carga.

Assim, fazendo a perda de carga de um acessório igual a

$$j_{\text{acessório}} = \lambda_1 \frac{c^2}{2g} \gamma \qquad (7\text{-}14)$$

e identificando-a com a perda de carga do duto (Eq. 7-10) de comprimento $l_e$, que chamamos de equivalente,

$$j_{\text{duto}} = \frac{\lambda l_e}{D} \frac{c^2}{2g} \gamma,$$

podemos calcular:

$$l_e = \frac{\lambda_1}{\lambda} D. \qquad (7\text{-}15)$$

A Tab. 7-15 nos dá os valores aproximados de $\lambda_1$ e $l_e$ para os principais acessórios das canalizações de ventilação diluidora.

Tabela 7-15

| Acessórios | $\lambda_1$ | $l_e$ |
|---|---|---|
| Curva tipo (a) [Fig. 7-19(a)] | 0,35 | 17,5$D$ |
| Curva tipo (b) [Fig. 7-19(b)] | 0,15 a 0,2 | 7,5 a 10$D$ |
| Lona de ligação do ventilador | 0,1 a 0,2 | 5 a 10$D$ |
| Transformação | 0,15 | 7,5$D$ |

*Observação.* Para curvas de ângulo inferior a 90° tomar $\alpha/90° \cdot l_e$. O diâmetro a considerar, no cálculo dos comprimentos equivalentes dos acessórios, é o diâmetro hidráulico, já que a equação da equivalência (7-15) foi estabelecida para velocidades iguais (veja os conceitos de diâmetro hidráulico e diâmetro equivalente, Ennio Cruz da Costa, *Mecânica dos Fluidos*). Inicialmente, quando $D$ não é conhecido, o mesmo deve ser arbitrado.

10 – *BOCAS DE DESCARGA E TOMADAS DE AR EXTERIOR*

As bocas de descarga podem ser dos seguintes tipos:

venezianas comuns de chapa ou madeira;
grades com palhetas retas;
grades com palhetas em V.
tela perfurada;
cogumelos.

*Observação.* Com exceção dos cogumelos, qualquer um desses tipos pode servir como tomada de ar exterior.

A localização das bocas de saída é feita:

a) no teto, para extração de fumos e odores, caso em que devem-se tomar cuidados especiais a fim de se evitarem curtos-circuitos do ar (Fig. 7-29).

b) nas paredes a 20 cm do piso ou junto ao forro, com os cuidados já assinalados;

c) na parte inferior das portas, no rodapé de estrados de madeira etc.;

d) no piso, caso em que são usados cogumelos embaixo das cadeiras que deflexionam o ar evitando a extração do pó (Fig. 7-30). É a solução ideal para cinemas, teatros, auditórios, etc., pois obriga o ar novo a passar uniformemente pela zona de ocupação.

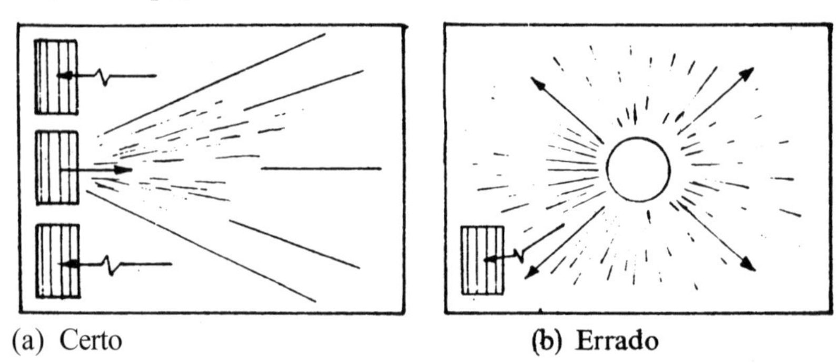

(a) Certo (b) Errado

Figura 7-29

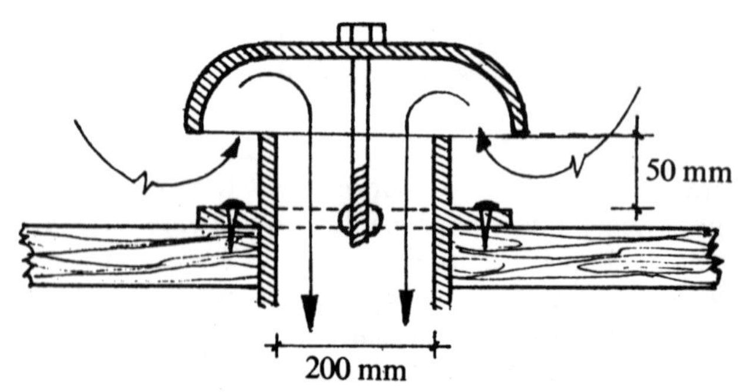


Figura 7-30

As velocidades de face $c_f$ (velocidade aparente, referida à área total da boca) adotadas devem ser as recomendadas pela Tab. 7-7. Assim, para os cogumelos que têm uma área da ordem de 0,03 m², a vazão máxima para cada um seria

$$V_s = 0{,}03 \cdot 3 = 0{,}09\ m^3/s\ (324\ m^3/h),$$

o que exigiria, para a ventilação de cinemas, teatros, etc., onde a ração de ar recomendada é de 50 m³/h pessoa, no mínimo, um cogumelo para cada 6,5 pessoas.

A perda de carga nas bocas de retorno pode ser calculada como para o caso das bocas de insuflamento, pela Eq. (7-6),

$$j = \lambda_1 \frac{c^2}{2g} \gamma \cong 0{,}061 \lambda_1 c^2,$$

onde $\lambda_1$ e $a = c_f/c$ apresentam os valores que constam da Tab. 7-16.

Tabela 7-16

| Boca de descarga | $a$ | $\lambda_1$ |
|---|---|---|
| Veneziana de madeira | 0,5 a 0,6 | 1 a 3 |
| Veneziana de chapa prensada | 0,5 a 0,6 | 1 a 3 |
| Veneziana de chapa soldada | 0,7 a 0,8 | 1 a 3 |
| Grade de palhetas retas | 0,7 a 0,8 | 1,0 a 5 |
| Grade de palhetas em V | 0,7 | 4 a 8 |
| Cogumelo | — | 2 a 4 |
| Tela perfurada | 0,3 a 0,5 | 2 |

## 11 – *FILTROS*

Os filtros adotados normalmente nas instalações de ventilação diluidora são:

filtros de tela galvanizada impregnada de óleo (Fig. 7-31);
filtros de lã de vidro (não-recuperável);
filtros de pano;
filtros de plástico esponjoso.

*Observação.* Em casos especiais são usados, para a retenção de impurezas, filtros úmidos, lavadores e filtros eletrostáticos.

As velocidades nos filtros devem ser as recomendadas da Tab. 7-4 e as perdas de carga podem ser calculadas a partir dos valores de $\lambda_1$ dados pela Tab. 7-17.

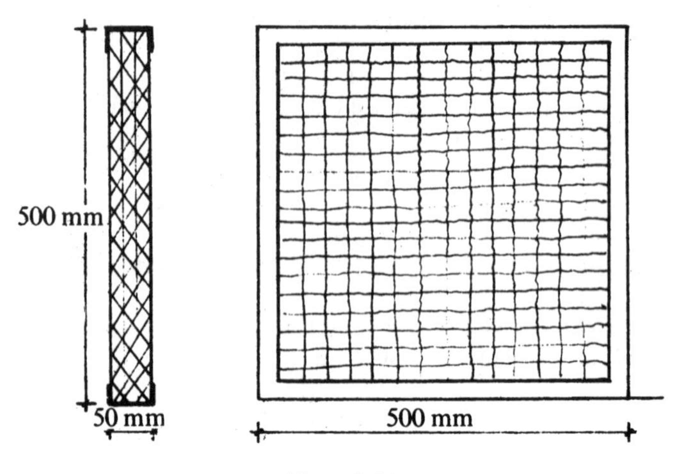


Figura 7-31

Tabela -7-17

| Filtro | $\lambda_1 = f(c_f)$ |
|---|---|
| Plástico de 1/2" (10 poros por cm) | 6 a 10 |
| Tela galvanizada de 2" | 10 a 15 |

## 12 – *VENTILADORES*

Os ventiladores adotados em ventilação são geralmente do tipo centrífugo de pás voltadas para a frente (Siroco), que atingem as pressões necessárias com menores velocidades periféricas, a qual é a principal causa de ruído dos ventiladores, conforme a classificação da Tab. 7-18.

Tabela 7-18

| Ruído | Utilização | Velocidade periférica $= \dfrac{\pi D N_{r \cdot p \cdot m \cdot}}{60}$ |
|---|---|---|
| Classe I | Residências | $< 20$ m/s |
| Classe II | Edifícios públicos | 20 a 30 m/s |
| Classe III | Edifícios industriais | $> 30$ m/s |

Em casos excepcionais, usa-se também o ventilador tipo axial, mormente para a extração do ar, onde as diferenças de pressões necessárias são baixas.

Os ventiladores centrífugos podem ser de simples aspiração ou de dupla aspiração (Fig. 7-32).

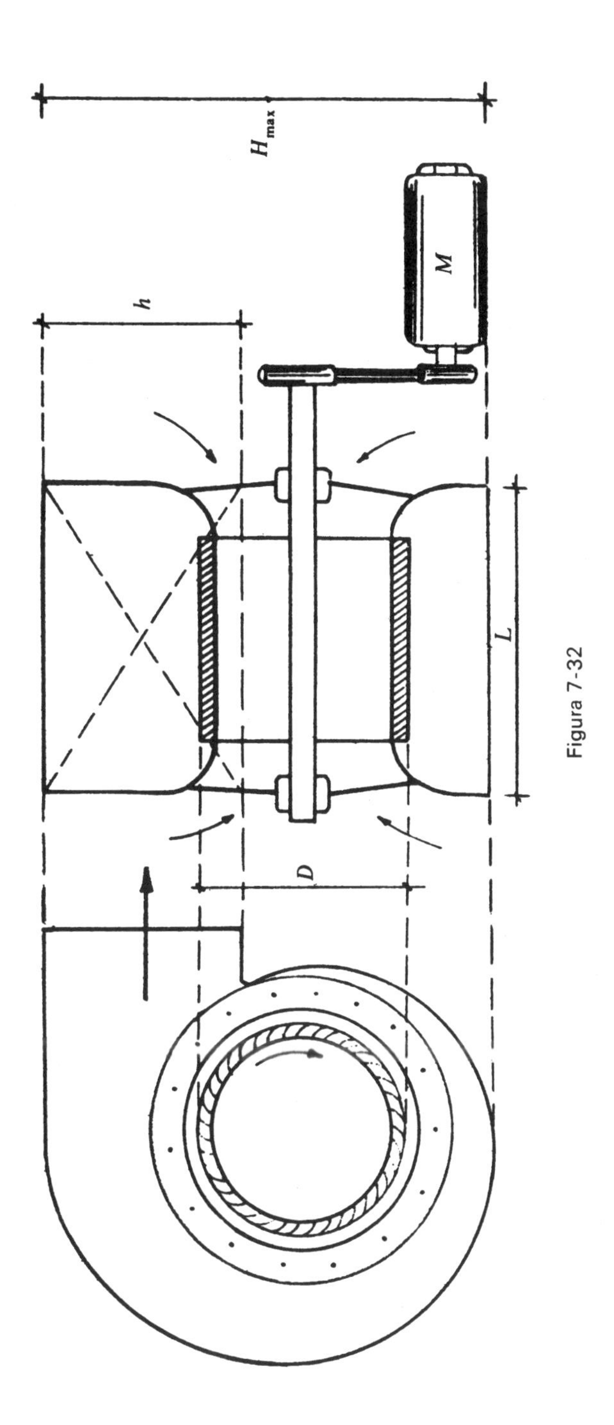


Figura 7-32

O dimensionamento exterior do ventilador pode ser feito a partir das velocidades recomendadas pela Tab. 7-4, adotando-se a expressão

$$V_s = \frac{n}{1,1} \frac{\pi D^2}{4} c \frac{\text{m}^3}{\text{s}},$$

onde $n$ vale 1 para os ventiladores de simples aspiração e 2 para os de dupla aspiração, de modo que:

$$\frac{\pi D^2}{4} = 1,1 \frac{V_s}{nc}. \qquad (7\text{-}16)$$

As demais dimensões externas pode ser obtidas em função de $D$, com o auxílio da Tab. 7-19, onde a simbologia adotada é a da Fig. 7-32.

Tabela 7-19

| Grandeza | Ventilador de simples aspiração | Ventilador de dupla aspiração |
|---|---|---|
| $n$ | 1 | 2 |
| $L$ | $0,8D$ | $1,44D$ |
| $H_{max}$ | $2,2D$ | $2,2\ D$ |
| $h$ | $D$ | $D$ |

A potência do ventilador nos é dada pela expressão

$$P_m = \frac{V_s \Delta p_t}{75 \eta_t} \text{cv}$$

onde

$V_s$ = vazão, em $m^3/s$;
$\Delta p_t$ = diferença de pressão total do ventilador em $kgf/m^2$ (mm de $H_2O$);
$\eta_t$ = rendimento total do ventilador, o qual varia de 0,3 a 0,7, podendo-se tomar como médio o valor 0,5.

A diferença de pressão total do ventilador é a pressão dinâmica necessária para vencer as perdas de carga de todo o circuito de ventilação (descontadas as recuperadas) adicionada da pressão cinética de saída do ventilador:

$$\Delta p_t = \sum j + \frac{c^2}{2g} \gamma - \text{recuperação de pressão.}$$

Nessas condições, numa instalação normal de ventilação, devem ser incluídas para o seu cálculo as seguintes parcelas (de perda de carga ou pressão):

tomada de ar exterior;
canalização da tomada de ar exterior;
filtro;
pressão cinética de descarga do ventilador;

duto principal com seus acessórios (descontadas as recuperações de pressão, se for o caso);

ramais com seus acessórios (caso não tivermos sua perda de carga integralmente vencida à custa da recuperação de pressão);

bocas de insuflamento;

bocas de descarga;

canalização de descarga.

Como orientação prática e cálculos rápidos podemos relacionar os valores de $\Delta p_t$ usuais em instalações de ventilação com ou sem tratamento de ar, que constam na Tab. 7-20.

Tabela 7-20

| Tipo de instalação | $\Delta p_t$ mm $H_2O$ |
|---|---|
| Ventilação pura | 5 a 15 |
| Ventilação com filtragem | 10 a 20 |
| Ventilação com filtragem e aquecimento | 15 a 25 |
| Ventilação com filtragem e refrigeração | 20 a 30 |
| Ventilação com filtragem, aquecimento e refrigeração | 30 a 50 |

## 13 – *CASA DE MÁQUINAS*

O local para a colocação do filtro, ventilador e seu acionamento deve ter espaço adequado ao tamanho dos equipamentos calculados e a sua fácil manutenção, além de permitir acesso ao exterior para a tomada de ar e remoção do equipamento.

Devem ser previstas, também, tomadas de força com a potência necessária e tomada de água e esgoto para a limpeza.

*Exemplo* 7-2

Projetar a instalação de ventilação local exaustora de uma cozinha onde o fogão de 0,6 × 0,8 m está colocado contra a parede.

O tipo de boca de captação adotado para os contaminantes de fogões é a coifa, a qual deverá sobressair a borda do mesmo de 1/4 $H$ em cada face. A vazão é dada pela expressão

$$V_s = KPHc,$$

onde

$c$ = velocidade de captação (0,2 a 0,4 m/s);

$KPH$ = seção de passagem do ar de captura;

$K$ = coeficiente que depende da forma da boca (1,35).

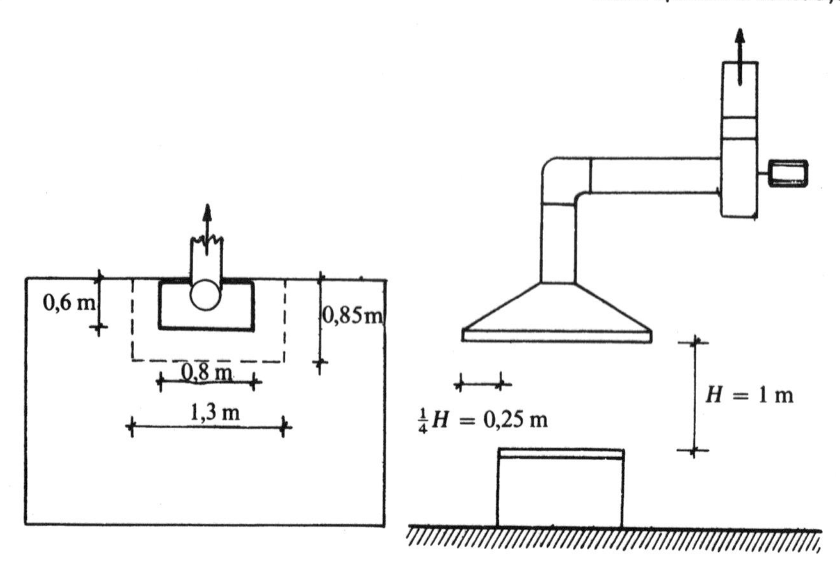


Nessas condições, teremos

$$V_s \simeq 1,35 \cdot 3 \cdot 1 \cdot 0,2 = 0,81 \text{ m}^3/\text{s}.$$

Adotando a velocidade de 10 m/s para os dutos de exaustão (as velocidades adotadas no caso variam de 10 a 15 m/s), podemos calcular

$$\Omega = \frac{V_s}{c} = \frac{0,81}{10} = 0,081 \text{ m } (D = 0,32 \text{ m}).$$

O ventilador deverá vencer as perdas de carga que seguem:

$$\text{coifa, } 0,2\frac{c^2}{2g}\gamma = 0,2 \cdot 6 \qquad = 1,2 \text{ mm } H_2O$$

$$\text{duto, diagrama da Fig. 7-22} = 0,8 \text{ mm } H_2O$$

$$\text{curva, } 0,5\frac{c^2}{2g}\gamma = 0,5 \cdot 6 \qquad = 3,0 \text{ mm } H_2O$$

$$\text{pressão cinética, } \frac{c^2}{2g}\gamma \qquad \frac{-\ 6,0 \text{ mm } H_2O}{\Delta p_t \quad 11,0 \text{ mm } H_2O};$$

donde a potência de acionamento

$$P_m = \frac{V_s \Delta p_t}{75\eta_t} = \frac{0,81 \cdot 11}{75 \cdot 0,5} = 0,24 \text{ cv}.$$

*Exemplo* 7-3

Projetar a instalação de ventilação do conjunto de escritórios esquematizado na figura deste exemplo. Trata-se de 100 m$^2$ de escritórios com um pé direito de 3,6 m (360 m$^3$).

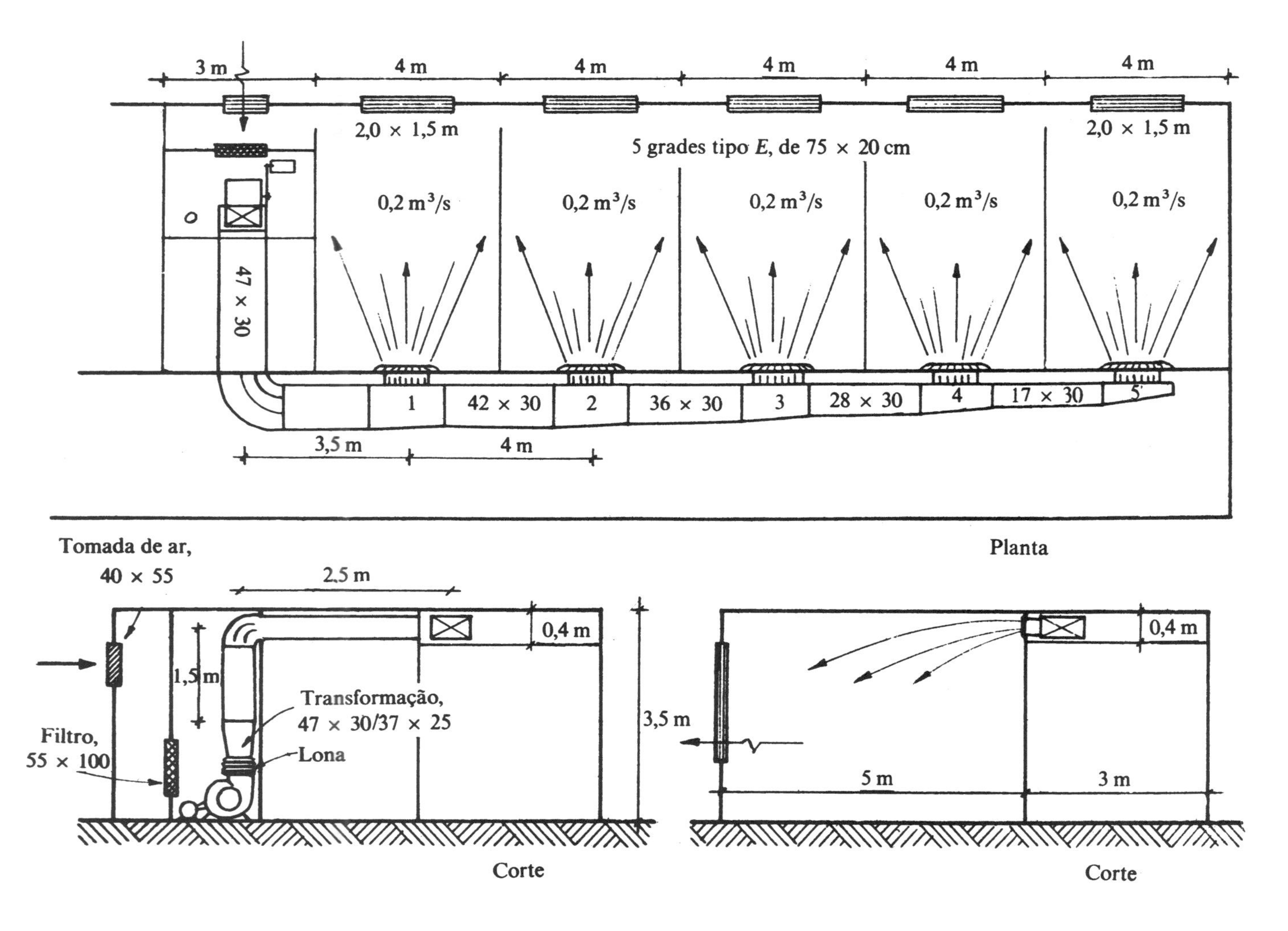
3 m
4 m
4 m
4 m
4 m
4 m
2,0 × 1,5 m
2,0 × 1,5 m
5 grades tipo E, de 75 × 20 cm
0,2 m³/s
0,2 m³/s
0,2 m³/s
0,2 m³/s
0,2 m³/s
47 × 30
1
42 × 30
2
36 × 30
3
28 × 30
4
17 × 30
5
3,5 m
4 m
Tomada de ar,
40 × 55
Planta
2,5 m
0,4 m
1,5 m
Transformação,
47 × 30/37 × 25
Lona
Filtro,
55 × 100
3,5 m
0,4 m
5 m
3 m
Corte
Corte

Como o ambiente é limpo, adotaremos uma ventilação geral diluidora por insuflamento de ar filtrado.

Embora a ração de ar recomendada para o caso seja de apenas $35\ m^3/h$ pessoa (Tab. 7-1), adotaremos, para uma melhor diluição do calor ambiente, o índice de renovação máxima de 10 recomendado na Tab. 7-2. Nessas condições, a quantidade de ar de ventilação será de

$$10 \cdot 360 = 3\,600\ m^3/h\ (1\ m^3/s),$$

o que permitiria uma concentração de pessoas da ordem de 100 (na realidade a lotação máxima dos escritórios é de uma pessoa para cada $6{,}0\ m^2$).

Como os escritórios são de igual tamanho, essa quantidade de ar será distribuída uniformemente entre os cinco ambientes, tocando a cada uma $0{,}2\ m^3/s$.

Aproveitando o rebaixo de 0,4 m (0,3 m úteis) do corredor foi projetada uma distribuição de ar cruzada, com insuflamento por meio de grades com 45° de divergência de jato ($E$) (veja a Fig. 7-15), colocadas como nos mostra a figura. Nessas condições, atendendo às velocidades recomendadas na Tab. 7-4 e os dados obtidos no diagrama da Fig. 7-27, podemos elaborar a tabela de cálculo que segue, cujos itens passamos a comentar.

*Item* 1. A perda de carga na tomada de ar exterior é dada por (Tab. 7-16):

$$j = 2\frac{c^2}{2g}\gamma = 2\frac{6^2}{19{,}6}1{,}2 = 4{,}4\ mm\ H_2O,$$

onde a velocidade real $c$ vale

$$c = c_f/a = \frac{4{,}5}{0{,}75} = 6\ m/s,$$

já que a velocidade dada pela Tab. 7-4 é referida à área de face.

*Item* 2. A perda de carga no filtro é dada por (Tab. 7-17)

$$j = 15\frac{c^2}{2g}\gamma = 15\frac{1{,}8^2}{19{,}6}1{,}2 = 2{,}97\ mm\ H_2O.$$

*Item* 3. O ventilador escolhido foi o de dupla aspiração, cujas dimensões para a velocidade máxima recomendada serão (Tab. 7-19):

$$D = 25\ cm;$$
$$L = 36\ cm;$$
$$H_{max} = 55\ cm;$$
$$h = 25\ cm.$$

A pressão cinética no ventilador, que será em parte transformada em pressão dinâmica ao longo da canalização de insuflamento (sendo a restante perdida), vale:

$$\frac{c^2}{2g}\gamma = \frac{10{,}8^2}{19{,}6}1{,}2 = 7{,}15\ mm\ H_2O.$$

*Item* 4. A perda de carga na lona de ligação do ventilador é dada por (Tab. 7-15):

$$0{,}2\frac{c^2}{2g}\gamma = 0{,}2\cdot 7{,}15 = 1{,}43\ \text{mm}\ H_2O.$$

*Item* 5. A transformação, descontadas as perdas, apresenta uma recuperação de pressão, dada pela Eq. (7-9):

$$0{,}75\left(\frac{c_1^2}{2g}\gamma - \frac{c_2^2}{2g}\gamma\right) = 0{,}75(7{,}15-3{,}18) = 2{,}98\ \text{mm}\ H_2O.$$

*Itens* 6 *e* 7. O comprimento equivalente nos é dado por (Tab. 7-15):

$$l_e = 7{,}5\ \text{m} + 10D + 10D = 7{,}5 + 20\cdot 0{,}408 = 15{,}66\ \text{m}.$$

Desse modo, com o auxílio da vazão e da velocidade no trecho, podemos calcular:

$$j = 2{,}3\ \text{mm}\ H_2O\ \text{(diagrama da Fig. 7-27)}.$$

*Itens* 8, 9, 10 *e* 11. As velocidades de cada trecho foram determinadas para uma recuperação de pressão integral (diagrama da Fig. 7-27) a partir da velocidade no trecho anterior e vazão e comprimento do trecho em estudo.

*Item* 12. As bocas de insuflamento foram dimensionadas por meio da Eq. 7-5 e Tab. 7-9 (grade tipo $E$):

$$\Omega = \frac{1}{a}\left(\frac{KV_s}{\text{jato}}\right)^2,$$

$$\Omega = \frac{1}{0{,}62}\left(\frac{7{,}6\cdot 0{,}2}{5}\right)^2 = 0{,}15\ \text{m}^2\ (20\ \text{cm} \times 75\ \text{cm}),$$

resultado que confere com o diagrama de cálculos de grades anexo, onde se obtêm as dimensões de 8 × 30 polegadas. Portanto, as velocidades nas bocas de insuflamento serão:

$$c_f = \frac{V_s}{\Omega} = \frac{0{,}2}{0{,}15} = 1{,}33\ \text{m/s},$$

$$c = \frac{c_f}{a} = \frac{1{,}33}{0{,}62} = 2{,}15\ \text{m/s},$$

isto é, velocidade real de valor inferior ao máximo recomendado na Tab. 7-6. A perda de carga nas bocas de insuflamento (que, por estarem em paralelo, conta-se uma só vez) é dada pela Eq. (7-6) com o auxílio da Tab. 7-10,

$$j = \lambda_1\frac{c^2}{2g}\gamma = \frac{2{,}15^2}{19{,}6}1{,}2 = 0{,}28\ \text{mm}\ H_2O.$$

*Item* 13. Foi prevista uma perda de carga na saída do ar através das frestas das janelas de 2 mm $H_2O$, a fim de manter o ambiente numa sobrepressão que

| Item | Elemento | $V_s$, $m^3/s$ | $l_e$, m | $c$, m/s | $\Omega$, $m^2$ | Dimensões, cm | $j$, mm $H_2O$ | Recuperação de pressão |
|---|---|---|---|---|---|---|---|---|
| 1 | Tomada de ar exterior ($c_f$) | 1 | — | 4,5 | 0,220 | 40 × 55 | 4,4 | — |
| 2 | Filtro | 1 | — | 1,8 | 0,55 | 55 × 100 | 2,97 | — |
| 3 | Ventilador (pressão cinética) | 1 | — | 10,8 | 2 × 0,0463 | ∅ 25 | 7,15 | — |
| 4 | Lona de ligação do ventilador | 1 | — | 10,8 | 0,0925 | 36 × 25 | 1,43 | — |
| 5 | Transformação | 1 | — | ↓ | ↓ | ↓ | — | 2,98 |
| 6 | Duto principal | 1 | 7,5 | 7,2 | 0,140 | 47 × 30 | 2,3 | — |
| 7 | Duas curvas, duto principal | 1 | 8,16 | 7,2 | 0,140 | 47 × 30 |  | — |
| 8 | Ramal trecho 12 | 0,8 | 4 | 6,35 | 0,126 | 42 × 30 | 0,5 | 0,5 |
| 9 | Ramal trecho 23 | 0,6 | 4 | 5,5 | 0,109 | 36 × 30 | 0,4 | 0,4 |
| 10 | Ramal trecho 34 | 0,4 | 4 | 4,7 | 0,085 | 28 × 30 | 0,35 | 0,35 |
| 11 | Ramal trecho 45 | 0,2 | 4 | 3,9 | 0,051 | 17 × 30 | 0,35 | 0,35 |
| 12 | Bocas de insuflamento | 0,2 | — | 2,15 | 0,15 | 75 × 20 | 0,28 | — |
| 13 | Saída (janelas) | 1 | — | 4,7 | 0,213 | — | 2,00 | — |

evitasse a entrada de poeiras do exterior. Tal perda de carga é conseguida reduzindo-se a área de saída (é preferível adotar abertura de valor prefixado), a qual pode ser calculada a partir de

$$\Omega = \frac{V_s}{c},$$

onde $c$ é a velocidade que acarreta a perda de carga desejada,

$$\Delta p = 1{,}5 \frac{c^2}{2g} \gamma = 2 \text{ mm } H_2O \qquad (c = 4{,}7 \text{ m/s}).$$

Observando-se a tabela, nota-se que a pressão cinética fornecida pelo ventilador (7,15 mm $H_2O$) é, em grande parte, transformada em pressão dinâmica (4,58 mm $H_2O$), a qual é aproveitada para vencer parte das perdas de carga, principalmente as que se verificam entre as bocas de insuflamento, mantendo-se assim o desejado equilíbrio de pressão entre as mesmas.

A diferença de pressão total a ser fornecida pelo ventilador, portanto, será:

$$\Delta p_t = \sum j + \frac{c^2}{2g} \gamma - \text{recuperação de pressão},$$

$$p_t = 14{,}98 + 7{,}15 - 4{,}58 = 17{,}55 \text{ mm } H_2O.$$

E a potência do ventilador será dada por:

$$P_m = \frac{V_s \Delta p_t}{75 \eta_t} = \frac{1 \cdot 17{,}55}{75 \cdot 0{,}5} = 0{,}47 \text{ cv}.$$

A casa de máquinas foi instalada em amplo local disponível ao lado dos escritórios, embora, na realidade, a área necessária seja de apenas de 2 $m^2$ com pé direito da ordem de 1 m, o que permitiria perfeitamente a colocação do conjunto num rebaixo do forro, aproveitando-se a parte inferior, que ficaria ainda com 2,5 m de pé direito, para depósito.

*Exemplo* 7-4

Projetar a instalação de ventilação de um cinema de 12 000 $m^3$, para 1 500 pessoas, esquematizado na figura deste exemplo.

A quantidade de ar necessária à ventilação, de acordo com a ração de ar recomendada pelo código de obras da Prefeitura Municipal de Porto Alegre, será

$$V = 1\,500 \cdot 50 = 75\,000 \text{ m}^3/\text{h} \ (20{,}8 \text{ m}^3/\text{s}),$$

o que nos garante um índice de renovação de ar de

$$n = \frac{75\,000}{12\,000} = 6{,}25$$

(veja também o Exemplo 7-1).

O sistema de ventilação escolhido foi o de ventilação geral diluidora por insuflamento de ar filtrado. A casa de máquinas ficou localizada no porão, na parte anterior do prédio, com distribuição do ar de cima para baixo, com bocas de insuflamento no forro e bocas de descarga tipo cogumelo embaixo das cadeiras. Um pleno de descarga ligando o mezanino ao piso inferior que dispõe do porão permite a saída do ar até o exterior. Nessas condições, atendendo às velocidades recomendadas na Tab. 7-4 e os dados obtidos no diagrama da Fig. 7-27, podemos elaborar a tabela de cálculo deste exemplo, cujos itens expomos a seguir.

*Itens* 1, 2, 4 *e* 5. Foram calculados como no Exemplo 7-3.

*Item* 3. O ventilador escolhido foi o centrífugo de dupla aspiração, cujas dimensões (Tab. 7-19) para a velocidade máxima recomendada, serão:

$$D = 116\,\text{cm},$$
$$L = 166\,\text{cm},$$
$$H_{max} = 256\,\text{cm},$$
$$h = 116\,\text{cm}.$$

A pressão cinética de saída do ventilador, que será em parte transformada em pressão dinâmica ao longo da canalização de insuflamento (sendo a restante perdida), vale

$$\frac{c^2}{2g}\gamma = \frac{10{,}8^2}{19{,}6}1{,}2 = 7{,}15\,\text{mm}\,H_2O.$$

*Item* 6. O dimensionamento foi feito a partir da velocidade recomendada de 7,2 m/s, e a perda de carga foi calculada em função de $c_2$, $l_{01}$ e $V_s$, por meio do diagrama da Fig. 7-27.

*Itens* 7 *a* 17. Cada trecho foi dimensionado a partir de uma velocidade, calculada para uma recuperação de pressão integral (diagrama da Fig. 7-27), em função d . velocidade no trecho anterior e vazão e comprimento do trecho em estudo. Nos trechos 1-2, 1-4, 4-5 e 4-9 foram incluídos no comprimento equivalente,

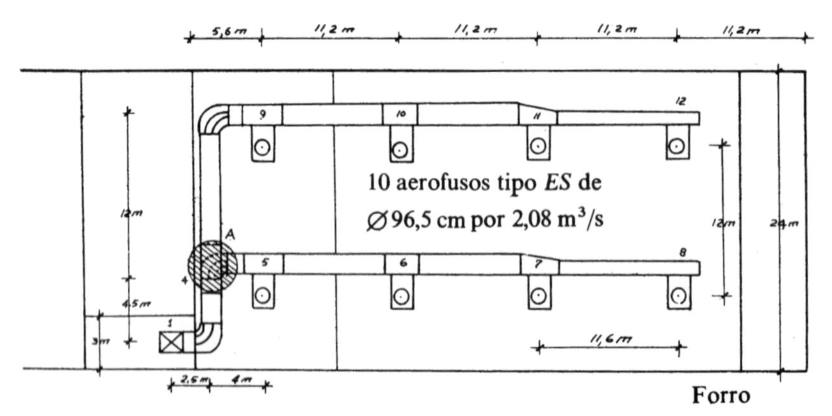

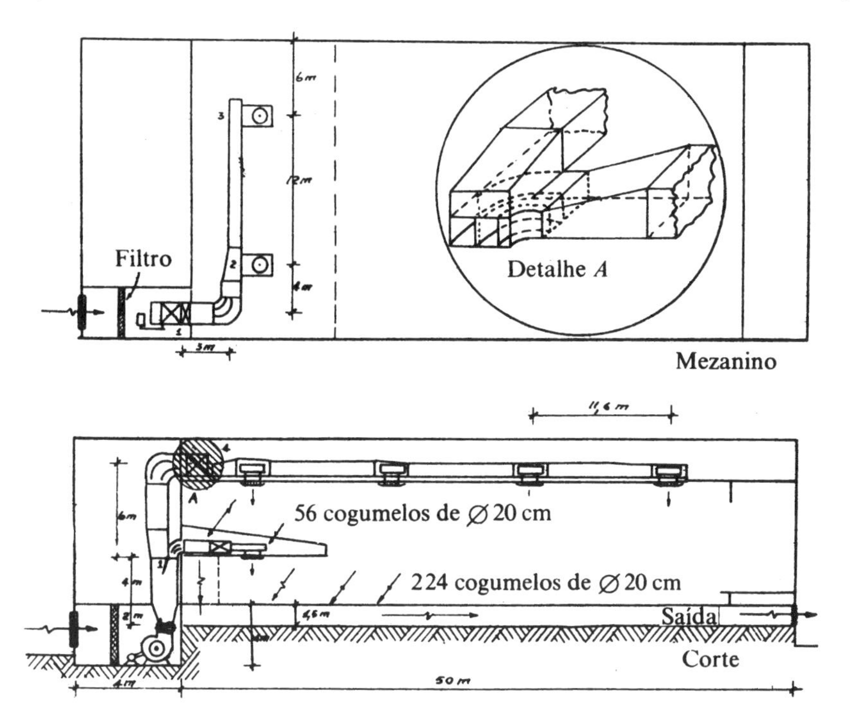


os comprimentos correspondentes às curvas (em número de dois nos trechos 1-2 e 1-4) de 7,5$D$ cada uma. Como os diâmetros não eram inicialmente conhecidos, foram os mesmos arbitrados, calculados para o comprimento equivalente assim achado e recalculados para o comprimento equivalente mais exato.

*Item* 18. As bocas de insuflamento foram dimensionadas por meio da Eq. (7-5) e Tab. 7-9. Assim, para um jato de 6 m e velocidade terminal recomendada para o caso (Tab. 7-8) de 0,75 m/s, teríamos:

Aerofuso tipo $S$

$$\Omega = \frac{1}{a}\left(\frac{KV_s}{\text{jato}}\right)^2 = \frac{1}{0{,}32}\left(\frac{1{,}98 \cdot 2{,}08}{6}\right)^2 = 1{,}46\ \text{m}^2\ (\varnothing\ 137\ \text{cm}),$$

tamanho excessivo que nos obriga a recorrer ao aerofuso tipo $ES$ de menor jato e maior indução,

$$\Omega = \frac{1}{a}\left(\frac{KV_s}{\text{jato}}\right)^2 = \frac{1}{0{,}8}\left(\frac{1{,}98 \cdot 2{,}08}{6}\right)^2 = 0{,}59\ \text{m}^2\ (\varnothing\ 87\ \text{m}).$$

Com esse tamanho, entretanto, a velocidade real de insuflamento atingida seria (Eq. 7-6 e seguinte)

$$c = V_s/a\Omega = \frac{2{,}08}{0{,}8 \cdot 0{,}59} = 4{,}42\ \text{m/s}.$$

| Item | Elemento | $V_s$, $m^3/s$ | $l_e$, m | $c$, m/s | $\Omega$, $m^2$ | Dimensões, cm | $j$, mm $H_2O$ | Recuperação de pressão |
|---|---|---|---|---|---|---|---|---|
| 1 | Tomada de ar exterior ($c_f$) | 20,8 | — | 4,5 | 4,62 | 200 × 231 | 4,4 | — |
| 2 | Filtro | 20,8 | — | 1,8 | 11,6 | 300 × 400 | 2,97 | — |
| 3 | Ventilador (pressão cinética) | 20,8 | — | 10,8 | 2 × 0,965 | ∅ 116 m | 7,15 | — |
| 4 | Lona de ligação do ventilador | 20,8 | — | 10,8 | 1,93 | 166 × 116 | 1,43 | — |
| 5 | Transformação | 20,8 | — | ↓ | ↓ | ↓ | — | 2,98 |
| 6 | Duto principal (trecho 0-1) | 20,8 | 4 | 7,2 | 2,9 | 166 × 175 | 0,095 | — |
| 7 | Ramal *A*, trecho 1-2 | 4,16 | 7 + 15 | 5,9 | 0,705 | 166 × 42,5 | 0,78 | 0,78 |
| 8 | Ramal *A*, trecho 2-3 | 2,08 | 12 m | 4,9 | 0,425 | 100 × 42,5 | 0,45 | 0,45 |
| 9 | Ramal *B*, trecho 1-4 | 16,64 | 13 + 30 | 6,0 | 2,78 | 166 × 168 | 0,7 | 0,7 |
| 10 | Ramal *C*, trecho 4-5 | 8,32 | 4 + 8 | 5,5 | 1,51 | 166 × 91 | 0,25 | 0,25 |
| 11 | Ramal *C*, trecho 5-6 | 6,24 | 11,2 | 5,0 | 1,25 | 166 × 76 | 0,28 | 0,28 |
| 12 | Ramal *C*, trecho 6-7 | 4,16 | 11,2 | 4,5 | 0,925 | 166 × 56 | 0,22 | 0,22 |
| 13 | Ramal *C*, trecho 7-8 | 2,08 | 11,2 | 3,85 | 0,54 | 97 × 56 | 0,23 | 0,23 |
| 14 | Ramal *D*, trecho 4-9 | 8,32 | 16 + 8 | 5,2 | 1,6 | 166 × 96 | 0,4 | 0,4 |
| 15 | Ramal *D*, trecho 9-10 | 6,24 | 11,2 | 4,75 | 1,31 | 166 × 79 | 0,2 | 0,2 |
| 16 | Ramal *D*, trecho 10-11 | 4,16 | 11,2 | 4,25 | 0,98 | 166 × 59 | 0,19 | 0,19 |
| 17 | Ramal *D*, trecho 11-12 | 2,08 | 11,2 | 3,7 | 0,56 | 95 × 59 | 0,2 | 0,2 |
| 18 | Bocas de insuflamento | 2,08 | — | 3,64 | 0,715 | ∅ 96,5 | 0,84 | — |
| 19 | Cogumelos | 20,8 | — | 2,5 | 8,32 | 280 ∅ 20 m | 1,14 | — |
| 20 | Saída | 20,8 | — | 2 | 10,4 | 1 300 × 80 | 0,9 | — |

Isto é, superior à recomendada para o caso, em virtude de problemas de ruído (Tab. 7-6). Por essa razão, adotaremos o aerofuso padrão de dimensão imediatamente superior (∅ = 38″ = 96,5 cm), que nos fornece o mesmo jato com uma velocidade terminal da ordem de 0,6 m/s (superior, portanto, ao mínimo recomendado de 0,25 m/s) e uma velocidade de insuflamento aceitável de

$$c = V_s/a\Omega = \frac{2{,}08}{0{,}8 \cdot 0{,}715} = 3{,}64 \text{ m/s}.$$

A perda de carga no aerofuso escolhido será dada por

$$j = \lambda_1 \frac{c^2}{2g} \gamma = \frac{3{,}64^2}{19{,}6} 1{,}2 = 0{,}81 \text{ mm } H_2O \qquad \text{(Tab. 7-10)}.$$

Todos os valores achados podem ser também calculados graficamente com o auxílio dos diagramas de cálculo de aerofusos, anexos.

Para facilitar a ligação dos aerofusos, foram previstas tomadas laterais nos dutos, todas de igual comprimento (1,5 m), com velocidade igual à de insuflamento, cujas dimensões são

$$\Omega = 0{,}57 \text{ m}^2 \text{ } (110 \times 52 \text{ cm}),$$

e que acarretam uma perda de carga adicional nas bocas de saída da ordem de 0,03 mm $H_2O$ (diagrama da Fig. 7-22).

*Item* 19. Adotando-se a velocidade recomendada pela Tab. 7-7, que é de 2,5 m/s para os cogumelos, teremos

$$\Omega = V_s/c = 20{,}8/2{,}5 = 8{,}32 \text{ m}^2,$$

o que, para cogumelos de 0,03 $m^2$ de área livre de passagem, cada um exige cerca de 280 unidades.

O valor mínimo a adotar, como ficou esclarecido no texto, seria de um cogumelo para cada 6,5 pessoas, isto é, 231 unidades. A perda de carga a considerar para o caso, de acordo com a Tab. 7-16, será

$$j = \lambda_1 \frac{c^2}{2g} \gamma = 3 \frac{2{,}5^2}{19{,}6} 1{,}2 = 1{,}14 \text{ mm } H_2O.$$

*Item* 20. A fim de evitar uma sobrepressão elevada demais no recinto (o que dificultaria a abertura das portas), as canalizações de descarga foram lançadas em pleno ($c < 1$ m/s) e a boca de descarga do ar para o exterior calculada com uma velocidade de face reduzida de 2 m/s. Daí a perda de carga,

$$c = c_f/a = 2/0{,}75 = 2{,}67 \text{ m}^2/\text{s},$$

$$j = 2 \frac{2{,}67^2}{19{,}6} 1{,}2 = 0{,}9 \text{ mm } H_2O.$$

(Veja também o item 1 do exemplo anterior.)

Observando-se a tabela, nota-se que a pressão cinética fornecida pelo ventilador (7,15 mm $H_2O$) dependendo do percurso do ar é mais ou menos recuperada. Assim,

no percurso 0123 são recuperados 4,21 mm $H_2O$;
no percurso 0145678 são recuperados 4,66 mm $H_2O$;
no percurso 0149101112 são recuperados 4,67 mm $H_2O$.

As pressões assim recuperadas são aproveitadas para vencer parte das perdas de carga, principalmente aquelas que se verificam entre as bocas de insuflamento, mantendo assim o desejado equilíbrio de pressão entre as mesmas.

É importante salientar que tanto as perdas de carga como as recuperações de pressão dos percursos em paralelo não se somam. Assim, a diferença de pressão total a ser fornecida pelo ventilador

$$\left(\Delta p_t = \sum j + \frac{c^2}{2g}\gamma - \text{recuperação de pressão}\right)$$

será calculada apenas para um percurso do ar (passagem por uma boca de insuflamento qualquer).

Como no nosso caso, todas as bocas de insuflamento têm igual pressão dinâmica, naturalmente o valor de $\Delta p_t$ calculado para qualquer percurso do ar será igual.

Para deixar bem claro esse aspecto, elaboramos para os três percursos extremos já citados, o quadro de valores que segue.

| Percurso | $\sum j$ | $\frac{c^2}{2g}\gamma$ | Recuperação | $\Delta p_t$ |
|---|---|---|---|---|
| Tomada 0123, saída | 13,005 | 7,15 | 4,21 | 15,915 |
| Tomada 0145678, saída | 13,455 | 7,15 | 4,66 | 15,915 |
| Tomada 0149101112, saída | 13,465 | 7,15 | 4,67 | 15,915 |

Nessas condições, a potência necessária para o acionamento do ventilador será:

$$P_m = \frac{V_s \Delta p_t}{75\eta_t} = \frac{20{,}8 \cdot 15{,}915}{75 \cdot 0{,}5} = 8{,}9 \text{ cv}.$$

A casa de máquinas ficou localizada no porão, onde o filtro e o ventilador ocupam uma área de 12 m² com pé direito de 4 m, conforme mostra o esquema geral da instalação.

# capítulo 8

# REFRIGERAÇÃO

## 1 – *GENERALIDADES*

Refrigeração consiste na manutenção de um sistema a uma temperatura inferior a do meio ambiente.

Considerando que a tendência natural do calor é passar do corpo quente para o corpo frio, para se manter um sistema refrigerado, é necessário criar-se um fluxo de calor em sentido contrário, o que exige, de acordo com o segundo princípio da termodinâmica, dispêndio de energia. Essa energia, conforme veremos, pode ser mecânica, calorífica ou mesmo elétrica.

A quantidade de calor a ser retirada do sistema a refrigerar, na unidade de tempo, recebe o nome de potência frigorífica ou carga térmica de refrigeração e é medida em frigorias por hora (fg/h). A frigoria corresponde a uma quilocaloria retirada ou, quilocaloria negativa.

Na prática, a potência frigorífica é avaliada em toneladas de refrigeração (T.R.), unidade que equivale à quantidade de calor a retirar da água a 0 °C, para formar uma tonelada de gelo a 0 °C, em cada 24 h.

A tonelada a considerar é a tonelada curta americana, a qual vale:

$$1 \textit{ short ton} = 2\,000 \text{ lb} = 907{,}184 \text{ kgf}.$$

Nessas condições, lembrando que

$$1 \text{ Btu} = 0{,}25198 \text{ kcal},$$

$$\text{calor latente de fusão do gelo} = 144 \frac{\text{Btu}}{\text{lb}} = 80 \frac{\text{kcal}}{\text{kgf}},$$

podemos calcular

$$1 \text{ T.R.} = \frac{907{,}184 \cdot 80}{24} = 3\,023{,}95 \frac{\text{fg}}{\text{h}} = 12\,000 \frac{\text{Btu}}{h}.$$

Teoricamente qualquer fenômeno físico ou químico de natureza endotérmica pode ser aproveitado para a produção do frio. Entre os processos endotérmicos usados na refrigeração, podemos citar:

a) a fusão de sólidos como o gelo dágua (0 °C) e o gelo seco (neve carbônica, −78,9 °C);

b) a mistura de certos corpos, com água (−20 a −40 °C), com gelo dágua (−20 a −50 °C), ou com gelo seco (−100 °C) as quais recebem o nome de misturas *criogênicas*;

c) a expansão de um gás com produção de trabalho;
d) a vaporização de um líquido;
e) os fenômenos termelétricos.

Os três primeiros processos são descontínuos, enquanto que os demais podem ser associados com seus inversos de modo a permitir a produção contínua do frio.

Assim, a expansão de um gás associada à sua compressão é adotada nas máquinas frigoríficas de ar e na indústria da liquefação dos gases.

A vaporização contínua de um líquido, por sua vez, pode ser obtida por meios mecânicos nas chamadas máquinas frigoríficas de compressão de vapor, por meio de ejeção de vapor nas máquinas frigoríficas de vapor dágua e por meio do aquecimento, método usado nas chamadas instalações de absorção (refrigeradores de querosene).

Os fenômenos termelétricos (efeito Peltier) por sua vez, com a descoberta dos semicondutores, abriram novas possibilidades para a refrigeração.

Os estudos para o aproveitamento direto da eletricidade na produção do frio, entretanto, ainda está na sua fase inicial. Modernamente, inúmeras são as aplicações de frio, o qual é praticamente aproveitado em todos os ramos da atividade humana. Entre as principais aplicações, podemos citar:

a) a indústria de alimentos;
b) a fabricação de gelo;
c) a indústria da construção;
d) a metalurgia;
e) a indústria química;
f) o condicionamento do ar para a indústria;
g) o condicionamento do ar para o conforto;
h) a medicina;
i) a pesquisa etc.

## 2 – *REFRIGERAÇÃO MECÂNICA POR MEIO DE VAPORES*

O processo de refrigeração mais adotado atualmente, tanto na técnica da refrigeração industrial como do conforto, é a refrigeração mecânica por meio de vapores.

Consiste esse processo, na produção contínua de líquido frigorífico, o qual, por vaporização, fornece a desejada retirada de calor do meio a refrigerar.

Para se conseguir a vaporização de um líquido, é necessário que a tensão de seu vapor (função da temperatura), seja superior à pressão a que está submetido o fluido em vaporização. Assim, quanto mais baixa for a pressão, mais baixa poderá ser a temperatura conseguida no meio a refrigerar.

Por outro lado, para que a vaporização seja contínua, o fluido vaporizado deve ser novamente condensado. Isso se consegue, fazendo-se a vaporização em recinto fechado (*evaporador*), no qual a pressão é mantida no valor desejado, aspirando-se continuamente o vapor formado, por meio de um compressor. O vapor então comprimido, pode ceder calor ao meio ambiente, por meio de um trocador de calor adequado (*Condensador*), condensando-se novamente.

O líquido assim obtido, por meio de uma válvula de expansão, pode ser colocado à pressão de vaporização, compatível com a temperatura de refrigeração desejada, voltando a ser vaporizado. O fenômeno em si pode ser comparado com o frio obtido sobre a mão, com um simples lança-perfume ($C_2H_5Cl$). Quando no tubo, à temperatura ambiente, o cloreto de etila está a uma pressão absoluta de aproximadamente 2 kgf/cm$^2$. Ao abrir-se a válvula (de expansão), o líquido passa para a pressão atmosférica, vaporizando-se a uma temperatura de cerca de 12 °C. Se essa vaporização é feita em recinto fechado e, o vapor formado é recolhido por meio de um compressor, o processo pode ser contínuo. Basta, para isso, que o compressor comprima o fluido novamente até a pressão de 2 kgf/cm$^2$ e, o calor de condensação seja retirado do mesmo, até a sua completa liquefação (Fig. 8-1).

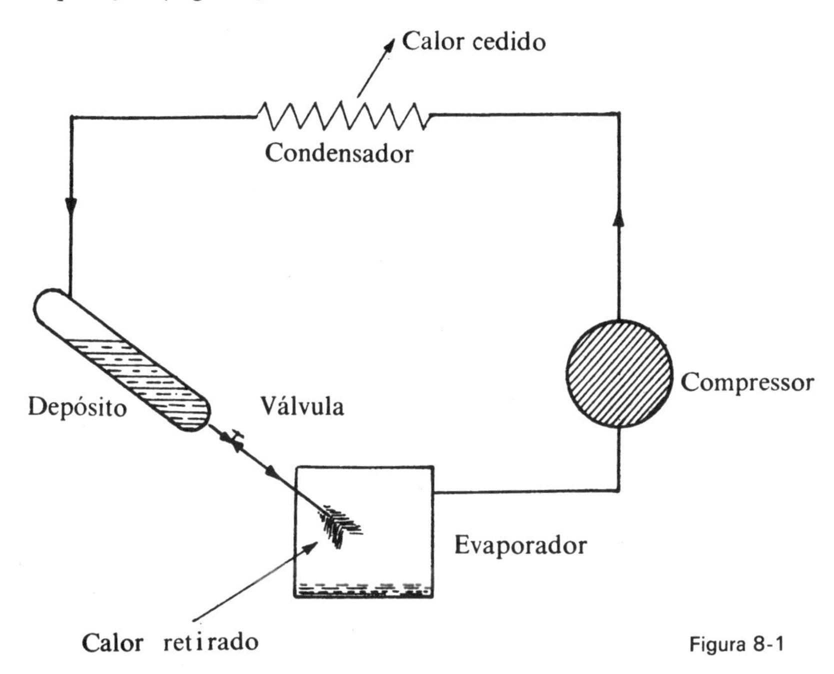


Figura 8-1

Assim, uma instalação de refrigeração mecânica por meio de um vapor nada mais é do que um conjunto de elementos ligados em circuito fechado, destinado a liquefazer o fluido frigorígeno e possibilitar a sua vaporização contínua, em condições de pressão adequadas.

Do exposto, podemos concluir que uma instalação de refrigeração mecânica por meio de vapores, deverá dispor essencialmente dos seguintes elementos:

a) compressor;
b) condensador;

c) válvula de expansão;
d) evaporador.

A disposição esquemática desses órgãos está representada na Fig. 8-2.

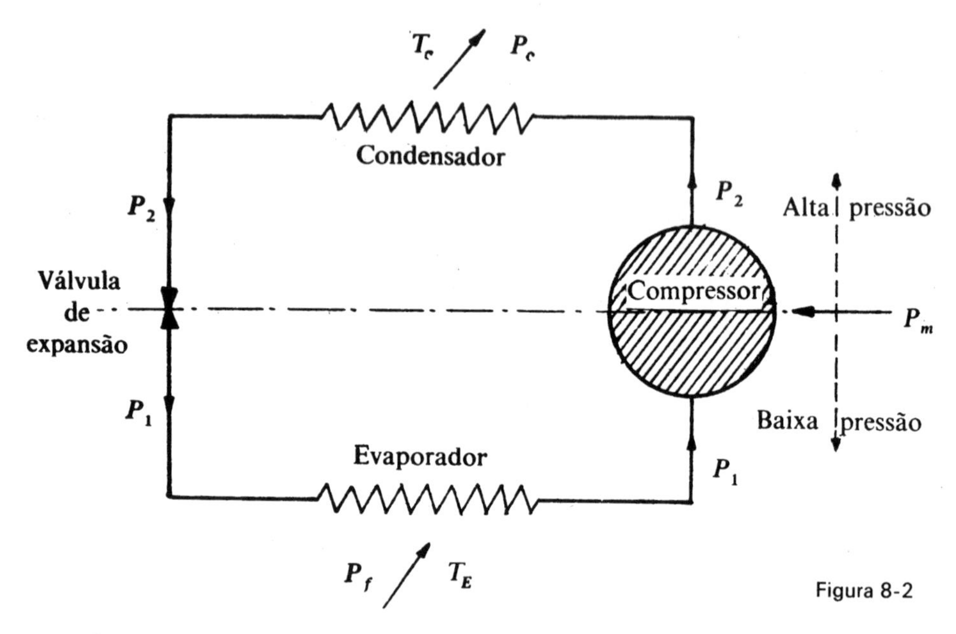


Figura 8-2

Como as transformações termodinâmicas que, sofre o fluido frigorífico, perfazem um ciclo fechado, a soma das energias em jogo é nula (primeiro princípio da termodinâmica). Isto é, o calor que entra por hora na fonte fria $P_f$ (evaporador) mais o calor que entra em forma de trabalho mecânico no compressor (1 cv = 632 kcal/h) deve ser igual ao calor que sai por hora da fonte quente $P_c$ (condensador):

$$P_c = P_f + 632P_m.$$

Assim, um refrigerador doméstico que tem uma potência frigorífica de 150 fg/h e consome cerca de 1/10 cv (na realidade, em virtude das perdas, o motor adotado é de 1/8 a 1/6 cv) na sua compressão, libera no condensador, uma potência calorífica de:

$$P_c = 150 + (1/10)632 = 213{,}2 \text{ kcal/h}.$$

Essa é a razão pela qual um refrigerador aberto não refrigera, mas sim aquece (com 213,2 – 150 = 63,2 kcal/h) o ambiente em que está colocado. Portanto o compressor, numa instalação de refrigeração mecânica, simplesmente transfere o calor da fonte fria (adicionado da parcela correspondente ao trabalho mecânico despendido na compressão) para a fonte quente, donde o nome de "bomba de calor" que lhe é atribuído. Nessas condições, um sistema de refrigeração mecânica, pode ser tanto utilizado na produção do frio como do calor.

Como a produção do calor é obtida normalmente invertendo-se o ciclo de funcionamento da instalação, obrigando-se o evaporador a funcionar como condensador e vice-versa, diz-se que a máquina frigorífica produz frio no ciclo direto e calor no ciclo reverso.

A inversão do ciclo de refrigeração, usada nos condicionadores de ar de pequena capacidade, é obtida por meio de válvulas de quatro vias comandadas eletricamente, chamadas válvulas de reversão (Fig. 8-3).

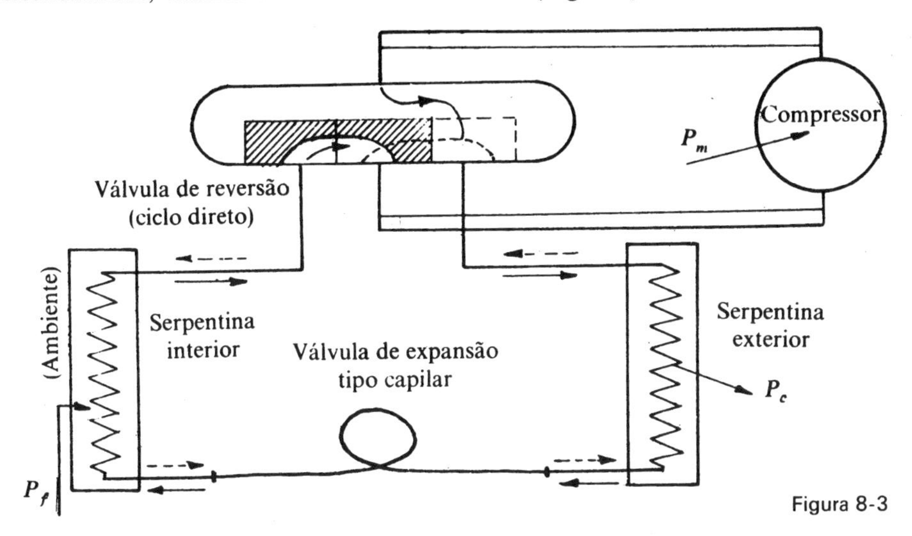


Figura 8-3

Do exposto, é fácil compreender por que o calor obtido por meio de uma instalação de refrigeração funcionando em ciclo reverso é bastante superior ao obtido pela transformação direta da energia mecânica de acionamento da instalação em calor (1 cv = 632 kcal/h).

## 3 – *FLUIDOS FRIGORÍGENOS*

Fluidos frigorígenos, agentes frigorígenos, ou simplesmente refrigerantes, como vulgarmente são chamados, são as substâncias empregadas como veículos térmicos na realização dos ciclos de refrigeração. Inicialmente foram usados como fluidos frigorígenos $NH_3$, $CO_2$, $SO_2$ e $CH_3Cl$. Mais tarde, com a finalidade de se atingirem temperaturas de –75 °C, Linde empregou o $N_2O$ (1912), o $C_2H_6$ (1916) e mesmo o propano $C_3H_8$, apesar do perigo de explosão. Com o desenvolvimento da indústria frigorífica, entretanto, novos equipamentos foram projetados, crescendo mais e mais a necessidade de novos refrigerantes. Assim, o emprego da refrigeração mecânica no lar e o uso de compressores rotativos e centrífugos determinaram a pesquisa de novos produtos que levaram à descoberta dos hidrocarbonetos fluorados, sintetizados a partir dos hidrocarbonetos da série metano e etano que, devido a suas excepcionais qualidades, constituem modernamente os fluidos frigorígenos por excelência, para a maior parte das instalações de refrigeração.

Os fluidos frigorígenos são escolhidos atendendo às seguintes considerações:

a) bom rendimento na produção do frio;

b) pressão de condensação não muito elevada, nem pressão de vaporização abaixo da pressão atmosférica, para as temperaturas de funcionamento a que se destinam;

c) terem um volume a deslocar compatível com o tipo de compressor adotado;

d) serem quimicamente inerte, ininflamável e atóxico;

e) possibilitarem sua identificação no caso de fugas;

f) serem de baixo custo.

Atualmente, os fluidos frigorígenos mais usados são:

a amônia ($NH_3$), nas grandes instalações industriais;

o freon 12 (dicloro difluormetano), nos refrigeradores domésticos e comerciais, pequenas instalações de refrigeração industrial, nas grandes instalações de ar condicionado que trabalham com compressores alternativos, etc.;

o freon 22 (monocloro difluormetano), em compressores alternativos nas instalações de refrigeração industrial de pequeno porte e temperaturas médias, nos condicionadores de ar de janela, condicionadores de ar tipo compacto e mesmo em instalações de ar condicionado de grande porte;

o freon 114 (dicloro tetrafluormetano), nas pequenas instalações que adotam compressores rotativos;

o freon 11 (tricloro monofluormetano) e o freon 113 (tricloro trifluormetano), nas grandes instalações de ar condicionado que adotam compressores centrífugos.

## 4 – *ELEMENTOS DE UMA INSTALAÇÃO DE REFRIGERAÇÃO*

### a – *Condensadores*

Os condensadores das instalações de refrigeração têm por finalidade esfriar e condensar o fluido proveniente da compressão, rejeitando o seu calor para o meio externo.

Os condensadores podem transferir o seu calor, para o ar, para a água, ou mesmo para o ar com água em contato.

Os condensadores a ar são geralmente serpentinas aletadas, por onde circula o ar, naturalmente (refrigeradores domésticos) ou forçado por meio de um ventilador (Fig. 8-4). A elevação de temperatura do ar é da ordem de 10 a 15 °C atingindo a temperatura de condensação, para uma temperatura ambiente de 30 a 35 °C, valores da ordem de 45 a 55 °C. Essa temperatura relativamente elevada, reduz o rendimento da instalação, razão pela qual a condensação a ar é usada só em pequenas instalações ou no caso de falta absoluta de água. Os condensadores a água são geralmente do tipo tubo e carcaça (*shell and tube*) vertical ou horizontal, onde o fluido frigorígeno entra em contato com um feixe de tubos, aletados ou não, no interior dos quais circula água (Fig. 8-5). A elevação de temperatura da água é da ordem de 5 a 10 °C, atingindo a temperatura de con-

Figura 8-4

Figura 8-5

densação, para uma temperatura da água ambiente de 25 °C (temperatura do termômetro úmido), valores da ordem de 32 a 39 °C.

A água de condensação, depois de passar pelo condensador, pode ser recuperada por meio de uma torre de arrefecimento, que baixa novamente a sua temperatura para cerca de 3 a 5 °C superior à temperatura do termômetro úmido, razão pela qual a temperatura de condensação no caso subirá para 35 a 45 °C (Fig. 8-6).

A torre de arrefecimento perde cerca de 5 a 10% da água em circulação em forma de água evaporada, necessária ao arrefecimento ou gotículas arrastadas pelo movimento do ar.

Os condensadores de ar e água em contato recebem o nome de condensadores evaporativos e nada mais são do que uma torre de arrefecimento de água, com uma serpentina condensadora colocada no seu interior (Fig. 8-7). A temperatura de condensação corresponderá, no caso, à de uma instalação de condensação a água, com torre de arrefecimento, isto é, cerca de 35 a 45 °C.

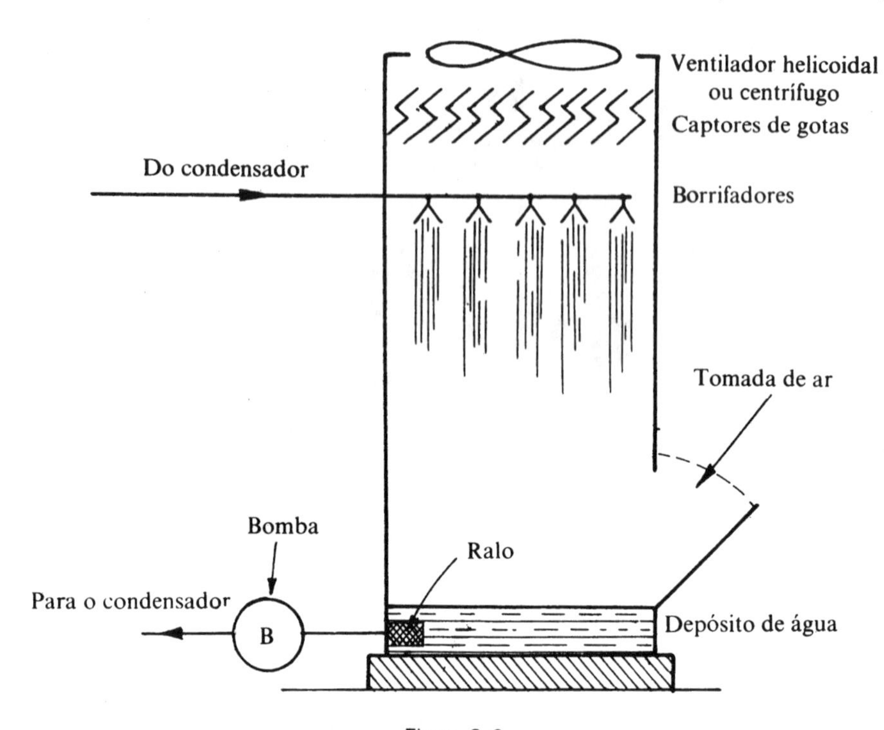


Figura 8-6

A Tab. 8-1 apresenta um resumo dos dados práticos analisados para os diversos tipos de condensadores.

b – *Compressores*

Os compressores adotados na compressão mecânica por meio de vapores podem ser tanto alternativos como rotativos. Os alternativos são geralmente

Figura 8-7

Tabela 8-1

| Condensador | Vazão para cada 1 000 kcal/h | | Temperatura de condensação |
|---|---|---|---|
| | Ar | Água | |
| A ar | 250 a 350 $m^3/h$ | — | 45 a 55 °C |
| A água sem torre | — | 100 a 200 litros/h | 32 a 39 °C |
| A água com torre | 200 a 250 $m^3/h$ | 100 a 200 litros/h | 35 a 45 °C |
| Evaporativo | 200 a 250 $m^3/h$ | 50 a 100 litros/h | 35 a 45 °C |

de êmbolo embora sejam adotados também para pequenas unidades os compressores de membrana (tipo eletromagnético). Entre os rotativos volumétricos são usuais os compressores de palhetas ou de engrenagens e, excepcionalmente, os de pêndulo, enquanto que, entre os turbocompressores, são adotados em refrigeração normalmente os compressores centrífugos de 1 até 8 estágios.

A escolha do tipo de compressor depende essencialmente da capacidade da instalação e do fluido frigorígeno usado.

A potência mecânica conseguida depende essencialmente das temperaturas $T_E$ e $T_c$ de vaporização (fonte fria) e de condensação (fonte quente) escolhidas.

Na produção do frio, $T_E$ é aquela estipulada para a finalidade a que se destina o frio, enquanto que $T_c$ deve ser superior à temperatura do meio para o qual se pretende transferir o calor (veja a Tab. 8-1).

Na produção do calor $T_c$ é a temperatura estipulada para a finalidade a que se destina o calor (geralmente 30 a 40 °C) enquanto que $T_E$ deve ser inferior à temperatura do meio do qual se pretende retirar o calor (no inverno, esse valor pode ser bastante baixo).

A Tab. 8-2 fornece os valores de $P_f$ obtidos em uma instalação de refrigeração mecânica por meio de freon 12, para cada cv de potência mecânica consumida.

Tabela 8-2

| $T_E$ \ $T_c$ | 35 °C | 40 °C | 45 °C | 50 °C | 55 °C |
|---|---|---|---|---|---|
| +10 °C | 3 940 | 3 730 | 3 530 | 3 250 | 3 100 |
| + 5 °C | 3 300 | 3 000 | 2 900 | 2 700 | 2 500 |
| 0 °C | 2 700 | 2 530 | 2 360 | 2 200 | 2 030 |
| − 5 °C | 2 200 | 2 030 | 1 900 | 1 750 | 1 600 |
| −10 °C | 1 750 | 1 610 | 1 500 | 1 330 | 1 240 |
| −15 °C | 1 400 | 1 270 | 1 170 | 1 060 | 950 |
| −20 °C | 1 070 | 950 | 890 | 790 | 700 |
| −25 °C | 810 | 730 | 650 | 560 | 490 |
| −30 °C | 590 | 520 | 440 | 390 | 340 |

*Observação.* Para obter $P_c$, basta fazer

$$P_c = P_f + 632\eta m \cong P_f + 500 \text{ kcal/h cv}.$$

A tabela citada nos mostra que:

a) uma câmara frigorífica que trabalha entre as temperaturas de −10 °C e +50 °C, necessita, para cada T.R. de potência frigorífica uma potência mecânica de

$$P_m = \frac{3\,023 \text{ fg/h}}{1\,330 \text{ fg/cvh}} = 2{,}27 \text{ cv};$$

b) uma instalação de refrigeração para ar condicionado que trabalha entre as temperaturas de +5 °C e +40 °C, necessita, para cada T.R. de potência frigorífica, uma potência mecânica de:

$$P_m = \frac{3\,023 \text{ fg/h}}{3\,000 \text{ fg/cvh}} \cong 1 \text{ cv};$$

c) uma instalação de refrigeração trabalhando em ciclo reverso entre as temperaturas de −5 °C e +45 °C, para o aquecimento no inverno, necessita para produzir 632 kcal/h (equivalente a uma potência mecânica de 1 cv) necessita uma potência mecânica de apenas

$$P_m = \frac{632 \text{ kcal/h}}{(1\,900 + 500)(\text{kcal/cvh})} = \frac{1}{3{,}8} \text{cv},$$

isto é, 3,8 vezes menos potência do que a necessária para o aquecimento por meio da transformação direta da energia mecânica em calor (1 cv ⟶ 632 kcal/h).

c – *Resfriadores*

Resfriadores são os elementos das instalações de refrigeração que retiram o calor do meio a refrigerar.

A retirada de calor do meio (seja este o próprio ar ambiente, um gás, um líquido ou um sólido qualquer) pode ser feita:

a) por circulação direta de fluido que afetua o ciclo de refrigeração (fluido frigorígeno). Neste caso a refrigeração é dita a expansão direta e, o elemento que serve para a retirada do calor toma o nome de resfriador de expansão direta (evaporador); por exemplo, refrigeradores domésticos e comerciais, resfriadores de câmaras frigoríficas, aparelhos de ar condicionado de janela, compactos, de cinemas etc.

b) por circulação de um líquido frigorígeno secundário (água ou salmoura), o qual refrigera o ambiente por meio de um resfriador de superfície (refrigeração seca) ou diretamente por mistura (refrigeração úmida) – refrigeração é dita a expansão indireta – ; por exemplo, fabricação de gelo em barras, alguns rinques de patinação de gelo, instalações de ar condicionado semicentral, com distribuição do frio por meio de água gelada (Fig. 8-8) etc.

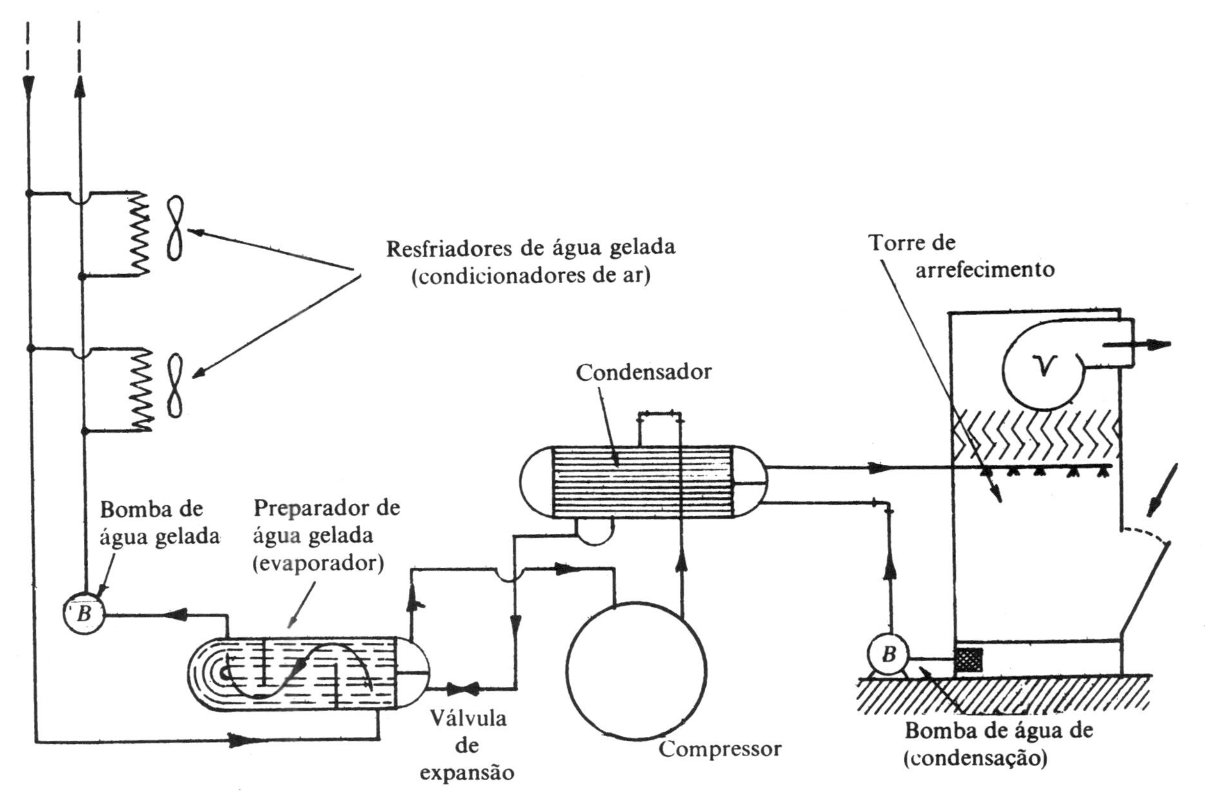
Resfriadores de água gelada
(condicionadores de ar)
Torre de
arrefecimento
V
Condensador
Bomba de
água gelada
Preparador de
água gelada
(evaporador)
B
Válvula
de
expansão
Compressor
B
Bomba de água de
(condensação)

Figura 8-8

## 5 – *CÂMARAS FRIGORÍFICAS*

A conservação de um sistema a uma temperatura inferior à do meio ambiente exige a criação de uma resistência térmica elevada, a fim de reduzir o fluxo natural de calor, que tende a uniformizar a temperatura dos corpos.

Resistências térmicas elevadas são obtidas por meio dos isolamentos térmicos.

Câmaras frigoríficas são recintos isolados, onde se pretende manter a temperatura inferior à do ambiente, para a conservação de alimentos e outros produtos perecíveis.

O cálculo do isolamento das câmaras frigoríficas atendendo a problemas de penetração de calor e condensação de umidade, é feito a partir de um fluxo térmico limite, como já ficou esclarecido na Sec. 6c do Cap. 6.

Os isolamentos mais usados são o styropor, a cortiça e a lã de vidro (refrigeradores domésticos, pequenas câmaras revestidas de chapa etc.), podendo-se adotar, para as diversas temperaturas, as espessuras que constam na Tab. 8-3, as quais foram calculadas, para uma temperatura externa máxima de 35 °C, pela expressão (veja o Exemplo 6-2)

$$l = \frac{k\Delta t S}{Q} \cong \frac{k\Delta t}{10}.$$

Tabela 8-3

| Temperatura | Styropor | Lã de vidro | Cortiça |
|---|---|---|---|
| 0 °C | 10,5 cm | 14 cm | 17,5 cm |
| −10 °C | 13,5 cm | 18 cm | 22,5 cm |
| −20 °C | 16,5 cm | 22 cm | 27,5 cm |
| −30 °C | 19,5 cm | 26 cm | 32,5 cm |

A técnica da colocação do material isolante deve ser a indicada na Sec. 6b do Cap. 6, colocando-se o material isolante em camadas pelo lado frio (interior da câmara) e com barreira de vapor entre a parede e o mesmo (Fig. 7-9).

A potência frigorífica necessária para a manutenção da temperatura de uma câmara frigorífica (carga térmica de refrigeração) depende:

da penetração de calor através das superfícies que limitam a mesma;

da mercadoria em tráfego;

de diversos (pessoas, iluminação, equipamentos mecânicos que produzem calor, ventilação etc.). O seu cálculo exato só pode ser feito caracterizando-se com exatidão cada um dos itens acima. Entretanto, como orientação geral para pequenas câmaras de conservação de alimentos, podemos fazer, para $S$ igual à superfície horizontal da câmara,

$$P_f \begin{cases} \text{penetração} = 10S \text{ fg/h;} \\ \text{mercadorias } (0{,}6 \text{ kgf/m}^3/\text{h}) = GC\Delta t \cong 0{,}6V\, 0{,}7\Delta t = 0{,}42V\, \Delta t \text{ fg/h;} \\ \text{ventilação } (V \text{ m}^3/24\text{h}) \cong 0{,}021\, V\, \Delta t \text{ fg/h;} \\ \text{demais} \cong 2 \text{ a } 8V \text{ m}^3 \text{ (fg/h);} \end{cases}$$

ou, ainda, de um modo mais rápido:

$$P_f = 3 \cdot \text{penetração} \cong 30S \text{ fg/h}.$$

A Tab. 8-4 dá os valores assim calculados para câmaras de pé direito de 2,75 m e temperatura de −10 °C.

Tabela 8-4

| Dimensões, m | $\Sigma S$, m$^2$ | $V$, m$^3$ | $P_f$ para −10 °C, fg/h |
|---|---|---|---|
| 1 × 1 | 13 | 2,75 | 203 a 390 |
| 2 × 2 | 30 | 11,0 | 593 a 900 |
| 3 × 3 | 51 | 24,8 | 1 170 a 1 530 |
| 4 × 4 | 76 | 44,0 | 1 930 a 2 280 |
| 5 × 5 | 105 | 68,8 | 2 880 a 3 150 |

## 6 – *INSTALAÇÕES DE REFRIGERAÇÃO PARA AR CONDICIONADO*

As instalações de refrigeração para o condicionamento de ar, de acordo com o tamanho e a disposição da instalação no prédio a condicionar, podem ser dos seguintes tipos:

a) instalações de expansão direta com condensador a ar, usados nos condicionadores de janela e pequenas unidades centrais tipo compactas (*panckage*) que aproveitam o ciclo reverso para o aquecimento de inverno;

b) instalações de expansão direta com condensador a água e com torre de arrefecimento ou condensador tipo evaporativo. São usadas nas instalações centrais de grande porte (lojas, escritórios, cinemas etc.) em que a distribuição do frio pode ser feita facilmente pelo ar já tratado;

c) instalações de expansão indireta com condensador a água e com torre de arrefecimento, ou condensador tipo evaporativo. São usadas nas instalações de grande porte em que a distribuição do frio não pode ser feita facilmente pelo ar já tratado (edifícios públicos, lojas de vários pavimentos etc.). Nesse caso o evaporador serve para refrigerar água, a qual é distribuída por meio de canalização adequada para todo o prédio, onde é então aproveitada para refrigerar o ar destinado ao conforto em equipamentos chamados condicionadores de ar propriamente ditos (Fig. 8-8).

# capítulo 9

# CALEFAÇÃO

## 1 – *GENERALIDADES*

Trataremos neste capítulo, sob o título geral de Calefação, do aquecimento do ar, com a finalidade de atender ao conforto humano nos ambientes habitados.

Quanto à fonte de energia adotada, podemos citar: a eletricidade, a bomba de calor (máquina frigorífica funcionando em ciclo reverso) e os combustíveis como o gás liquefeito do petróleo (G.L.P.), o óleo Diesel, a lenha etc. Essas fontes, considerando-se os rendimentos normais na transformação em calor, guardam entre si os seguintes índices médios de custo operacional (Porto Alegre, 1977):

| Fonte | Rendimento | Custo de 1 000 kcal | Índices médios de custo operacional |
|---|---|---|---|
| Eletricidade | 100% | Cr$ 1,05 | 100 |
| G. L. P. | 90% | Cr$ 0,50 | 48 |
| Óleo Diesel | 80% | Cr$ 0,47 | 45 |
| Bomba de calor | 70% | Cr$ 0,35 | 33 |
| Carvão mineral | 70% | Cr$ 0,015 | 1,4 |
| Lenha | 70% | Cr$ 0,015 | 1,4 |

Quanto ao processo adotado para o aquecimento do ar, as instalações de calefação podem ser classificadas em: aquecimento direto e aquecimento indireto.

*Instalações de aquecimento direto.* O aquecimento do ar é obtido pelo contato direto entre a fonte de calor e o mesmo. Assim, as lareiras, as estufas de combustão, as caldeiras a tubo de ar, as estufas elétricas constituem exemplos característicos desse tipo de calefação.

*Instalações de aquecimento indireto.* O aquecimento do ar é feito por meio de um fluido intermediário, geralmente água ou vapor dágua, que é posto previamente em contato com a fonte de calor. Nesse caso, a instalação disporá necessariamente de uma fonte de calor geradora do fluido intermediário aquecido e um intercambiador de calor entre este último e o ar a ser tratado. A calefação por meio de radiadores de água quente ou de vapor são exemplos desse processo de aquecimento.

O aquecimento por meio da chamada "bomba de calor", onde o fluido intermediário é um vapor frigorígeno aquecido por compressão, é outro exemplo do aquecimento indireto e constitui, do ponto de vista termodinâmico, o processo mais econômico de calefação.

Quanto ao sistema adotado para a distribuição do calor nos ambientes a serem aquecidos, as instalações de calefação podem ser classificadas ainda em dois grandes grupos, ou seja, calefação local e calefação central.

*Calefação local ou individual.* Nesse tipo de calefação, o aquecimento é obtido por meio de uma ou mais fontes de calor localizadas no próprio ambiente a ser aquecido.

*Calefação central ou coletiva.* É constituída por uma fonte de calor única que, localizada adequadamente, distribui, por meio de um sistema de tubulações, o calor para os diversos ambientes a serem aquecidos, servindo-se para isso do próprio ar ou de um fluido intermediário. Podemos, assim, distinguir três tipos fundamentais de calefação central:

calefação central por meio de água;
calefação central por meio de vapor dágua;
calefação central por meio de ar.

Quando uma central de aquecimento fornece calor a diversos edifícios independentes, recebe o nome de "calefação a distância".

## 2 – *CARGA TÉRMICA DE AQUECIMENTO*

A quantidade de calor necessária à calefação de um ambiente toma o nome de carga térmica de aquecimento do ambiente considerado. Assim, a fim de manter, durante o inverno, a temperatura $t_r$ dos recintos habitados dentro dos limites considerados por normas como de conforto, torna-se necessário fornecer aos mesmos uma certa quantidade de calor, $Q$, que é dada em quilocalorias por hora pela expressão

$$Q = Q_1 + Q_2 + Q_3 - Q_4 \text{ kcal/h}. \qquad (9\text{-}1)$$

A parcela $Q_1$ representa as trocas térmicas que se efetuam por transmissão de calor em regime permanente entre o ambiente aquecido e o exterior. Nessas condições, de acordo com o que estudamos na Sec. 5 do Cap. 6, podemos fazer

$$Q_1 = \sum KS\,\Delta t \text{ kcal/h}, \qquad (9\text{-}2)$$

onde $K$ é o coeficiente total de transmissão de calor entre os dois meios considerados, $S$ a superfície de separação dos mesmos e $\Delta t$ a sua diferença de temperaturas.

À temperatura $t_r$, os recintos destinados a habitação devem obedecer às condições internas de conforto indicadas pelas normas PNB-10 de 1972 (A.B.N.T.) para inverno e registradas na Tab. 9-1.

Tabela 9-1. Condições de conforto para inverno

| TTS (°C) | U.R. (%) |
|---|---|
| 20 — 22 | 35 — 65 |

Para temperatura exterior, $t_e$, deve ser considerada a média das temperaturas mínimas verificadas durante o inverno no local onde se pretende efetuar a instalação de calefação. Como orientação, podem ser tomados os valores dados na Tab. 9-2, constantes também nas normas brasileiras a respeito do assunto.

Tabela 9-2.

| Cidades | TTS (°C) | Umidade Relativa (%) |
|---|---|---|
| Aracajú (SE) | 20 | 78 |
| Belém (PA) | 20 | 80 |
| Belo Horizonte (MG) | 10 | 75 |
| Blumenau (SC) | 10 | 80 |
| Boa Vista (RR) | 21 | 80 |
| Brasília (DF) | 13 | 65 |
| Caxias do Sul (RS) | 0 | 90 |
| Cuiabá (MT) | 15 | 75 |
| Curitiba (PR) | 5 | 80 |
| Florianópolis (SC) | 10 | 80 |
| Fortaleza (CE) | 21 | 80 |
| Goiânia (GO) | 10 | 65 |
| João Pessoa (PB) | 20 | 77 |
| Joinville (SC) | 10 | 80 |
| Macapá (AP) | 21 | 80 |
| Maceió (AL) | 20 | 78 |
| Manaus (AM) | 22 | 80 |
| Natal (RN) | 19 | 80 |
| Pelotas (RS) | 5 | 80 |
| Porto Alegre (RS) | 8 | 80 |
| Porto Velho (RO) | 15 | 80 |
| Recife (PE) | 20 | 78 |
| Rio Branco (AC) | 15 | 80 |
| Rio Grande (RS) | 7 | 90 |
| Rio de Janeiro (RJ) | 16 | 78 |
| Salvador (BA) | 20 | 80 |
| Santa Maria (RS) | 3 | 80 |
| São Luiz (MA) | 20 | 80 |
| São Paulo (SP) | 10 | 70 |
| Terezina (PI) | 20 | 75 |
| Uruguaiana (RS) | 7 | 80 |
| Vitória (ES) | 18 | 78 |

Caso o exterior seja constituído por ambientes abrigados, considerar-se-á, para os mesmos, uma temperatura hipotética $t$, que é calculada de acordo com a Tab. 9-3.

Quanto aos valores de $K$ que aparecem na Eq. (9-2), podem ser adotados as constantes da Tab. 6-8, os quais foram elaborados para os tipos de paredes, pisos, forros, coberturas e aberturas usuais na técnica da construção atual em nosso país.

Tabela 9-4

| Desnível $H$ | $K'$ |
|---|---|
| + 60 cm | 1,35 |
| 0 | 0,9 |
| − 60 cm | 1,1 |
| −120 cm | 1,35 |
| −180 cm | 1,5 |
| −240 cm | 1,8 |

Tabela 9-3

| Ambiente | $t$ |
|---|---|
| Recintos habitados, mas não aquecidos | $t_e + 5\ °C$ |
| Coberturas com forro ventilado | $t_e$ |
| Coberturas com forro não ventilado | $t_e + 3\ °C$ |
| Cozinhas ou sala de calefação central | $t_e + 10\ °C$ |
| Recintos aquecidos | Temperatura de aquecimento. |

Completamente diverso do problema da transmissão de calor através das paredes que separam dois meios fluidos é o problema da transmissão de calor através dos alicerces das habitações e pisos construídos diretamente sobre o solo. Para o primeiro caso, é usual o emprego da expressão

$$Q_1 = K'P(t_r - t_e)\ \text{kcal/h}, \tag{9-3}$$

onde $P$ representa o perímetro do alicerce, dado em metros e $K'$ um coeficiente experimental, de unidade kcal/m h °C, dado pela Tab. 9-4 em função do desnível positivo ou negativo existente entre o piso do recinto aquecido e o terreno exterior (Figs. 9-1 e 9-2).

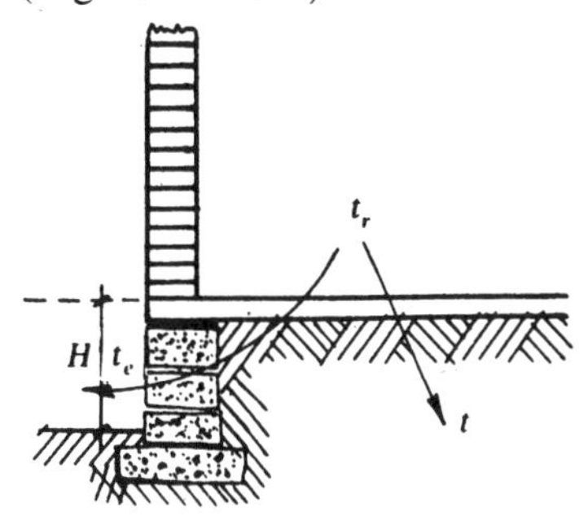

Figura 9-1

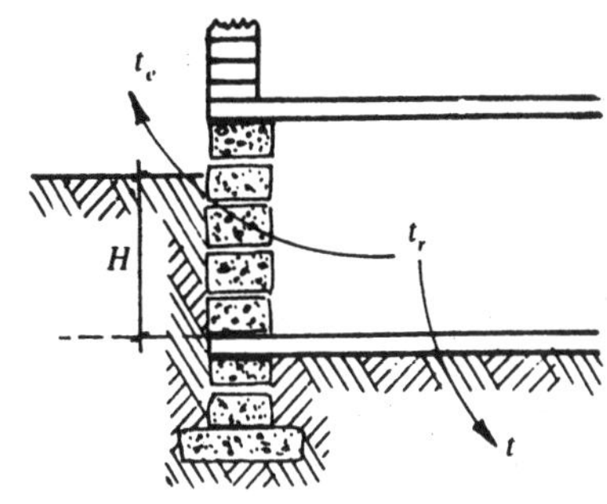

Figura 9-2

Para o caso de pisos construídos diretamente sobre o solo ou porções de paredes de porões cujo desnível negativo em relação ao terreno exterior é superior a 2,4 m, adota-se a expressão

$$Q_1 = K''S(t_r - t)\ \text{kcal/h},$$

onde $K''$ é um coeficiente de transmissão de calor que vale para os pisos 0,25 e para as paredes construídas contra o terreno 0,4 kcal/m²h °C.

A temperatura $t$, que, de acordo com o processo de cálculo em estudo, seria a temperatura hipotética do solo, é dada por

$$t = 0{,}5t_e + 22\ °C.$$

Nessas condições, podemos concluir que as perdas térmicas através os pisos construídos em contato direto com a terra ou que a ela se comuniquem por meio de porões não ventilados, podem ser, nas instalações normais de calefação destinadas ao conforto humano, desprezadas.

As perdas de calor por transmissão calculadas na parcela $Q_1$ correspondem ao caso teórico em que a incidência dos ventos e a umidade não são levados em conta.

Tais fatores são causa de perdas de calor adicionais que dependem da latitude, da orientação e número de paredes expostas. Assim, para o hemisfério sul, em latitudes superiores a 20°, podemos calcular essas perdas como sendo uma parcela de $Q_1$ dada porcentualmente pela Tab. 9-5.

Tabela 9-5

| Número de paredes externas | Orientação da parede | | | | | | |
|---|---|---|---|---|---|---|---|
| | NE, NO | O | SO | S | SE | E | N ou teto |
| 1 | 4% | 5% | 10% | 15% | 10% | 10% | 4% |
| 2 ou mais | 6% | 10% | 15% | 20% | 15% | 15% | 6% |

Os valores assim encontrados estão computados na parcela $Q_2$ que aparece na Eq. (9-1).

A parcela $Q_3$ que consta na expressão geral da carga térmica representa a quantidade de calor necessária ao aquecimento desde a temperatura exterior $t_e$ até a temperatura do recinto $t_r$ do volume de ar exterior $V_e$, dito de ventilação, que por hora é introduzido no ambiente. Nessas condições, podemos escrever

$$Q_3 = V_e \gamma C_p (t_r - t_e) \text{ kcal/h}, \tag{9-4}$$

ou, ainda, lembrando que, para a pressão atmosférica normal e temperatura média de 20 °C,

$$C'_p = \gamma C_p = 1{,}2 \times 0{,}24 = 0{,}288 \text{ kcal/m}^3 \text{ °C},$$
$$Q_3 = 0{,}288\, V_e (t_r - t_e) \text{ kcal/h}.$$

O volume de ar exterior, $V_e$, depende das condições de ventilação do recinto e pode ser calculado em função do volume, $V$, do mesmo pelo chamado "índice de renovação do ar":

$$n = \frac{V_e}{V}.$$

Assim, para ventilações naturais, o índice de renovação é da ordem de 1 a 2 e pode ser selecionado com o auxílio da Tab. 9-6 a partir do número de paredes externas providas de aberturas.

Para o caso de ventilações artificiais, o volume de ar exterior a ser considerado deve ser igual ao do ar de ventilação adotado no sistema.

A parcela subtrativa $Q_4$ que aparece na Eq. (9-1) corresponde ao calor ganho pelo ambiente devido a suas fontes próprias de calor. Entre essas fontes, podemos incluir:

a) aparelhos mecânicos cuja potência é dissipada em forma de calor num equivalente de

$$632 \text{ kcal/h por cv};$$

b) aparelhos elétricos de aquecimento ou iluminação que dissipam 860 kcal/h por kW;

c) aparelhos de combustão (carvão, querosene, álcool, óleo etc.) cujo calor de combustão é em parte transmitido ao ambiente;

d) ocupantes cujo calor sensível liberado, que depende da atividade exercida e da temperatura ambiente, varia em média de 60 a 100 kcal/h por pessoa.

Tabela 9-6

| Número de paredes externas com aberturas | $n = V_e/V$ |
|---|---|
| 0 | 0,75 |
| 1 | 1 |
| 2 | 1,5 |
| 3 ou 4 | 2 |

O cálculo da carga térmica de aquecimento deve ser sempre elaborado para as piores condições de funcionamento da instalação. Como calor ganho, serão apenas incluídas as parcelas provenientes de fontes de calor permanentes do ambiente considerado. Assim, para ambientes cuja ocupação é possível durante o dia com iluminação natural, o calor dissipado pelos aparelhos de iluminação não deverá ser computado.

O mesmo critério deve ser adotado para a seleção do número de ocupantes que, como fontes de calor, devem ser incluídos no cálculo de carga térmica.

Com base na orientação geral de cálculo exposta, podemos elaborar, para o caso de instalações de calefação normais, onde

a) a ventilação é natural;

b) a diferença de temperatura é da ordem de 15 a 18 °C em relação ao exterior;

c) a forma adotada para o piso é retangular pouco alongada;

d) não existem fontes de calor a considerar;

a Tab. 9-7, que nos fornece as cargas térmicas por unidade de volume dos ambientes mais comuns.

Tabela 9-7

| Ambiente | $Q$, kcal/m$^3$h |
|---|---|
| Residências (térreo) | 35 a 55 |
| Residências (piso superior) | 45 a 65 |
| Grandes lojas, igrejas etc. | 15 a 20 |
| Cinemas, teatros, auditórios etc. | 10 a 15 |

*Exemplo* 9-1

Calcular a carga térmica para o aquecimento simultâneo da residência esquematizada na figura deste exemplo, considerando

$$t_r = 23\ °C \quad e \quad t_e = 5\ °C.$$

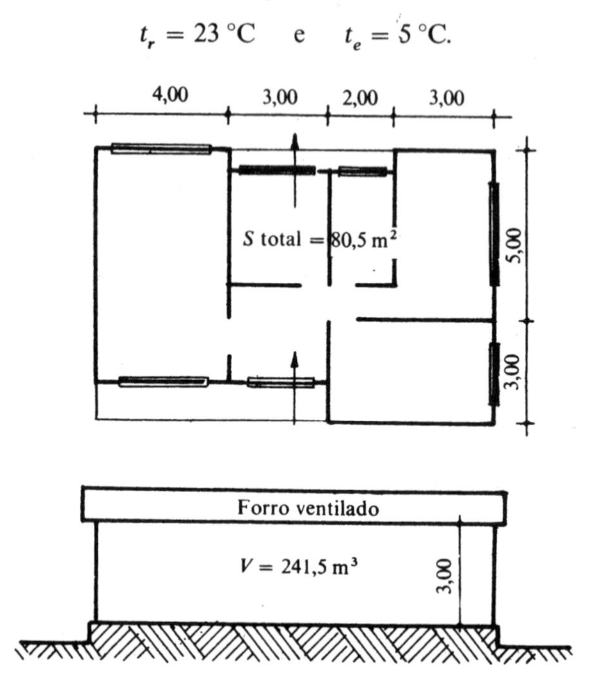


A carga térmica é dada pela expressão

$$Q = Q_1 + Q_2 + Q_3 - Q_4 = 10\,333 + 739 + 1\,880 = 12\,952\ \text{kcal/h},$$

o que corresponde a 54 kcal/m³h (veja a Tab. 9-7), em que as parcelas $Q_1$ e $Q_2$, de acordo com as Tabs. 6-8, 9-1, 9-2, 9-3, 9-4 e 9-5 estão calculadas na planilha que segue.

| Superfícies | Orientação | $K$ | $S$ | $t$ | $Q_1$ | $Q_2$ % | $Q_2$ kcal/h |
|---|---|---|---|---|---|---|---|
| Parede de 1 tijolo | N | 1,7 | 30 | 18 | 920 | 6 | 55 |
| Janelas | N | 5,5 | 6 | 18 | 594 | 6 | 36 |
| Parede de 1 tijolo | E | 1,7 | 24 | 18 | 736 | 15 | 152 |
| Parede de 1 tijolo | S | 1,7 | 18 | 18 | 553 | 20 | 111 |
| Parede de 1/2 tijolo | S | 2,5 | 19 | 18 | 857 | 20 | 172 |
| Janelas | S | 5,5 | 5 | 18 | 494 | 20 | 99 |
| Parede de 1 tijolo | O | 1,7 | 18 | 18 | 553 | 10 | 55 |
| Janelas | O | 5,5 | 6 | 18 | 594 | 10 | 59 |
| Forro com telhado arejado | — | 2,8 | 80,5 | 18 | 4 060 | — | — |
| Alicerces (40 m de perímetro) | — | 1,35 | — | 18 | 972 | — | — |

A parcela $Q_3$, para um índice de renovação máxima de 1,5 (Tab. 9-6), de acordo com a Eq. (9-4), vale:

$$Q_3 = V_e \gamma C_p(t_r - t_e) = 1{,}5 \cdot 241{,}5 \cdot 0{,}288 \cdot 18 = 1\,880\,\text{kcal/h}.$$

A parcela $Q_4$ correspondente aos calores ganhos foi considerada como nula.

## 3 – *CALEFAÇÃO LOCAL*

A calefação local é obtida por meio das lareiras, das estufas de combustão, das estufas elétricas de aquecimento direto ou indireto, por meio de água ou óleo, etc.

A fim de garantir uma perfeita uniformidade no aquecimento são adotados modernamente os chamados aerotermos de circulação forçada, como o da Fig. 9-3, que apresenta a vantagem de proporcionar renovação de ar.

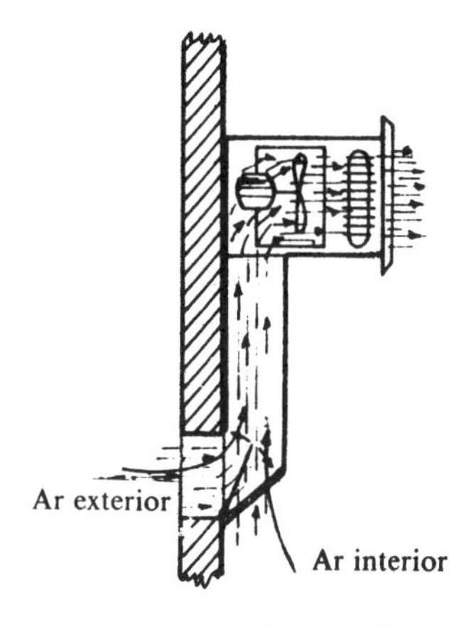


Figura 9-3

O aquecimento dos aerotermos pode ser direto (elétrico ou, excepcionalmente, por meio de uma caldeira a ar) ou indireto por meio de água quente.

Como o aquecimento do ar reduz o seu grau higrométrico, alguns desses aparelhos são providos de dispositivos que permitem ao ventilador nebulizar uma quantidade regulável de água ou vapor dágua no ar aquecido, a fim de dar ao mesmo a umidade relativa aconselhável.

O aquecimento proporcionado pelos condicionadores de ar individuais (de parede ou janela), diretamente por meio de resistências elétricas ou indiretamente por meio do próprio compressor de refrigeração funcionando em "ciclo reverso" (bomba de calor), são exemplos característicos desse moderno processo de aquecimento local.

Como elemento de aquecimento local tradicional, mais decorativo do que econômico, ainda são largamente usadas as lareiras. Lareiras são dispositivos de aquecimento local constituídos essencialmente de uma fornalha ou forno de talhe especial e de uma chaminé, geralmente executados em alvenaria de tijolos comuns ou refratários.

Em uma lareira comum, tal como a representada na Fig. 9-4, praticamente apenas o calor irradiado pelo combustível é aproveitado para o aquecimento do ambiente, o que torna esse tipo de calefação anti econômico pois seu rendimento é da ordem de 5 a 10%. As lareiras, além desse grave inconveniente, provocam uma forte aspiração, o que ocasiona desagradáveis e perigosas correntes de ar frio.

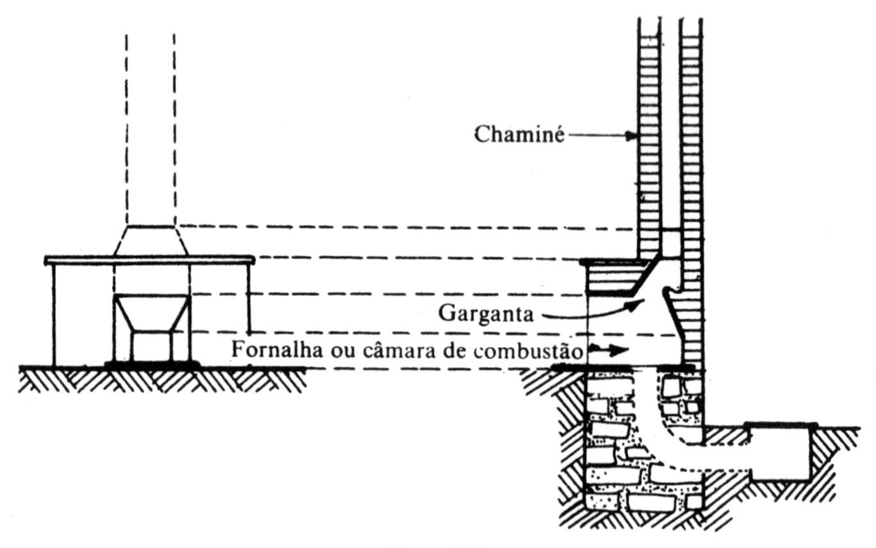


Figura 9-4

Modernamente, na execução de lareiras, procura-se impedir ou ao menos atenuar os inconvenientes apontados, controlando a entrada do ar exterior por meio de canais colocados em contato com o conduto da chaminé, o que garante o pré-aquecimento do ar exterior que invade o recinto (Fig. 9-5).

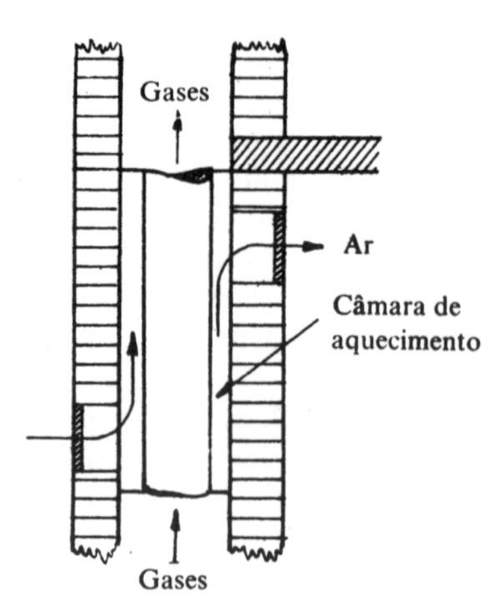


Figura 9-5

Esse proceder, adotado nas lareiras ditas de circulação de ar, além de eliminar os graves inconvenientes das correntes de ar frio, garante um rendimento bastante superior ao das anteriores (cerca de 20 a 30%).

As lareiras com circulação de ar permitem o aquecimento de vários locais. Basta, para isso, que se ligue a câmara de aquecimento da mesma com os ambientes a aquecer, por meio de dutos. Nesse caso, para se aumentar a eficiência do conjunto, as câmaras de aquecimento são mais complexas, aproximando-se em suas características das caldeiras de ar (caloríferos).

Não existe propriamente um processo de cálculo para a determinação exata das dimensões de uma lareira, em vista da grande variação de suas condições de combustão. Entretanto é interessante estabelecer as proporções mais aconselháveis, entre o volume dos recintos a aquecer e as principais medidas das mesmas, ou seja, a sua superfície de boca e seção dos condutos de fumo. Para se chegar a esses valores, são analisados em separado:

a) o problema da tiragem proporcionada pela chaminé, ao longo da qual os produtos da combustão devem escoar-se com uma velocidade mínima de 5 m/s;

b) o problema de exaustão na boca das mesmas, onde a velocidade de escoamento do ar aspirado, dita "velocidade de controle", não deve ser inferior a 0,2 m/s, a fim de que os produtos da combustão não invadam o ambiente aquecido.

Assim, considerando

a) que o coeficiente de excesso de ar da combustão seja $n = 4$, o que corresponde a uma temperatura de tiragem da ordem de 500 °C,

b) que o aproveitamento do calor do combustível para a calefação do recinto seja, no mínimo, de 5%,

c) que a quantidade de calor necessária para o aquecimento de cada $m^3$ do recinto seja, no máximo 60 kcal/h,

podemos chegar ao seguinte dimensionamento:

$$S_b = V/140 = 9\,\Omega_c, \tag{9-5}$$

onde

$S_b$ = superfície da boca da lareira, em $m^2$;
$V$ = volume da peça, em $m^3$;
$\Omega_c$ = seção da chaminé, em $m^2$.

Quanto à câmara de combustão, não é interessante fazê-la muito profunda. Entretanto, a fim de garantir um leito de combustível suficiente, é aconselhável que sua superfície seja superior a $0{,}5S_b$. Proporção bastante adequada seria fazer a profundidade da câmara igual a 0,6 da altura da mesma.

Finalmente, atendendo a que as perdas de carga que se verificam no escoamento do ar e dos gases da combustão através da lareira, para as velocidades arbitradas, só excepcionalmente excedem os 3 mm de $H_2O$, podemos adiantar que alturas de chaminés da ordem de 4 m são geralmente suficientes, sendo, entretanto, aconselhável que as mesmas sobressaiam, no mínimo, 1 m acima da parte mais elevada da habitação.

## 4 – *CALEFAÇÃO CENTRAL POR MEIO DE ÁGUA QUENTE*

Uma instalação de aquecimento por meio de água quente é constituída de um conjunto de dispositivos, formando um circuito fechado, onde podemos assinalar como elementos essenciais a caldeira (ou grupo de caldeiras em paralelo), a tubulação de distribuição, os elementos de aquecimento (radiadores ou convectores) através dos quais o fluido intermediário (água) cede calor ao ar e de uma tubulação de retorno que recolhe a água parcialmente esfriada nos elementos de aquecimento para a caldeira, a fim de que o funcionamento da instalação seja contínuo.

O sistema de tubulação, por sua vez, deve ser mantido em comunicação com um recipiente dito "vaso de expansão", que, colocado em nível superior ao ponto mais alto de toda a instalação, permite não só a expansão do fluido intermediário durante o seu aquecimento como também a saída do ar de todo o conjunto.

A fim de possibilitar a fácil saída do ar através do vaso de expansão, dá-se aos ramais horizontais da canalização, tanto de distribuição como de retorno, um caimento, no sentido do deslocamento do fluido, de 1% (no mínimo, 0,5%).

A existência de pontos altos, em qualquer setor da rede, pode excluir da circulação da água, toda a canalização a jusante e, conseqüentemente, todos os radiadores por ela servidos. Em casos especiais, poderão ser usados para aeração das partes altas, pequenos condutos de aeração ligados ao vaso de expansão ou, ainda, válvulas de aeração manuais ou automáticas.

É necessário permitir a toda a tubulação, seja horizontal seja vertical, a livre dilatação, a fim de se evitarem deformações a até ruptura das mesmas. Essa livre dilatação é obtida por meio de tubos flexíveis, liras, desvios de alinhamento, ou ainda dispositivos providos de gachetas, ditos compensadores de prensa-estopas.

A passagem dos tubos através das paredes e tetos não deve ser rígida, usando-se, para isso, tubos de maior bitola, pelo interior dos quais passa a canalização. O intervalo de seção anelar pode ser então usado para o isolamento, o qual deverá ser flexível. A fixação dos tubos deve ser feita por meio de braçadeiras móveis.

A caldeira deve ser instalada, sempre que possível, num plano inferior ao mais baixo a ser aquecido pela instalação.

O vaso de expansão, geralmente provido de válvula de bóia, por meio da qual se mantém sempre cheia de água a instalação, deve apresentar comunicação direta com o exterior (na parte superior) e ter uma capacidade tal que permita o aumento de volume da água durante o seu máximo aquecimento.

A água da instalação não deve ser usada para consumo nem mudada, a fim de se evitar a rápida oxidação e incrustação das canalizações e demais elementos do conjunto. É aconselhável o uso de aditivos, que reduzem a formação de ferrugem e a dureza da água.

Por outro lado, a instalação deve ser mantida sempre cheia, a fim de se evitar a secagem de juntas, vedações e torneiras, o que daria origem a posteriores vazamentos.

Convém salientar ainda que instalações de calefação a água quente, em edifício de muitos pavimentos, criam pressões hidrostáticas muito elevadas, o que obriga ao uso de aparelhos de grande resistência. Mesmo não se levando em conta o aspecto econômico (radiadores e caldeiras secionais comuns são geralmente fabricados para pressões de teste da ordem de $10\,\text{kgf/cm}^2$), tais instalações não são aconselháveis pelas conseqüências desagradáveis que podem originar, devido, às vezes, a pequenos defeitos. Nessas condições, tanto do ponto de vista técnico como econômico, torna-se necessário dividir os edifícios altos, para efeito de instalações de calefação a água quente, verticalmente, em zonas que abranjam um número limitado de pavimentos, a fim de que as pressões hidrostáticas atingidas não excedam valores da ordem de $2\,\text{kgf/cm}^2$.

A calefação central por meio de água quente, de acordo com o sistema de movimentação do fluido, pode ser classificada como segue.

a) *Circulação natural, termossifão ou à gravidade.* Nesse caso, o movimento do fluido intermediário é obtido pela simples diferença de temperatura e conseqüente diferença de pressão existente entre as colunas de distribuição (quente) e de retorno (fria).

b) *Circulação mecânica.* Nesse caso, o movimento da água é obtido por meio de uma bomba (ou diversas funcionando em paralelo), geralmente centrífuga, que vem instalada sobre o conduto principal de retorno e num ponto muito próximo à caldeira.

## 5 – *ELEMENTOS DE UMA INSTALAÇÃO DE CALEFAÇÃO CENTRAL POR MEIO DE ÁGUA QUENTE*

### a – *Caldeiras*

Caldeiras são equipamentos de combustão onde o calor produzido pelo combustível é aproveitado para o aquecimento de um fluido (ar, água ou vapor) intermediário que serve para transportar esse calor para os locais de seu real aproveitamento.

As caldeiras mais comuns na técnica da calefação são de água, as quais produzem cerca de 8 000 a 12 000 kcal/h por $\text{m}^2$ de superfície de aquecimento e ocupam uma área que pode ser calculada, de um modo aproximado, pela expressão

$$S_{\text{m}^2} = \frac{Q}{80\,000} + 1. \qquad (9\text{-}6)$$

b – *Elementos de aquecimento*

Os elementos de aquecimento são dispositivos destinados a ceder ao local onde se deseja a calefação o calor que, produzido pela caldeira, é transportado pela água ou vapor dágua.

Os elementos de aquecimento podem ser classificados, de um modo geral, em radiadores e convectores. A distinção primordial entre esses dois tipos de aquecedores, não reside propriamente na forma dos mesmo, mas sim na maneira com que os mesmos transmitem o seu calor.

Os radiadores podem ser executados com tubos, em forma de serpentinas ou em feixes de tubos paralelos, na forma de placas, como o tipo Wallig da Fig. 9-6 ou, ainda, na forma de elementos secionados, lisos ou vazados, que podem ser superpostos (Figs. 9-7 e 9-8).

Figura 9-6

Figura 9-7

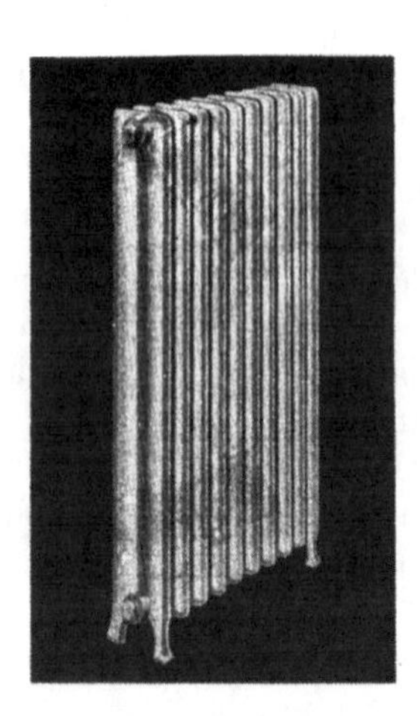

Figura 9-8

Os radiadores de elementos secionados, em vista da sua fácil montagem, constituem dispositivos de aquecimento práticos que, além de permitirem a execução de uma superfície de transmissão de tamanho qualquer, podem ser fabricados em série, em ferro fundido ou mesmo em chapa.

Os radiadores de elementos importados geralmente são de ferro fundido, enquanto que os nacionais, como os apresentados pela fábrica Staiger, são executados em chapa (Fig. 9-9).

| Tipo | Altura | Largura | Espessura por secção | Superfície por secção | Peso por secção | Altura centro-centro | Esperas a escolher | Pressão de prova |
|---|---|---|---|---|---|---|---|---|
| 500 | 500 | 122 | 40 | 0,111 m² | 1,750 kg | 365 | 1/2″ 3/4″ 1″ | 6 Atms |
| 600 | 600 | 122 | 40 | 0,143 m² | 2,100 kg | 460 | 1/2″ 3/4″ 1″ | 6 Atms |

Figura 9-9

A colocação dos radiadores deve permitir fácil limpeza, boa circulação do ar e uma livre radiação. A aresta inferior deve estar pelo menos a 12 cm do piso e pelo menos 5 cm da parede. A melhor solução consiste em fixar os radiadores, por meio de braçadeiras, às paredes, em lugar de assentá-los sobre o piso. Quando, por motivos estéticos ou de falta de espaço, for necessária sua instalação em reentrâncias ou nichos, não deve ser colocado muito profundo e sua altura deve ser a maior possível, a fim de facilitar a circulação do ar por convecção (veja a Fig. 9-10).

Os convectores são fabricados de tubos de cobre com alhetas de alumínio ou canos galvanizados com alhetas de ferro.

Os convectores devem ser montados em nichos ou armários apropriados, a fim de que o movimento do ar intensifique a sua transmissão de calor por convecção.

A Fig. 9-11 mostra um convector montado em um nicho, enquanto que a Fig. 9-12 mostra a aparência externa apresentada pelas montagens em nichos ou armários.

A colocação de radiadores comuns de elementos secionados em nichos abrigados e armários, o que constitui prática corrente, faz com que os mesmos passem a funcionar como convectores. Entretanto, a par do efeito estético, a transmissão de calor se reduz de 5 a 30%, dependendo da forma e dimensões do nicho adotado.

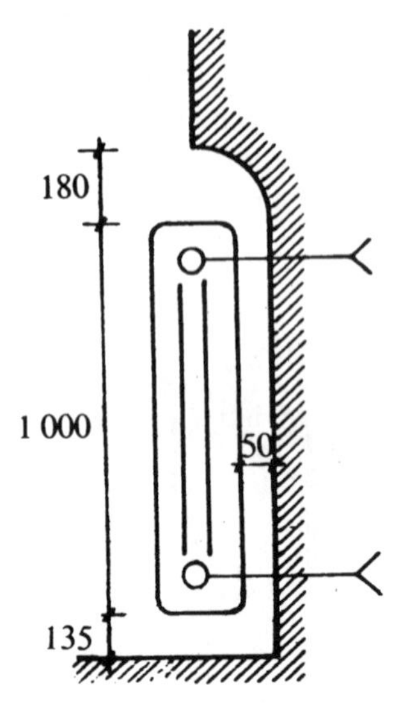


Figura 9-10

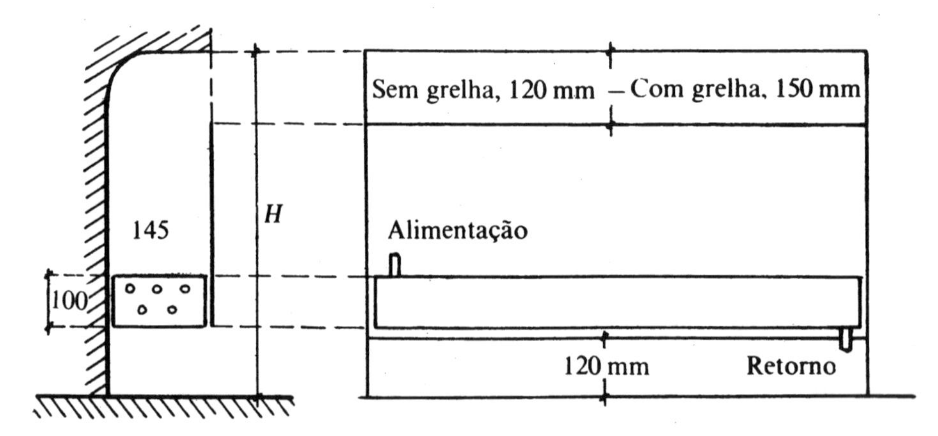


Figura 9-11

Figura 9-12

Da colocação dos elementos de aquecimento no ambiente dependem as características de uniformidade da calefação obtida. Assim, a disposição mais favorável é aquela próxima às superfícies mais frias da peça, em particular as janelas. Essa escolha é justificada pelo fato de o ar de infiltração, entrando pelas frestas das mesmas, ser aquecido de imediato, sem antes circular através do recinto, onde daria lugar a zonas de mais baixa temperatura (na vizinhança do piso), o que acarretaria sensação de desconforto (Fig. 9-13).

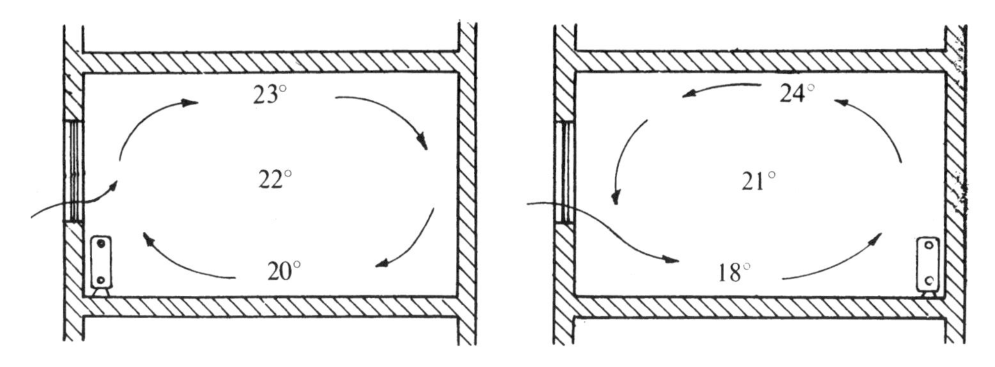


Figura 9-13

Elementos de aquecimento diversos dos anteriores são os chamados painéis de aquecimento, que, colocados no forro (aquecidos a água a 60 °C) ou no piso (aquecidos a água a 40 °C), são constituídos de serpentinas de canos de ferro ou de cobre. Quando no piso, as serpentinas são mergulhadas no concreto, enquanto que, quando no forro, podem ser colocadas na própria estrutura ou abaixo desta, disfarçadas por painéis decorativos ou não.

As desvantagens apresentadas por esse sistema estão relacionadas a seu elevado custo e inércia de funcionamento.

O cálculo do calor liberado pelos elementos de aquecimento ou da superfície necessária dos mesmos para atender a uma determinada carga térmica é feita a partir da expressão geral

$$Q = KS\,\Delta t.$$

Para os radiadores secionais de elementos sujeitos à livre radiação e circulação do ar, as normas DIN fixam para $K$ os valores constantes da Tab. 9-8, em função da largura total e da distância entre centros dos condutos de alimentação e retorno.

Para os convectores, a altura $H$ do nicho influi grandemente no valor de $K$. Assim, para convectores tipo Wallig executados em tubos de cobre de meia polegada com 0,2 m$^2$ por metro de comprimento (5 tubos), providos de alhetas de alumínio na proporção de 9,8 m$^2$ por metro de comprimento (cerca de 10 alhetas por polegada), podemos, para temperaturas 80 °C para a água e 20 °C para o ambiente, relacionar os valores constantes da Tab. 9-9. Nessas condições,

Tabela 9-8

| Largura total | Distância entre centros, mm | $K$, kcal/m$^2$h °C | |
|---|---|---|---|
| | | Água quente, ~ 80 °C | Vapor dágua, ~ 100 °C |
| 100 mm | 300 | 8,0 | 9,1 |
| | 500 | 7,7 | 8,8 |
| | 600 | 7,6 | 8,7 |
| | 1 000 | 7,3 | 8,4 |
| 150 mm | 300 | 7,7 | 8,6 |
| | 500 | 7,3 | 8,2 |
| | 600 | 7,2 | 8,1 |
| | 1 000 | 7,0 | 7,9 |
| 200 mm | 300 | 7,4 | 8,3 |
| | 500 | 7,1 | 8,0 |
| | 600 | 7,0 | 7,9 |
| | 1 000 | 6,7 | 7,6 |
| 250 mm | 300 | 7,1 | 8,0 |
| | 500 | 6,8 | 7,7 |
| | 600 | 6,7 | 7,6 |
| | 1 000 | 6,4 | 7,3 |

Tabela 9-9

| $H$, mm | $K$, kcal/m$^2$h °C |
|---|---|
| 300 | 2,2 |
| 400 | 2,35 |
| 500 | 2,5 |
| 700 | 2,9 |
| 900 | 3,1 |

considerando a temperatura média da água como 80 °C e a temperatura do ambiente como 20 °C, podemos assinalar os dados práticos que seguem.

a) Radiador Staiger 600 (Fig. 9-9): o calor liberado por m$^2$ de superfície de aquecimento é

$$Q = KS\Delta t = 7{,}4 \cdot 1(80-20) = 445 \frac{\text{kcal}}{\text{h m}^2}\cdot$$

O calor liberado por seção de 0,143 m$^2$ é

$$Q = 0{,}143 \cdot 445 = 64 \frac{\text{kcal}}{\text{h gomo}}\cdot$$

Ou, lembrando ainda que cada gomo tem uma espessura de 40 mm, o calor que libera cada metro linear de radiador (o qual terá 25 gomos),

$$Q = 64 \cdot 25 = 1\,600 \frac{\text{kcal}}{\text{h m}},$$

o que permitiria atender, na pior hipótese (Tab. 9-7), a cerca de 10 m$^2$ de área útil residencial.

b) Convector Wallig (Tab. 9-9) com H = 600 mm: o calor liberado por m$^2$ de superfície de aquecimento é

$$Q = KS\Delta t = 2{,}7 \cdot 1 \cdot (80 - 20) = 162 \frac{\text{kcal}}{\text{h m}^2}.$$

O calor que cada metro linear de convector libera é

$$Q = 162 \cdot S = 162 \cdot 10 = 1\,620 \frac{\text{kcal}}{\text{h m}},$$

o que permitiria atender, na pior hipótese (Tab. 9-7), a cerca de 10 m$^2$ de área útil residencial.

c – *Elementos de controle*

Como elementos de controle de uma instalação de calefação central a água quente, com queimador a óleo tipo automático, citamos os que seguem.

*Termostato de controle de chama.* Ligado geralmente na parte inferior da chaminé, tem por finalidade:

evitar que o queimador permaneça ligado, faltando óleo ou ignição (um elemento térmico é aquecido e chega ao desligamento caso o termostato de chama, por falta de combustão, colocado em série, não desligue antes);

permitir nova tentativa após um intervalo de tempo regulável, caso o sistema não acenda na primeira vez;

evitar que a ignição permaneça ligada depois de iniciada a combustão (o termostato de chama, ao ser aquecido, desliga o contato que comanda a bobina de ignição).

Modernamente estão sendo usados controles de chama com células fotoelétricas.

*Termostatos de água ou aguastatos.* Permitem o controle da temperatura da água da caldeira.

*Termostato de ambiente.* Permite o controle direto da temperatura do recinto aquecido, desligando o queimador ou os radiadores do ambiente, por meio de válvulas solenóides.

## 6 – *PROCESSO DE CÁLCULO*

Consideremos o conjunto formado por um elemento de aquecimento (radiador), caldeira e as tubulações correspondentes de distribuição e retorno de uma instalação de calefação termossifonada à água quente, como nos mostra a Fig. 9-14.

Em vista da diferença de temperatura existente entre as colunas de distribuição ($t_1$) e de retorno ($t_2$), haverá uma diferença de pressão hidrostática (carga) entre os mesmos.

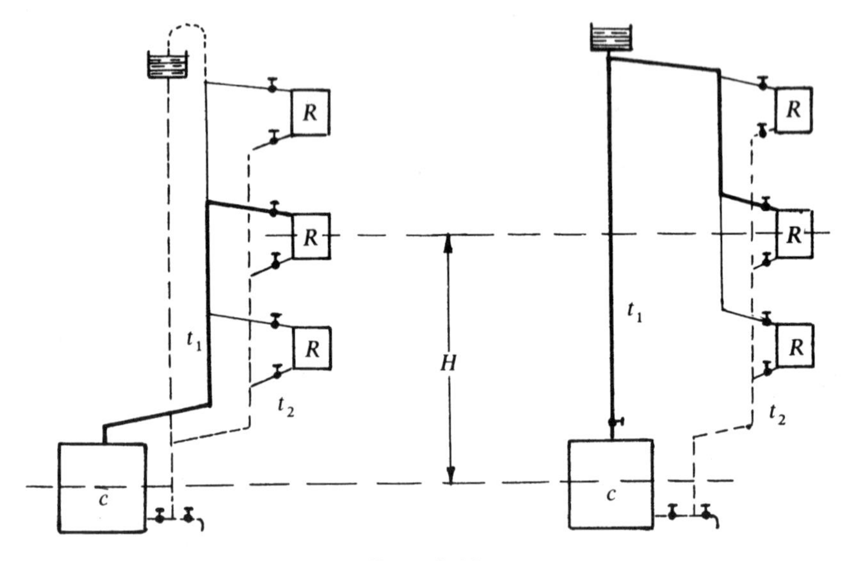


Figura 9-14

Supondo que não haja perdas de calor através as tubulações e que, portanto, as temperaturas tanto de distribuição como de retorno sejam constantes, a referida carga hidrostática valerá:

$$\Delta p = p_2 - p_1 = H\gamma_2 - H\gamma_1 = H(\gamma_2 - \gamma_1), \tag{9-7}$$

onde $\gamma_1$ e $\gamma_2$ são os pesos específicos da água, às temperaturas $t_1$ e $t_2$ (Tab. 9-10) e $H$ a altura comum às colunas de distribuição e retorno (onde aparece a diferença de temperatura aludida), a qual corresponde praticamente, à diferença de nível existente entre a parte média da caldeira e a parte média do radiador.

Tabela 9-10

| Temperatura | 0 °C | 10 | 20 | 30 | 40 | 50 | 60 | 70 | 80 | 90 | 100 |
|---|---|---|---|---|---|---|---|---|---|---|---|
| $\gamma$, kgf/m³ | 999,9 | 999,7 | 998,2 | 995,7 | 992,2 | 988,1 | 983,2 | 977,8 | 971,8 | 965,3 | 958,0 |

Como o circuito é fechado e não dispõe de elementos móveis, toda a pressão disponível é consumida em vencer as resistências passivas, opostas ao deslocamento do fluido pelos condutos e seus acessórios, isto é,

$$\Delta p = j_{\text{condutos}} + j_{\text{acessórios}}.$$

Conforme já tivemos oportunidade de analisar (veja o Cap. 7, Sec. 9), podemos fazer

$$j_{\text{condutos}} = \frac{\lambda l}{D}\frac{c^2}{2g}\gamma,$$

$$j_{\text{acessórios}} = \sum \lambda_1 \frac{c^2}{2g}\gamma = \frac{\lambda l_e}{D}\frac{c^2}{2g}\gamma,$$

onde $l_e$ é o comprimento equivalente dos acessórios

$$l_e = \frac{\Sigma \lambda_1}{\lambda} D.$$

Desse modo, podemos fazer

$$j = j_{\text{condutos}} + j_{\text{acessórios}} = \frac{\lambda(l + l_e)}{D}\frac{c^2}{2g}\gamma = \frac{\lambda L}{D}\frac{c^2}{2g}\gamma, \tag{9-8}$$

onde o comprimento total de cálculo $L$ pode ser expresso por

$$L = l + l_e = l + \alpha l = (1 + \alpha)l. \tag{9-9}$$

Geralmente a diferença de pressão é relacionada com o comprimento total da canalização, obtendo-se, assim, a perda de carga disponível por metro equivalente da mesma,

$$\frac{\Delta p}{L} = \frac{H(\gamma_2 - \gamma_1)}{L} = \frac{j}{L} = i = \frac{\lambda}{D}\frac{c^2}{2g},$$

enquanto que a velocidade pode ser posta em função da descarga $G_s$:

$$G_s = \Omega c \gamma = \frac{\pi D^2}{4} c\gamma,$$

isto é,

$$\frac{H(\gamma_2 - \gamma_1)}{L} = i = 0{,}0827 \frac{G_s^2}{D^5 \gamma}, \tag{9-10}$$

onde a descarga dependerá naturalmente da quantidade de calor a transportar, a qual, para uma queda de temperatura $\Delta t$ no elemento de aquecimento, vale:

$$Q = 3\,600\, G_s \Delta t \text{ kcal/h}. \tag{9-11}$$

O simples exame das Eqs. (9-9), (9-10) e (9-11) mostra que o cálculo direto do diâmetro, a partir de $Q$, $t_1$, $t_2$, $H$ e $l$ é impraticável, pois $\lambda$ e $l_e$ são funções complexas do próprio diâmetro. (Veja a Bibliografia.) A solução exata adotada é a indireta por meio de tabelas e diagramas que escapam ao nível de nosso curso.

A indeterminação analítica que aparece no cálculo direto do diâmetro, entretanto, pode ser eliminada à custa da exatidão do resultado, adotando-se:

para $\lambda$ o valor máximo de 0,04;
para $l_e$ o valor aproximado de $l_e = \alpha l = 0{,}4l$.

Nessas condições, fazendo

$$t_1 = 85\,°C \quad e \quad t_2 = 60\,°C,$$

podemos calcular [de acordo com a Tab. 9-10 e Eq. (9-11)]

$$\gamma_1 = \gamma_{85}\,°C = 968{,}6\,\text{kgf/m}^3,$$
$$\gamma_2 = \gamma_{60}\,°C = 983{,}2\,\text{kgf/m}^3,$$
$$\gamma_m \cong 976{,}0\,\text{kgf/m}^3,$$
$$Q = 3\,600\,G_s\Delta t = 3\,600(85-60)G_s = 90\,000\,G_s\,\text{kcal/h}.$$

Desse modo, a partir da Eq. (9-10), obtemos

$$14{,}6\frac{H}{L} = i = 0{,}418\cdot 10^{-15}\frac{Q^2}{D^5}\frac{\text{kgf}}{\text{m}^2\text{m}}, \qquad (9\text{-}12)$$

equação que nos fornece o diâmetro de cada conduto, para uma determinada quantidade de calor em circulação [$Q = f(G_s)$], em função da diferença de pressão disponível por metro de comprimento equivalente da tubulação, em termos do desnível existente entre a caldeira e o elemento de aquecimento do circuito em consideração.

Como o comprimento equivalente da canalização não é conhecido, de acordo com o já arbitrado, podemos fazer

$$L = l + \alpha l = l + 0{,}4l = 1{,}4l,$$

donde

$$\frac{H}{l} = 0{,}04\cdot 10^{-5}\frac{Q^2}{D^5}, \qquad (9\text{-}13)$$

onde $H/l$ passará a representar a diferença de pressão em m de diferença de nível, disponível em cada circuito (entre radiador e caldeira), por metro de comprimento real da canalização do mesmo.

Devido às hipóteses simplificativas feitas, esse processo de cálculo só tem sentido para uma primeira tomada de posição, anteprojetos ou orçamentos, mormente em virtude da prática solução gráfica que proporciona. Com efeito, a Eq. (9-13) pode ser posta sob a forma

$$\log H/l = 2\log Q - (5\log D + 16{,}398), \qquad (9\text{-}13a)$$

a qual, num plano de coordenadas logarítmicas, permite nos estabelecer, para cada diâmetro, uma linha representativa da função $H/l = f(Q)$, que é uma linha reta de parâmetro angular igual a 2 e parâmetro linear igual a $-(5\log D + 16{,}398)$. (Fig. 9-15.)

A marcha a seguir nos projetos de calefação a água quente com circulação por termossifão pode ser a seguinte:

traçado de canalização;

determinação das quantidades de calor necessárias para cada elemento de aquecimento;

determinação das quantidades de calor a transportar em cada trecho, lembrando que as mesmas se repartem ou se adicionam nas ramificações ou reuniões;

determinação da diferença de pressão em m de diferença de nível disponível em cada circuito (entre radiador e caldeira) por metro de comprimento real de canalização do mesmo, a partir do circuito mais desfavorável (menor $H/l$).

A perda de carga em m de diferença de nível em cada trecho será

$$\frac{H}{l} \cdot l_{\text{trecho}},$$

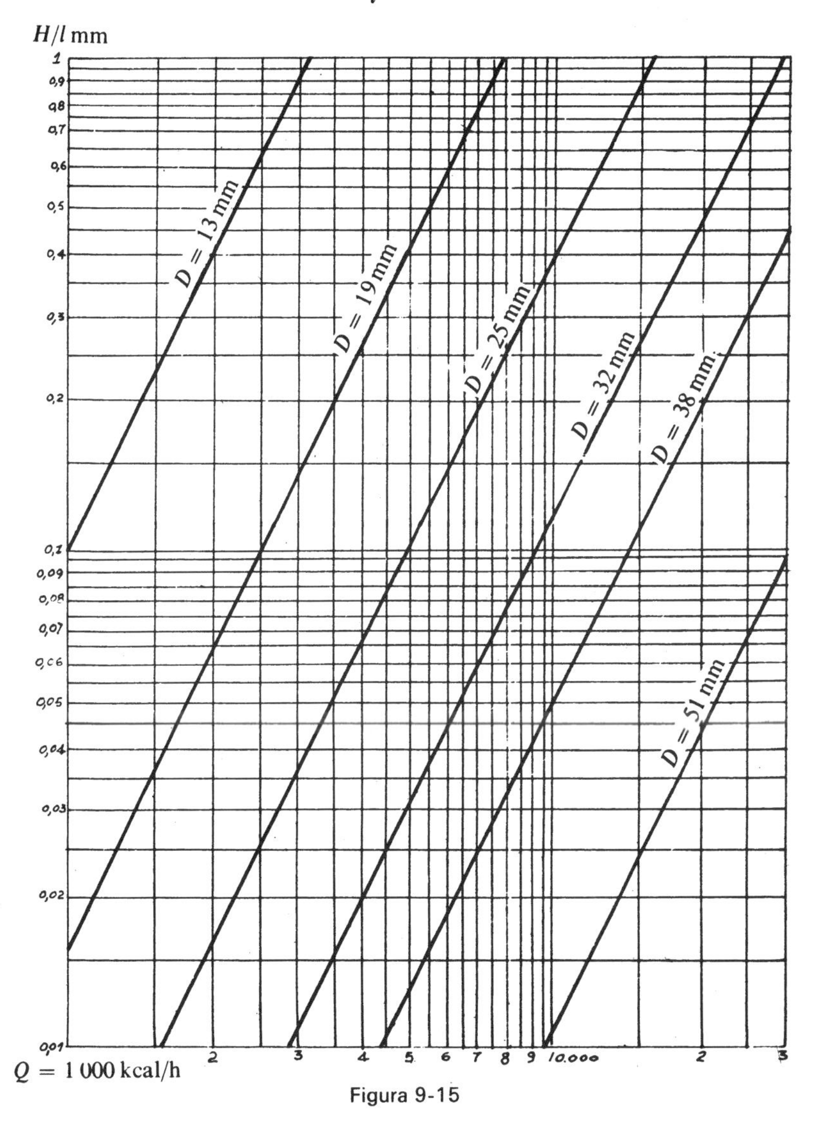


Figura 9-15

de modo que, no circuito seguinte, o valor de $H/l$ a adotar será

$$\frac{H_{\text{circuito}} - \sum\left(\frac{H}{l}\cdot l_{\text{trechos já calculados}}\right)}{l_{\text{trechos não calculados}}}$$

*Exemplo* 9-2

Dimensionar o termossifão esquematizado na figura deste exemplo.

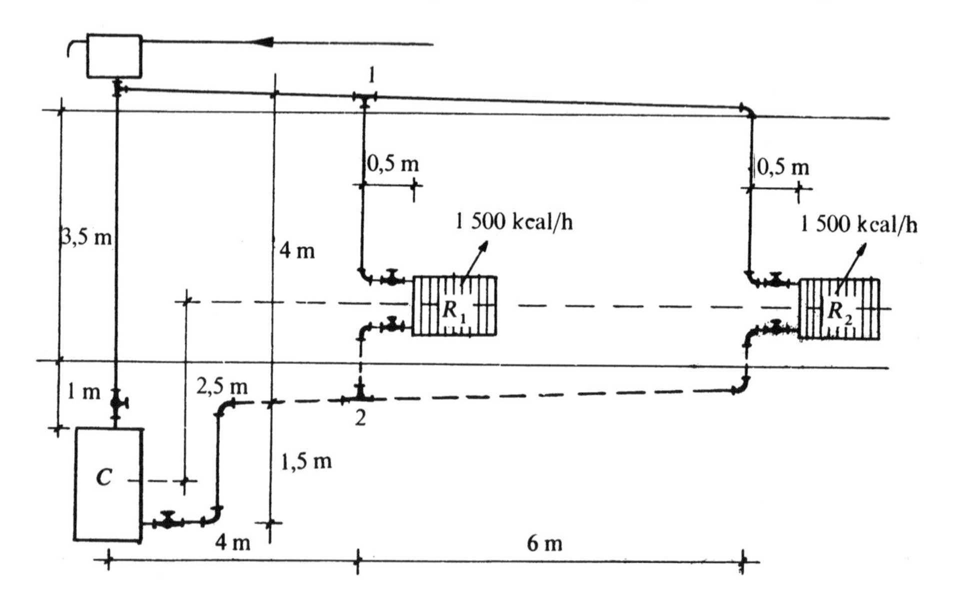


O circuito mais desfavorável é o $C1R_2 2C$, que dispõe de:

$$H = 2{,}5\ \text{m}, \quad l = 31\ \text{m} \quad \text{e} \quad H/l = 0{,}081.$$

O outro circuito a calcular é o $C1R_1 2C$, que mantém com o anterior os trechos comuns $C1$ e $2C$.

Para melhor compreensão dos cálculos efetuados com o auxílio do diagrama da Fig. 9-15, é interessante elaborar uma tabela tal como esta:

| Circuito | Trechos | $l_{\text{trecho}}$ | $\frac{H}{l}\cdot l_{\text{trecho}}$ | $D$, pol | Observações |
|---|---|---|---|---|---|
| 1 | $C1$ | 8,5 | 0,69 | 1 | $H = 2{,}5$ m |
| | $1R_2 2$ | 17,0 | 1,37 | 3/4 | $l = 31$ m; |
| | $2C$ | 5,5 | 0,44 | 1 | $H/l = 0{,}081$ |
| 2 | $C1$ | já calculado | | | $\frac{H}{l} = \frac{2{,}5-(0{,}69+0{,}44)}{5} = 0{,}274$ |
| | $1R_1 2$ | 5 | 1,37 | 3/4 | |
| | $2C$ | já calculado | | | |

## 7 – *CIRCULAÇÃO MECÂNICA*

O sistema de calefação a água quente, com circulação forçada, consiste em provocar o movimento da água necessária ao aquecimento por meio de uma bomba geralmente centrífuga, intercalada na tubulação de retorno e na proximidade da caldeira (água mais fria). A pressão disponível, nesse caso, que pode ser considerada como devida unicamente à bomba, é igual para todos os circuitos. Embora esse valor possa ser tão grande quanto se queira, é aconselhável limitá-lo a 1 ou 2 m de coluna dágua (1 000 a 2 000 $kgf/m^2$).

Quando se trata, entretanto, de instalações com grande desenvolvimento horizontal, esse valor pode ser aumentado (até cerca de 10 m), mantendo-se, entretanto, como limite máximo aconselhável, para a velocidade da água nos condutos, de 1 a 2 m/s.

Adotando-se o mesmo processo de cálculo já esplanado para o termossifão, a pressão da bomba corresponderia a uma diferença de pressão de termossifão (85 °C e 60 °C) correspondente a uma diferença de nível de

$$H = \frac{\Delta p_{\text{bomba}}\ \text{kgf/m}^2}{14{,}6\ \text{kgf/m}^2\text{m}}\ \text{m}.$$

Nessas condições, para uma pressão da bomba de apenas 0,5 m de coluna dágua (500 $kgf/m^2$), teríamos

$$H = 500/14{,}6 = 34{,}25\ \text{m}$$

e os diâmetros do termossifão calculado no Exemplo 9-2 passariam a ser de apenas meia polegada (veja o diagrama da Fig. 9-18).

Os sistemas de distribuição de calefação a água quente com bomba são idênticos aos sistemas a gravidade.

Cuidados especiais nas instalações de calefação por bomba, principalmente nos casos em que a pressão criada artificialmente atinge valores elevados, devem ser tomados quanto à localização do vaso de expansão. Este, preferencialmente, deve estar colocado a montante da bomba, a fim de que a mesma trabalhe afogada, evitando-se assim, possíveis cavitações. A bomba deve ser fixada ao solo por meio de base amortecedora e unida à tubulação por meio de juntas elásticas ou mesmo mangotes, de modo a não provocar ruídos que se transmitem aos locais habitados.

A calefação a água quente por meio de bomba é adotada exclusivamente quando a diferença de pressão disponível é insuficiente (desnível pequeno entre a caldeira e o radiador), ou quando a economia da instalação, em vista da redução dos diâmetros das tubulações, torna-a vantajosa.

## 8 – *DISTRIBUIÇÃO DE ÁGUA QUENTE PARA CONSUMO*

Juntamente com as instalações de aquecimento central, é usual a distribuição de água quente para o consumo. A temperatura adotada é de 35 a 50 °C para a higiene corporal e 60 a 70 °C para a lavagem de roupa, sendo usadas temperaturas mais elevadas para outras finalidades.

O cálculo da capacidade das instalações desse tipo é baseado geralmente nos consumos de água por aparelho doméstico citados na Tab. 9-11, ou, ainda, por pessoa, conforme expomos a seguir.

a) Consumo em litros por dia:

residências, 150;
escritórios, 7,5;
fábricas, 19.

b) Vazão máxima em litros por hora:

residências, 20;
escritórios, 1,5;
fábricas, 6.

Tabela 9-11

| Aparelho | litros/h |
|---|---|
| Lavatórios | 7,5 |
| Pias de copa | 15 |
| Pias de cozinha | 35 |
| Banheiras | 75 |
| Tanques | 75 |
| Chuveiros | 150 |

Para a determinação da capacidade de aquecimento da instalação em kcal/h, deve ser tomado, sob o consumo total calculado a partir da Tab. 9-11, um fator de solicitação da ordem de 0,3. O tamanho do reservatório de água quente, por sua vez, deverá ter capacidade igual a 0,7 vezes o consumo horário total para residências individuais e 1,25 vezes o consumo horário total para apartamentos coletivos.

A água quente é obtida em "preparadores" onde o aquecimento pode ser direto ou indireto. O aquecimento direto é aconselhável só quando elétrico, preferindo-se o aquecimento indireto quando a fonte de calor é uma caldeira a água ou a vapor. Nesse caso, a água da caldeira não é consumida, evitando-se assim a admissão de água nova na instalação, o que acarretaria a sua rápida oxidação e formação de incrustações.

Quanto à distribuição da água quente, o preparador deve ser localizado, sempre que possível, abaixo da zona de consumo, a fim de permitir, pela circulação por termossifão da água de consumo pela rede, quando a mesma não está em utilização, a manutenção de sua temperatura (Fig. 9-16).

Como em toda instalação de água sujeita a aquecimento, deverá ser previsto um ponto de aeração e dilatação, o qual poderá ser constituído de simples conduto situado acima do nível piezométrico da rede.

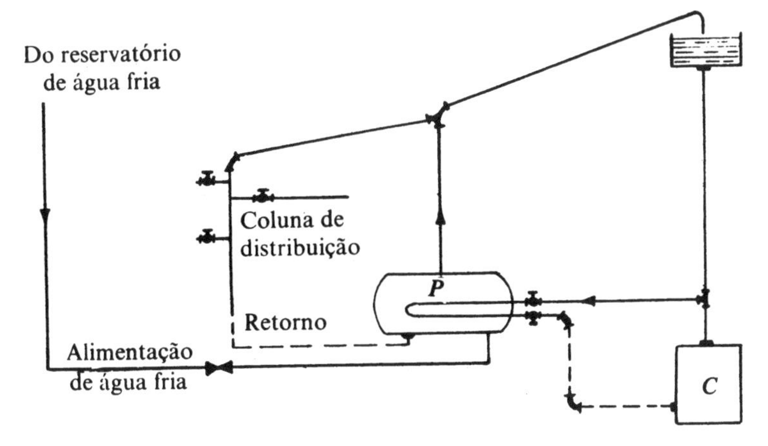


Figura 9-16

A alimentação de água fria deve ser feita pela parte inferior do preparador, adotando-se válvula de retenção ou sifão invertido, a fim de evitar-se que a água quente possa deslocar-se para o reservatório de água fria, situado sempre na parte mais elevada da rede.

O retorno da coluna de distribuição pode ser ligado à meia-altura do preparador ou na parte inferior do mesmo, junto com a alimentação de água fria, caso em que deverá ser usada válvula de retenção a fim de se evitar que a água atinja os pontos de consumo sem passar pelo preparador.

No caso de não haver retorno ou este for bloqueado pelo uso de válvula de retenção, é importante verificar, no cálculo dos condutos de distribuição da água quente para o consumo, se a pressão na parte superior da rede (a qual mantém com o reservatório de água fria o menor desnível) é positiva, a fim de garantir o regime de funcionamento imaginado.

Se a perda de carga para a vazão prevista, entre o reservatório de água fria – preparador –, coluna ascendente de distribuição, é superior ao desnível citado, como a parte superior da rede é aberta para o exterior e, portanto, não pode funcionar como sifão, a vazão tende a decrescer e o regime de funcionamento da rede se estabelecerá apenas para a descarga compatível com a diferença de pressão disponível.

## 9 – *CALEFAÇÃO CENTRAL POR MEIO DE AR QUENTE*

A calefação por meio de ar quente consiste na utilização do próprio ar aquecido como agente transportador de calor.

O aquecimento do ar pode ser feito diretamente por meio de resistências elétricas e caloríferos (caldeiras a ar) ou indiretamente por meio de água quente ou bomba de calor. O aquecimento elétrico não é econômico, sendo indicado apenas para as instalações cujo funcionamento não é contínuo. Os caloríferos de aquecimento direto por meio de queimadores de óleo (Fig. 9-17) são lar-

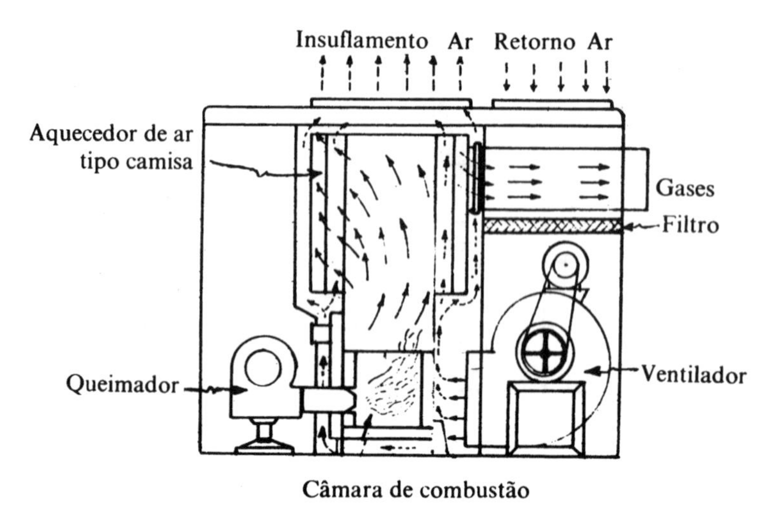


Figura 9-17

gamente usados, tanto do tipo "tubo de chama" ou "tubo de ar" como os de simples "câmara de combustão com camisa de ar", em vista de sua simplicidade e baixo custo operacional. A bomba de calor só é usada em instalações de ar condicionado de pequeno porte, nas quais o equipamento de refrigeração trabalha com condensador a ar.

Nas grandes instalações de condicionamento de ar, o tipo de aquecimento preferido é o indireto por meio de água quente, em vista de sua fácil regulagem.

A circulação do ar aquecido pode ser natural ou forçada. A circulação natural se restringe a aquecimentos de caráter local; a circulação forçada consiste em movimentar a massa de ar aquecido por meio de dispositivos mecânicos, geralmente constituídos por ventiladores do tipo centrífugo. Modernamente, o sistema mais adotado de aquecimento por meio de ar quente é o central com circulação forçada, o qual, além de permitir uma regulagem completa das condições ambientes, independentemente das condições atmosféricas exteriores (o que não acontece com a circulação natural), permite, ainda, um tratamento adequado do ar, ou seja sua filtragem ou umidificação (condicionamento do ar).

Ao contrário do que acontece nas instalações de ventilação pura, nas instalações de calefação central por meio de ar quente, o ar insuflado no ambiente só é integralmente colocado fora em casos especiais (salas de operações, salas com doenças contagiosas, etc.). Tal técnica é adotada por motivos econômicos, já que o ar do recinto tem uma temperatura superior à do exterior e a sua rejeição representaria um dispêndio adicional de calor. Parte do ar insuflado, entretanto, deve ser renovado, a fim de proporcionar a indispensável ventilação do ambiente. Nessas condições o ar de insuflamento ($V_i$) será constituído de uma parcela de ar que retorna do ambiente ($V_r$) e uma parcela exterior ($V_e$) (Fig. 9-18):

$$V_i = V_r + V_e.$$

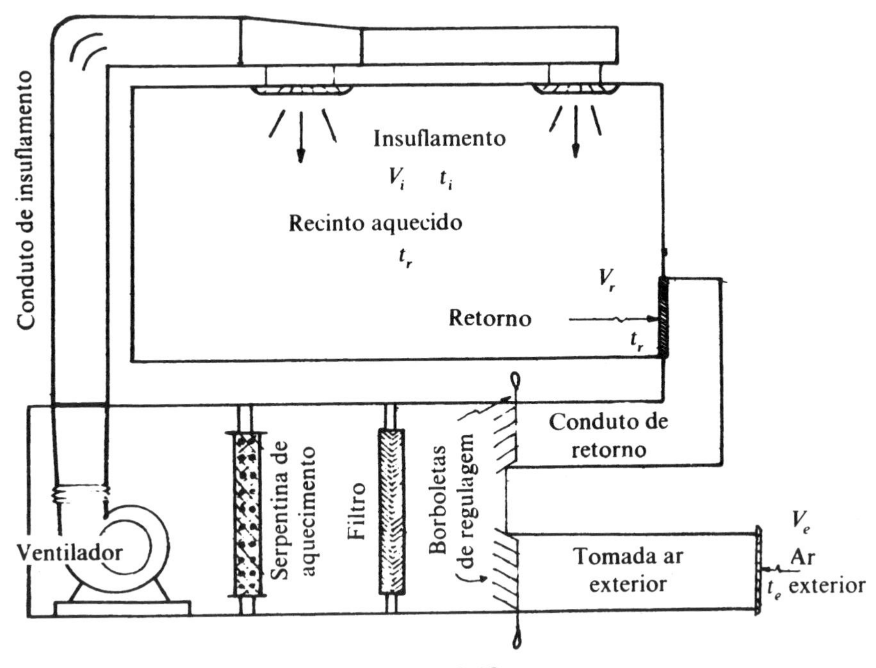


Figura 9-18

Para se calcularem essas quantidades de ar em circulação é indispensável dividir a carga térmica de aquecimento da instalação de calefação, em duas partes, isto é,

a carga térmica ambiente, $Q_A$;
a carga térmica externa, $Q_E$.

A carga térmica externa (do circuito externo) engloba as trocas de calor sofridas pelo ar, desde a sua retirada da peça até a sua entrada no elemento de aquecimento, ficando, portanto, nela incluídas:

as perdas de calor nos dutos de retorno e local de tratamento até o elemento de aquecimento do ar;

aquecimento da parcela de ar renovado ($V_e$), desde a temperatura externa ($t_e$) até a temperatura do recinto ($t_r$):

$$Q_E = V_e \gamma C_p (t_r - t_e) \text{ kcal/h.} \tag{9-14}$$

A carga térmica ambiente, por sua vez, engloba as trocas de calor sofridas pelo ar (circuito interno) desde o seu tratamento (aquecimento) até a sua retirada da peça, ficando, portanto, nela incluídas (veja as notações já adotadas na Sec. 2 deste capítulo):

as perdas de calor por transmissão do recinto, $Q_1$;
as perdas de calor adicional devidas à orientação, $Q_2$;

os ganhos de calor devido aos ocupantes, equipamentos etc., $Q_4$;
as perdas por transmissão nos dutos de insuflamento, ventilador e local de tratamento, a partir do elemento de aquecimento (veja planilha de cálculo do Exemplo 9-3).

Ora, como o calor necessário para manter as perdas referidas é fornecido pelo ar de insuflamento, que é aquecido a uma temperatura $t_i$, superior a $t_r$, podemos escrever

$$Q_A = V_i \gamma C_p (t_i - t_r) \text{ kcal/h.} \tag{9-15}$$

Nessas condições, dispondo de $V_e$ (Tab. 7-1) e da carga térmica ambiente $Q_A$, podemos calcular

$$V_i = \frac{\dot{Q}_A}{\gamma C_p (t_i - t_r)} = \frac{Q_A}{0{,}288(t_i - t_r)} \quad \text{m}^3\text{/h,} \tag{9-16}$$

$$V_r = V_i - V_e, \tag{9-17}$$

onde a temperatura de insuflamento $t_i$ é cerca de 8 a 16 °C superior à temperatura $t_r$ do recinto a aquecer (Tab. 9-1).

Para se corrigir a excessiva redução da umidade relativa do ar, ao ser este aquecido, nas instalações de calefação a ar quente mais completas, adota-se, após o aquecimento, a umidificação do ar. Essa operação pode ser obtida, por meio de injeção de vapor dágua, borrifação de água quente ou mesmo água fria. No caso de se adotar água, deve-se incluir, na carga térmica ambiente, o calor de aquecimento (caso a temperatura da água for inferior à temperatura do termômetro úmido do ar) e o calor de vaporização da mesma, dados pela expressão

$$Q'_A = V_i \gamma \left[ 0{,}6 \Delta x + \frac{\Delta x}{1\,000} (t_u - t_{H_2O}) \right], \tag{9-18}$$

onde $\Delta x$ (que só excepcionalmente atinge os 5 gramas) representa a variação do conteúdo de umidade absoluta de ar, dado em gramas de água por kgf de ar seco (veja o Cap. 5, Sec. 6).

O projeto de uma instalação de calefação, além do cálculo da carga térmica (que, para o caso, deve ser parcelada em ambiente e externa) e das quantidades de ar em circulação, inclui o dimensionamento dos elementos de aquecimento, ventilador e canalizações de insuflamento, retorno e tomada de ar exterior, assunto de que já tivemos oportunidade de tratar no Cap. 7.

*Exemplo* 9-3

Projetar a instalação de calefação central por meio de ar quente de um cinema de 12 000 m³ para 1 500 pessoas (veja esquema geral no Exemplo 7-4).

O sistema de distribuição de ar quente adotado foi o mesmo da ventilação projetada no exemplo 7-4, tendo-se apenas ligado o pleno de saída do ar do porão com a casa de máquinas, a fim de permitir, por motivos de economia, o reaproveitamento de parte do ar insuflado (veja os detalhes na figura deste exemplo).

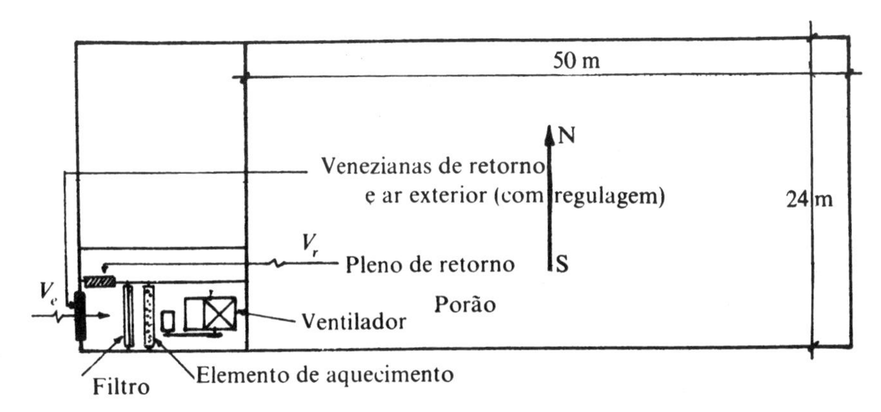


A carga térmica de aquecimento da instalação está levantada na planilha que segue, onde foram considerados os seguintes dados:

temperatura de insuflamento provável, 31 °C;
temperatura interna, 23 °C;
temperatura dos recintos adjacentes, 10 °C;
temperatura externa, 5 °C;
ração de ar (Tab. 7-1), 13 m³/h pessoa;
calor sensível liberado pelas pessoas sentadas, 69 kcal/h pessoa. (Veja, no Cap. 10, o Exemplo 10-2.)

Os resultados obtidos mostram que a carga térmica ambiente, de acordo com a lotação, varia de 21 738 kcal/h (lotação completa) até 125 238 kcal/h (vazio), enquanto que a carga térmica total (reduzindo-se a ventilação de acordo com a lotação) é praticamente constante, pois

$$\text{calor ganho devido a pessoas} \cong V_e \gamma C_p (t_r - t_e).$$

Seu valor é cerca de 11,7 kcal/m³h, o qual se enquadra perfeitamente nos dados práticos que constam na Tab. 9-7.

Adotando-se para volume de ar de insuflamento o valor já usado no projeto de ventilação (Exemplo 7-4), a fim de garantir, de acordo com o código de obras da Prefeitura Municipal de Porto Alegre, um bom arejamento no verão, as temperaturas de insuflamento variarão de:

$$t_i = \frac{Q_A}{0{,}288 V_i} + t_r = 24 \text{ a } 28{,}8\ °\text{C}.$$

Nessas condições, os volumes de ar em circulação serão:

$$V_i = 75\,000 \text{ m}^3\text{/h} \quad (20{,}8 \text{ m}^3\text{/s}),$$
$$V_e = 1\,500 \cdot 13 = 19\,500 \text{ m}^3\text{/h} \quad (5{,}4 \text{ m}^3\text{/s}),$$
$$V_r = V_i - V_e = 75\,000 - 19\,500 = 55\,500 \text{ m}^3\text{/h} \quad (15{,}4 \text{ m}^3\text{/s})$$

Carga térmica de aquecimento

| $Q$ | Natureza | $K$ | $S$, $m^2$ | $\Delta t$, °C | $Q$, kcal/h |
|---|---|---|---|---|---|
| Carga térmica ambiente, $Q_A$ | 1 – Transmissão (Tab. 7-8) | | | | |
| | Parede externa de um tijolo, N | 1,7 | 500 | 18 | 15 300 |
| | Parede externa de um tijolo, S | 1,7 | 500 | 18 | 15 300 |
| | Parede externa de um tijolo, E | 1,7 | 240 | 18 | 7 350 |
| | Parede interna de um tijolo | 1,4 | 210 | 13 | 3 830 |
| | Forro de concreto rebocado | 2,8 | 1 200 | 18 | 60 700 |
| | Piso de concreto com tacos | 1,6 | 1 200 | 0 | — |
| | Portas internas de madeiras, 3,3 cm | 1,71 | 30 | 13 | 668 |
| | 2 – Adicional de orientação (Tab. 9-5) | | | | |
| | Parede N (6 %) | | | | 920 |
| | Parede S (20 %) | | | | 3 060 |
| | Parede E (15 %) | | | | 1 100 |
| | 3 – Calor ganho | | | | |
| | Pessoas 1 500 · 69 kcal/h pessoa | | | | 103 500 |
| | Iluminação e diversos | | | | 0 |
| | 4 – Alimentação (isolada com 1/2" de Celotex) | | | | |
| | Casa de máquinas (1/2 tijolo) | 1,2 | 45 | 26 | 1 410 |
| | Dutos de insuflamento (chapa) | 1,5 | ~400 | 26 | 15 600 |
| | Calor ambiente | | | | $Q_A$ = 21 738 |
| Carga térmica externa, $Q_E$ | 5 – Retorno (sem isolamento) | | | | |
| | Pleno do porão (124 m, alicerces) | 1,35 | | 18 | 3 020 |
| | Paredes externas de um tijolo | 1,7 | 200 | 18 | 6 130 |
| | Casa de máquinas 1/2 tijolo | 2,05 | 60 | 18 | 2 215 |
| | 6 – Ventilação | | | | |
| | $V_e \gamma C_p (t_r - t_E) = 1\,500 \cdot 13 \cdot 0{,}288 \cdot 18 = 102\,000$ | | | | |
| | Calor externo | | | | $Q_E$ = 113 365 |
| | Carga térmica total | | | | $Q_T$ = 135 103 |

e os elementos de circulação do ar permanecerão com as mesmas dimensões do projeto já elaborado, com as seguintes alterações:

a) a tomada de ar exterior será regulável para redução do volume do ar exterior, no inverno, em função da lotação;

b) uma tomada de ar de retorno (veja o desenho) regulável e com seção igual à tomada de ar exterior;

c) uma serpentina de aquecimento com seção de passagem calculada de acordo com a velocidade recomendada na Tab. 7-4:

$$\Omega = \frac{V}{c} = \frac{20{,}8 \text{ m}^3/\text{s}}{2{,}5 \text{ m/s}} = 8{,}3 \text{ m}^2;$$

d) o ventilador, embora tenha as mesmas dimensões do sistema já projetado, deve ter pressão suficiente para vencer a perda de carga adicional da serpentina, a qual, imaginando-se que tenha $n = 2$ fileiras de tubos, vale

$$j = (6 \text{ a } 8) n \frac{c_f^2}{2g} \gamma = 7 \cdot 2 \frac{2{,}5^2}{19{,}6} 1{,}2 = 5{,}4 \text{ mm } H_2O.$$

Nessas condições, as características de produção do ventilador para o caso serão (veja o Exemplo 7-4):

$$\Delta p_t = 15{,}915 + 5{,}4 = 21{,}315 \text{ mm } H_2O \quad \text{(veja a Tab. 7-18)},$$

$$V = 20{,}8 \text{ m}^3/\text{s},$$

$$p_m = \frac{V \cdot \Delta p_t}{75 \eta_t} = \frac{20{,}8 \cdot 21{,}315}{75 \cdot 0{,}5} = 11{,}85 \text{ cv};$$

e) a casa de máquinas sofrerá, para o caso, as modificações que constam do esquema anexo.

# capítulo 10

# AR CONDICIONADO

## 1 – *DEFINIÇÕES E NORMAS*

As definições que seguem estão de acordo com a A.B.N.T. (PNB-10 de 1972).

*Condicionamento de ar.* Processo pelo qual são controlados, simultaneamente, a temperatura, a umidade, a movimentação e a pureza do ar em recintos fechados.

*Ar condicionado.* Ar resultante do processo de condicionamento.

*Tratamento de ar.* Processo pelo qual são controladas uma ou mais condições características do ar, sem assegurar o controle simultâneo da temperatura e da umidade.

*Ar tratado.* Ar resultante de um processo de tratamento.

*Instalação de condicionamento de ar.* Conjunto de máquinas, canalizações e partes complementares que é capaz de realizar o condicionamento de ar em um ou mais recintos.

O condicionamento de ar implica na prefixação dos valores representativos das condições a seguir indicadas, em função dos valores representativos do conjunto de condições locais, coexistentes no período de tempo em que se considera a aplicação do processo:

a) temperatura do termômetro seco;
b) temperatura do termômetro úmido ou umidade relativa;
c) movimentação do ar;
d) grau de pureza do ar.

Quando o condicionamento de ar se destina ao conforto humano, os valores prefixados para a temperatura, a umidade relativa e a movimentação do ar devem determinar um ponto situado na zona de conforto estabelecida para o local.

*Zona de conforto.* Zona da carta psicométrica que compreende pontos representativos da temperatura efetiva correspondentes a condições de sensação térmica julgada de conforto por um grupo de pessoas, de determinado local, submetidas a controle estatístico. Nas instalações destinadas ao conforto humano deve-se atender às prescrições a seguir indicadas.

a) A diferença entre as temperaturas simultâneas do termômetro seco em dois pontos quaisquer do recinto condicionado, ao nível de 1,50 m, não deve ultrapassar a 2 °C.

b) A velocidade do ar na zona de ocupação, isto é, no espaço compreendido entre o piso e o nível de 1,50 m, deve ficar compreendido entre 1,50 e 15,0 m/min. Excepcionalmente será permitido que se ultrapassem os limites acima fixados, como, por exemplo, na vizinhança das grelhas de retorno e de insuflamento que, por necessidade de construção, forem localizadas abaixo do nível de 1,50 m.

c) No caso de resfriamento, a diferença entre a temperatura das correntes de ar no espaço freqüentado por pessoas e a temperatura média nesse espaço não deve ser superior aos seguintes valores:

1,5 °C para velocidades da corrente de ar menores que 12 m/min;
1,0 °C para velocidades da corrente de ar maiores que 12 m/min.

d) O ar deve ser continuamente filtrado e renovado. Na Tab. 7-1 são apresentados os valores recomendados para renovação de ar, os quais poderão ser sensivelmente reduzidos com o emprego de processos especiais de purificação tais como filtração eletrostática, carvão ativado, etc.

e) Os níveis de ruído, nos recintos condicionados, decorrente das instalações de condicionamento de ar devem ser limitados de acordo com a finalidade de ocupação do recinto. Os valores dessa limitação estão indicados na Tab. 10-1.

As medições de ruído serão feitas com o microfone do medidor da intensidade de som colocado diante das bocas de insuflamento, de aspiração e dos condicionadores instalados no próprio recinto. Esse microfone deverá ficar a 1,50 m do piso e num plano de perfil que passe pelo centro da boca ou do condicionador à distância horizontal de 1,50 m.

## 2 – *NOÇÃO DE CONFORTO TÉRMICO*

### a – *Energia e vida*

Os vegetais transformam a energia solar em energia química latente (fotossíntese) a qual é facilmente assimilada pelos organismos animais. A matéria viva animal (protoplasma) é, portanto, um reservatório de energia química latente que, sob certas influências (excitantes), é libertada sob a forma de energia cinética

Tabela 10-1. Níveis de ruído permissíveis

| Finalidade do Local | dBa | NC |
|---|---|---|
| *Residências* | | |
| Casas particulares (zona rural e suburbana) | 25 — 30 | 20 — 30 |
| Casas particulares (zona urbana) | 30 — 40 | 25 — 35 |
| Apartamentos | 35 — 45 | 30 — 40 |
| *Hotéis* | | |
| Quartos individuais | 35 — 45 | 30 — 40 |
| Salões de baile ou banquetes | 35 — 45 | 30 — 40 |
| Corredores | 40 — 50 | 35 — 45 |
| Garagens | 45 — 55 | 40 — 50 |
| Cozinhas e lavanderias | 45 — 55 | 40 — 50 |
| *Escritórios* | | |
| Diretoria | 25 — 35 | 20 — 30 |
| Sala de reuniões | 30 — 40 | 25 — 35 |
| Gerência | 35 — 45 | 30 — 40 |
| Sala de recepção | 35 — 50 | 30 — 45 |
| Escritórios em geral | 40 — 50 | 35 — 45 |
| Corredores | 40 — 55 | 35 — 50 |
| Sala de computadores | 45 — 65 | 40 — 60 |
| *Auditório e Salas de música* | | |
| Estúdios para gravação de som e salas para concertos musicais | 20 — 30 | 15 — 25 |
| Teatros | 30 — 35 | 25 — 30 |
| Cinemas, auditórios, anfiteatros | 35 — 45 | 30 — 40 |
| Salas de leitura | 40 — 50 | 35 — 45 |
| *Igrejas e Escolas* | | |
| Templos | 25 — 35 | 20 — 30 |
| Bibliotecas | 35 — 45 | 30 — 40 |
| Salas de aula | 35 — 45 | 30 — 40 |
| Laboratórios | 40 — 50 | 35 — 45 |
| Corredores e salas de recreação | 45 — 55 | 40 — 50 |
| Cozinhas | 45 — 55 | 40 — 50 |
| *Edifícios Públicos* | | |
| Bibliotecas, museus | 35 — 45 | 30 — 40 |
| Correios, bancos | 40 — 50 | 35 — 45 |
| Banheiros e toiletes | 45 — 55 | 40 — 50 |
| *Restaurantes* | | |
| Restaurantes, boites | 40 — 50 | 35 — 45 |
| Lanchonetes | 40 — 55 | 40 — 50 |
| *Lojas Comerciais* | | |
| Lojas de muito público | 45 — 55 | 40 — 50 |
| Lojas de pouco público | 40 — 50 | 35 — 45 |
| Supermercados | 45 — 55 | 40 — 50 |
| Ginásios Esportivos Cobertos | | |
| Ginásios | 40 — 50 | 35 — 45 |
| Piscinas | 45 — 60 | 40 — 55 |
| *Transportes* | | |
| Local de venda de passagens | 35 — 45 | 30 — 40 |
| Salas de espera | 40 — 55 | 30 — 60 |
| Áreas de Produção | | |
| Exposto durante 8 h/dia | < 90 | |
| Exposto durante 3 h/dia | < 97 | |

Observações:

dBa = É o nível de ruído lido na escala "A" de um medidor de nível de som, que, por meio de um filtro eletrônico, despreza ruídos de baixa freqüência que, devido à baixa sensibilidade nesta faixa, não são perceptíveis pelo ouvido humano.

NC = É o valor obtido nas curvas de NC, quando traçamos o gráfico dos níveis medidos em bandas de oitava de freqüência.

— O nível de ruído deve ser medido em 5 pontos do ambiente a 1,2 m do piso.

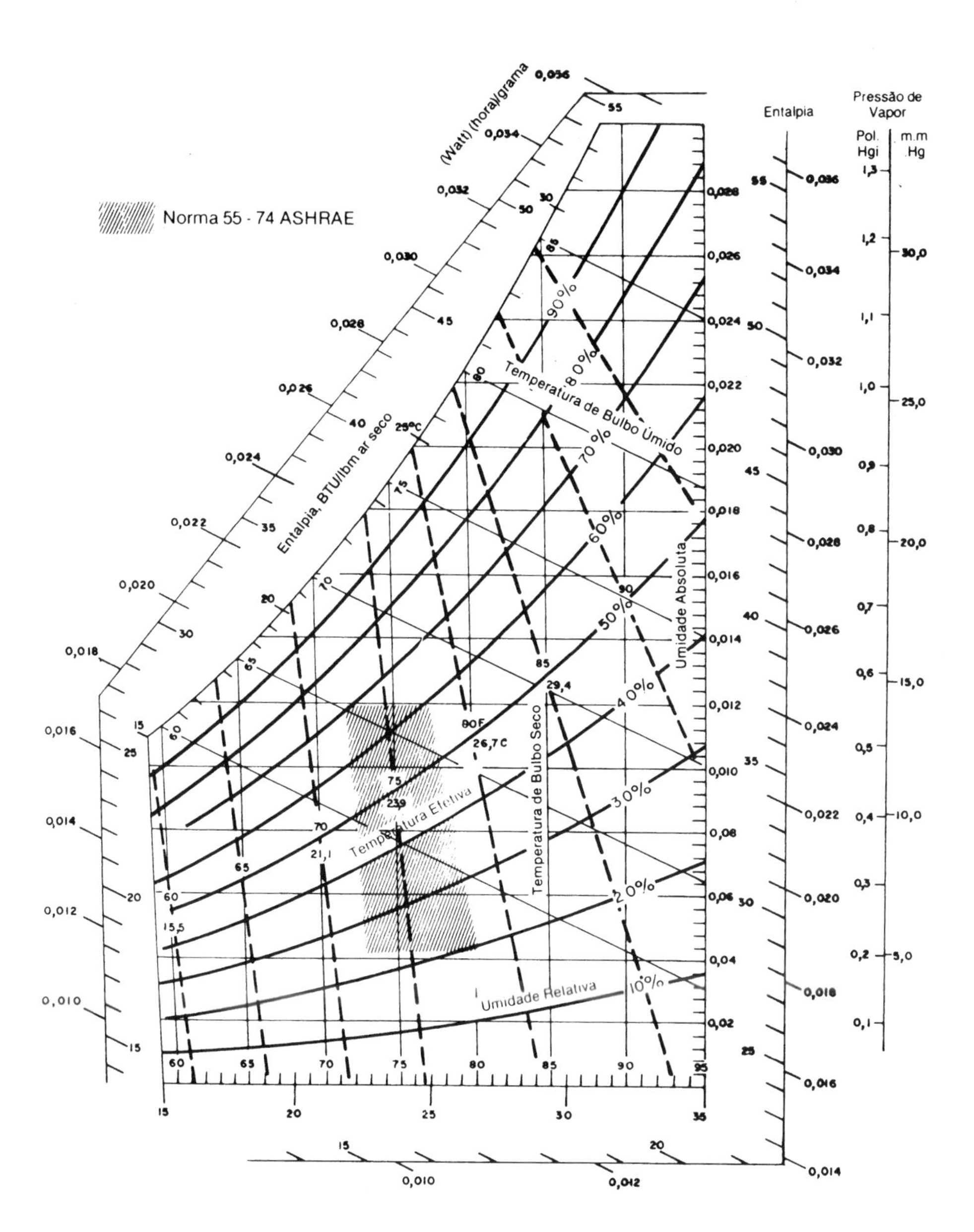
Norma 55 - 74 ASHRAE
(Watt) (hora)/grama
Entalpia, BTU/lbm ar seco
Temperatura de Bulbo Úmido
Umidade Absoluta
Temperatura de Bulbo Seco
Temperatura Efetiva
Umidade Relativa
Entalpia
Pressão de Vapor
Pol. Hgi
m.m Hg
90%
80%
70%
60%
50%
40%
30%
20%
10%
25°C
26,7 C
29,4
21,1
15,5
23,9
80F

Figura 10-1a

(mecânica, calorífica ou mesmo elétrica e luminosa), verificando-se nesse processo a perfeita equivalência entre a energia química consumida e a soma das energias libertadas. Dessa forma, a vida vegetal e a vida animal se completam, estabelecendo-se entre a matéria viva e o mundo externo uma verdadeira circulação da energia solar, a qual é, assim, o responsável por toda atividade terrestre.

Seja qual for o modo pelo qual os organismos animais transformam a energia química dos alimentos, o que sabemos ao certo é que tudo se passa como se houvesse simplesmente a combustão das substâncias ingeridas e que o resultado final é a excreção dos produtos da oxidação e, no domínio energético, uma produção de trabalho e calor. Resulta daí que os organismos animais são verdadeiras fontes de calor, necessitando, para desenvolverem sua atividade vital, um desnível térmico em relação ao meio externo.

b – *Metabolismo humano*

Ao conjunto de transformações de matéria e energia que se relacionam com os processos vitais dá-se a designação geral de *metabolismo*.

A energia produzida pelo organismo humano na unidade de tempo, a qual pode ser avaliada facilmente em função do oxigênio consumido na respiração (1 kgf $O_2$ = 3 260 kcal), depende de diversos fatores:

natureza, constituição, raça, sexo, idade, peso, altura;
clima, habitação e vestuário;
saúde, nutrição e atividade.

A energia mínima consumida pelo organismo humano por $m^2$ de superfície do corpo, a qual é obtida quando o indivíduo está em jejum de 12 h, em repouso absoluto, deitado, normalmente vestido (sem agasalhos), em ambiente a uma temperatura tal que não sinta frio nem calor, recebe o nome de *metabolismo básico* (ou *basal*).

O metabolismo básico corresponde às despesas do serviço fisiológico puro ou despesas de fundo e vale, em média, para o indivíduo adulto, 36 a 40 kcal/$m^2$h. Nessas condições, calculando-se a superfície do corpo humano por meio da fórmula prática de Dubois,

$$S_m{}^2 = 0{,}203\, G_{\text{kgf}}^{0{,}4255} \cdot H_{\text{m}}^{0{,}7246}, \qquad (10\text{-}1)$$

podemos considerar, para um indivíduo normal, de 1,80 m de altura e 75 kgf de peso, que tem uma superfície de corpo de 1,98 $m^2$, um consumo de energia mínima de 70 a 80 kcal/h, ou seja, cerca de 1 kcal/h para cada kgf de peso.

O metabolismo humano varia

*com a idade*: é o dobro para uma criança de 5 anos, mantendo-se praticamente constante dos 20 aos 40 anos;

*durante a digestão*: sofre um acréscimo apreciável, dependendo da substância ingerida (é pequeno para os açúcares e gorduras e elevado para as proteínas);

*nos estados de subnutrição*: diminui;

*nos estados patológicos*: de um modo geral, aumenta, o que constitui indicação clínica valiosa, para a medicina moderna;

*em condições ambientes adversas, tanto de frio como de calor*: aumenta em vista da entrada em ação do mecanismo de regulação térmica;

*com a atividade*: aumenta com qualquer esforço físico, já que os fisiologistas são acordes em que o trabalho intelectual não influi praticamente sobre o consumo de energia.

Assim, a energia consumida pelo organismo humano aumenta de acordo com a sua atividade, na seguinte proporção:

repouso absoluto, 100%;
durante a digestão, 120%;
trabalho leve, sentado, 130%;
trabalho de escritório, 140%;
trabalho de balcão, 160%;
dançando moderadamente, 260%;
trabalho pesado moderado, 300%;
trabalho pesado, 450%.

c — *Regulação térmica*

Como não só a atividade dos organismos animais (e, portanto, a sua troca de calor com o meio exterior) como também as condições climáticas são altamente variáveis, é interessante analisar o mecanismo pelo qual os mesmos podem manter o seu equilíbrio energético praticamente independente, tanto de sua própria atividade como da temperatura exterior.

Atendendo à adaptabilidade dos animais às condições do meio, os mesmos podem ser classificados conforme segue.

a) Animais de temperatura variável (*poikilotermos*), impropriamente chamados de animais de sangue frio (peixes, répteis etc.), nos quais a temperatura do corpo excede muito pouco à do meio ambiente, cujas alterações sofrem integralmente.

b) Animais de temperatura constante (*homeotermos*), denominados impropriamente de animais de sangue quente (mamíferos, aves etc.), nos quais a temperatura do corpo é bastante mais elevada do que a do meio ambiente e independe de suas variações.

É o que acontece com o organismo humano, no qual a temperatura do corpo, que é praticamente independente da raça, da idade, do clima e da própria atividade, é da ordem de 37 °C. Nessas condições, as trocas de calor efetuadas pelo corpo humano não podem ser feitas exclusivamente na forma de calor sensível; transferido ao meio através da condutividade externa (convecção, condutividade e radiação) e pelo aquecimento dos alimentos, bebidas e ar inspirado, que é uma função da diferença entre as temperaturas do corpo e do exterior:

$$Q_s = AS(t_c - t_e)\,\text{kcal/h}, \qquad (10\text{-}2)$$

sendo $A$ um coeficiente que depende da temperatura e da velocidade do ar, da natureza e cor da pele e do vestuário.

Para temperaturas compreendidas entre 18 a 30 °C, podemos tomar, com boa aproximação,

$$A = k(1 + 0{,}13c \text{ m/s}),$$

onde $k$, para pessoas de pele branca, normalmente vestidas, é da ordem de 2 a 3. Para pessoas agasalhadas, o coeficiente $A$ independe praticamente da velocidade do ar, podendo ser o seu valor inferior a 1.

Na realidade, o organismo humano pode também liberar apreciáveis quantidades de calor, na forma latente, pelas funções de exalação (vapor dágua expirado pelos pulmões), e exsudação (evaporação do suor na superfície do corpo). Essa parcela de calor depende essencialmente da disponibilidade de água a evaporar (que é controlada pelo mecanismo de regulação térmica do organismo) e da possibilidade de evaporação que, conforme vimos (veja o Cap. 5), é uma função da diferença entre as pressões de saturação da água (que está à temperatura do corpo) e a pressão real do vapor no ar:

$$Q_L = Br\xi S(p_s - p_v) \text{ kcal/h}, \qquad (10\text{-}3)$$

onde

$B$ = um coeficiente de redução da possibilidade de evaporação que varia teoricamente de 0 a 1 e depende do vestuário e do mecanismo de regulação térmica;

$r$ = o calor latente de vaporização da água, que vale aproximadamente 0,6 kcal/g;

$\xi$ = o coeficiente de evaporação que depende da velocidade do ar,

$$\xi = 22{,}9 + 17{,}4c \text{ m/s};$$

$S$ = a superfície do corpo, em $m^2$;

$p_s$ = a pressão de saturação da água, à temperatura do corpo, que vale 47 mm Hg;

$p_v$ = a pressão real do vapor no ar, calculável pela Eq. (5-3) ou por meio da "carta psicrométrica".

Fica assim completamente esclarecido que a passagem do calor do corpo humano para o meio exterior não depende unicamente da temperatura do mesmo, mas também do seu grau higrométrico e velocidade de deslocamento do ar, fatores esses que só em conjunto podem caracterizar a verdadeira receptividade térmica do ambiente.

*Exemplo* 10-1

Calcular a quantidade de calor máxima que um indivíduo normalmente vestido, de 1,8 $m^2$ de superfície de corpo, pode trocar com o ar ambiente em repouso, nas seguintes condições:

$$t = 26{,}5\ °C, \quad \psi = 52\%,$$

$$Q_s = AS(t_c - t_e) = 3{,}0 \cdot 1{,}8(37 - 26{,}5) = 56{,}5 \text{ kcal/h},$$

$$Q_L = B\xi rS(p_s - p_v) = 1 \cdot 0{,}6 \cdot 22{,}9 \cdot 1{,}8(47 - 14) = 816 \text{ kcal/h}.$$
$$Q_T = 565 + 816 = 872{,}5 \text{ kcal/h},$$

de modo que um indivíduo, em atividade moderada, que libera 166 kcal/h (veja a Tab. 10-2), aproveitaria para seu metabolismo apenas 12,5% da possibilidade de evaporação apresentada pelo meio ($B = 0{,}125$). Igualmente, poderíamos concluir que:

a) as trocas de calor que o organismo humano pode efetuar com um ambiente a 37 °C e $\psi = 100\%$ são nulas, o que nos permite afirmar que tais condições são impróprias para a vida;

b) as trocas máximas de calor que o organismo humano pode efetuar com o ar em repouso a 70 °C e $\psi = 10\%$ são:

$$Q_s = 3 \cdot 1{,}8 \cdot (37 - 70) = -149 \text{ kcal/h},$$
$$Q_L = 1 \cdot 22{,}9 \cdot 0{,}6 \cdot 1{,}8(47 - 30) = 422 \text{ kcal/h},$$
$$Q_T = 422 - 149 = 273 \text{ kcal/h},$$

de modo que o ambiente em consideração possibilitaria a vida humana, mesmo com atividade apreciável.

Do exposto, pode-se concluir que, quanto mais elevada for a temperatura exterior, maior será a parcela de calor liberada na forma latente e maiores capacidades de evaporação do ambiente se tornam necessárias a fim de que o equilíbrio homeotérmico possa ser atingido.

As normas registram como parcelas de calor liberado por pessoa, em função da atividade e da temperatura ambiente, os valores médios que constam da Tab. 10-2.

Com base nas considerações anteriores, podemos mais facilmente compreender o mecanismo pelo qual, com as modificações naturais das condições ambientes e do metabolismo que influem sobre as suas trocas térmicas, consegue o organismo humano automaticamente por meio do sistema nervoso, muito sensível às influências exteriores, efetuar a sua regulação térmica. Na luta contra o frio, essa auto-regulação é obtida por dois processos, que chamaremos respectivamente de regulação termoquímica e regulação termofísica.

A primeira consiste na regulação da produção interna de calor, fenômeno no qual possivelmente o fígado desempenha importante papel. Assim, o organismo humano é capaz de acomodar automaticamente a produção interna de calor, mantendo a sua temperatura constante, independentemente da temperatura ambiente, entre os limites correspondentes ao metabolismo básico e a um metabolismo máximo involuntário, dito de ápice, que é cerca de quatro vezes superior ao básico. Essa regulação, que exige naturalmente grande consumo de alimentos (principalmente gordurosos), por si só já daria ao organismo uma

Tabela 10-2. Calor liberado por pessoas (kcal/h)

| Local | Metabolismo homem adulto | Metabolismo médio* | TBS | | | | | | | | | |
|---|---|---|---|---|---|---|---|---|---|---|---|---|
| | | | 28 | | 27 | | 26 | | 24 | | 21 | |
| | | | S | L | S | L | S | L | S | L | S | L |
| Teatro,Escola primária | 98 | 88 | 44 | 44 | 49 | 39 | 53 | 35 | 58 | 30 | 65 | 23 |
| Escola Secundária | 113 | 100 | 45 | 55 | 48 | 52 | 54 | 46 | 60 | 40 | 68 | 32 |
| Escrit.Hot.Aptos.Universidades | 120 | 113 | 45 | 68 | 50 | 63 | 54 | 59 | 61 | 52 | 71 | 42 |
| Supermercados varejistas,lojas | 139 | | | | | | | | | | | |
| Farmácias,drogarias | 139 | 126 | 45 | 81 | 50 | 76 | 55 | 71 | 64 | 62 | 73 | 53 |
| Bancos | 139 | | | | | | | | | | | |
| Restaurante** | 126 | 139 | 48 | 91 | 55 | 84 | 61 | 78 | 71 | 68 | 81 | 58 |
| Fábrica,trabalho leve | 202 | 189 | 48 | 141 | 55 | 134 | 62 | 127 | 74 | 115 | 92 | 97 |
| Salão de baile | 227 | 214 | 55 | 159 | 62 | 152 | 69 | 145 | 82 | 132 | 101 | 113 |
| Fábrica,trabalho moderadamente pesado | 252 | 252 | 68 | 184 | 76 | 176 | 83 | 169 | 96 | 156 | 116 | 136 |
| Boliches,fábricas,ginásios*** | 378 | 365 | 113 | 252 | 117 | 248 | 122 | 243 | 132 | 233 | 152 | 213 |

S = Sensível L = Latente

**NOTAS:**

* O "METABOLISMO MÉDIO" corresponde a um grupo composto de adultos e crianças de ambos os sexos, nas proporções normais. Estes valores foram obtidos à base das seguintes hipóteses:
Metabolismo mulher adulta = Metabolismo homem adulto × 0,85
Metabolismo criança = Metabolismo homem adulto × 0,75

** Estes valores compreendem 14 kcal/h (50% calor sensível a 50% calor latente) por ocupante, para levar em conta o calor desprendido pelos pratos.

*** Boliche: admitindo uma pessoa jogando por pista e os outros sentados (100 kcal/h) ou de pé (139 kcal/h).

extraordinária capacidade de luta contra o frio, a qual, mediante treinos metódicos, permite a sua adaptação a ambientes cuja temperatura é da ordem de −40 °C.

Sob esse aspecto é interessante salientar que não é a quantidade de oxigênio oferecida aos tecidos que regula a sua produção de energia, mas sim as suas necessidades variáveis de atividade, comandadas voluntária ou involuntariamente pelo sistema nervoso.

A segunda consiste na regulação da temperatura pela diminuição das perdas de calor, a qual é conseguida:

pela constrição vascular cutânea, que produz o resfriamento da pele restringindo as suas perdas de calor;

pela modificação da distribuição da água no sangue e nos tecidos, colocando-a nos órgãos internos e evitando assim sua evaporação;

pela redução da condutibilidade térmica da pele, possivelmente em vista de sua desidratação, a qual diminui à metade, quando a temperatura exterior passa de 30 a 5 °C.

Na luta contra o calor, a regulação térmica é apenas de natureza física, já que, ao elevar-se a temperatura acima da correspondente ao metabolismo básico, a produção interna de calor, em vez de diminuir, aumenta, o que se explica pela entrada em ação do sistema de regulação térmica, que também consome energia. Assim, para temperaturas ambientes elevadas, a transmissão de calor que tende a diminuir é compensada:

em pequena parte, pela redução da resistência térmica da pele, cuja circulação sangüínea se ativa;

em grande parte, pelo aparecimento do suor que, ao ser evaporado, arrasta grandes quantidades de calor.

d – *Temperatura efetiva*

Embora o equilíbrio homotérmico possa ser obtido para várias condições de receptividade térmica do ambiente, nem sempre estas oferecem a mesma sensação de bem-estar ao organismo humano. Para caracterizar a sensação de bem-estar ocasionada por um ambiente, em função de sua temperatura, umidade e deslocamento do ar adota-se o conceito de temperatura efetiva.

A temperatura efetiva de um ambiente qualquer pode ser definida como sendo a temperatura de um recinto que, contendo ar praticamente em repouso (velocidades compreendidas entre 0,1 e 0,15 m/s) e completamente saturado de umidade, proporciona a mesma sensação de frio ou calor que o ambiente em consideração.

O gráfico da Fig. 10-1, determinado experimentalmente com o auxílio de grande número de pessoas, fornece as temperaturas efetivas correspondentes a diversas condições ambientes, caracterizadas pela temperatura $t_s$, $t_u$ e deslocamento do ar, para pessoas normalmente vestidas e em repouso (ASHRAE).

A temperatura efetiva de máximo conforto está relacionada com as condições de despesa mínima de energia do organismo, a qual, conforme vimos, se verifica quando o mesmo não tem de lutar contra o frio ou o calor. Essas condições, ditas de *neutralidade térmica*, dependem dos mesmos fatores que influem sobre o metabolismo, de modo que, na realidade, não podemos falar de uma temperatura efetiva de máximo conforto, mas sim de uma zona de conforto. Assim, dá-se o nome de zona de conforto ao conjunto de condições distintas do ar, caracterizadas na carta Psicrométrica, capaz de proporcionar sensações de bem-estar consideradas como ótimas para a maioria das pessoas. Tal zona, além de ter limites variáveis de pessoa para pessoa, só tendo sentido como elemento estatístico, varia com o vestuário, atividade, clima, estação do ano, idade, sexo etc.

A zona de conforto, determinada estatisticamente por vários experimentadores, para os E.U.A., tem como limites de temperaturas efetivas, mínimo 18,5 °C e máximo 24,5 °C, correspondendo o valor médio para o conforto de inverno, a 20 °C e o valor médio para o conforto de verão a 22 °C. Quanto à umidade, o grau higrométrico deve estar compreendido entre 40 e 60%, a fim de permitir uma boa regulação térmica no caso de variação de atividade orgânica.

Para a escolha da temperatura efetiva de conforto para o verão deve ser, entretanto, levado em contato ainda o choque das pessoas ao entrarem nos recintos refrigerados, devido à rápida evaporação do suor acumulado nas roupas e pele, devido ao calor e umidade exteriores. Assim, além de uma diferença de

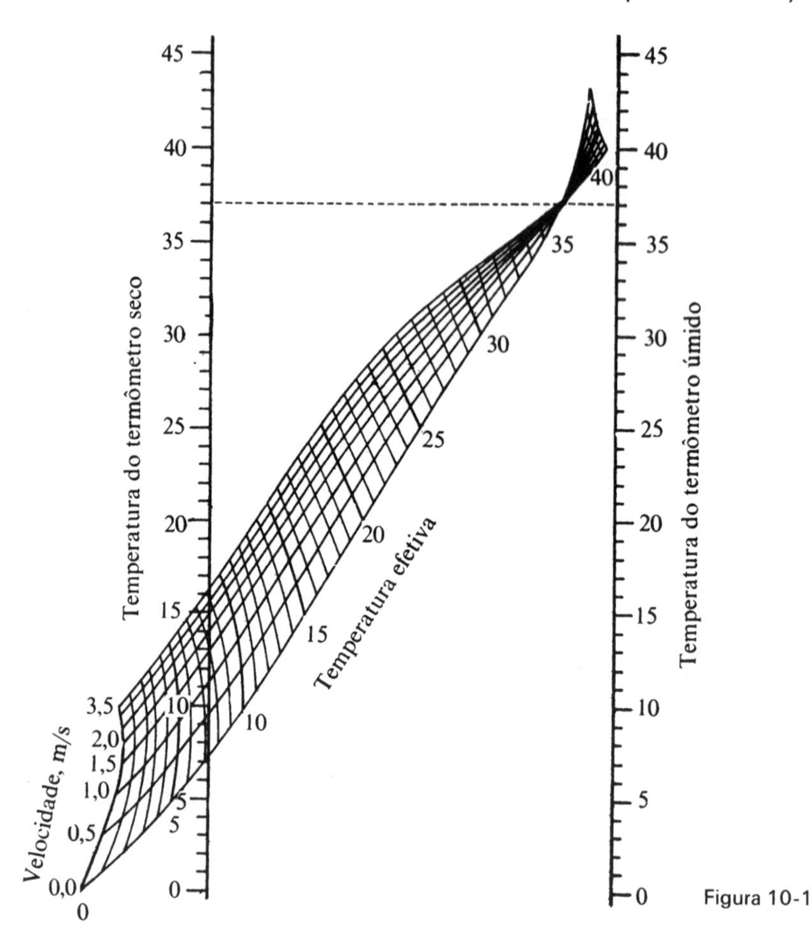


Figura 10-1

temperatura dos termômetros secos interior e exterior máxima aconselhável de 8 °C, deve ser julgada satisfatória para pessoas que permanecem no recinto por espaço de tempo pequenos, uma temperatura efetiva superior à indicada como de máximo conforto, enquanto que, para pessoas que permanecem no recinto por espaços de tempo superiores a 40 min., a temperatura efetiva indicada deve estar situada na zona correspondente ao máximo conforto.

Para o Brasil, onde o metabolismo, de um modo geral, é inferior ao verificado nos E.U.A., a zona de conforto deve apresentar, para limite mínimo, uma temperatura efetiva superior, sendo indicado pelas normas brasileiras PNB-10 os valores constantes nas Tabs. 9-1 e 10-3.

Embora a temperatura efetiva não possa, em vista de sua natureza, ser medida diretamente, a confortabilidade de um ambiente, resultante das condições de temperatura, umidade e deslocamento do ar, pode ser verificada aproximadamente por meio de um dispositivo que tem o nome de *catatermômetro*. Este é constituído por um termômetro de álcool com grande depósito, de 1,8 cm de diâmetro por 4 cm de comprimento, ligado a um tubo capilar de 20 cm onde

Tabela 10-3. Condições internas de conforto para verão

| Finalidade | Local | Recomendável | | Máxima | |
|---|---|---|---|---|---|
| | | TTS (°C) | U.R. (%) | TTS (°C) | U.R. (%) |
| Conforto | Residências<br>Hotéis<br>Escritórios<br>Escolas | 23 a 25 | 40 a 60 | 26,5 | 65 |
| Lojas de curto tempo de ocupação | Bancos<br>Barbearias<br>Cabelereiros<br>Lojas<br>Magazines<br>Supermercados | 24 a 26 | 40 a 60 | 27 | 65 |
| Ambientes com gran-cargas de calor latente e/ou sensível | Teatros<br>Auditórios<br>Templos<br>Cinemas<br>Bares<br>Lanchonetes<br>Restaurantes<br>Bibliotecas<br>Estúdios TV | 24 a 26 | 40 a 65 | 27 | 65 |
| Locais de reuniões com movimento | Boites<br>Salões de baile | 24 a 26 | 40 a 65 | 27 | 65 |
| Ambientes de Arte | Depósitos de livros, manuscritos, obras raras | 21 a 23* | 40 a 50* | — | — |
| | Museus e galerias de arte | 21 a 23* | 50 a 55* | — | — |
| Acesso | Halls de elevadores | — | — | 28 | 70 |

estão registradas as temperaturas de 35 a 38 °C. Na parte superior, um pequeno reservatório fechado permite o aquecimento do dispositivo a uma temperatura bastante superior a 38 °C, o que se faz colocando-o em banho-maria. Nessas condições, o tempo que leva o dispositivo a fim de que a sua temperatura baixe de 38 °C para 35 °C será função da capacidade de transmissão de calor sensível do ambiente, a qual depende da temperatura e deslocamento do ar do mesmo.

Adotando-se um "cata" com o reservatório superior coberto por uma gaze umedecida com água, o seu tempo de esfriamento em vista da evaporação será menor, dependendo agora não só da temperatura e movimento do ar, mas também de seu grau higrométrico. O produto do tempo assinalado, por uma constante própria de cada aparelho, recebe o nome de "valor cata". Ambientes que apresentam "valores cata" iguais praticamente se caracterizam por um mesmo índice de conforto, de modo que podemos relacionar esses valores com as temperaturas efetivas dos mesmos.

Experiências mais recentes sobre conforto térmico (GAGGE 1971, FANGER 1972), permitem incluir na sua caracterização, as influências:

— Das trocas de calor por radiação com as paredes que envolvem o ambiente. Donde a definição de uma temperatura mais significativa para o mesmo que e a temperatura equivalente em meio seco TEMS:

$$TEMS = \frac{\alpha_i \ TRM + \alpha_c \ ta}{\alpha}$$

onde: TRM — temperatura radiante média
ta — tempreatura ambiente
$\alpha_i$ — coeficiente de trans. calor por radiação
$\alpha_c$ — coeficiente de trans. calor por convecção
$\alpha$ — $\alpha_i + \alpha_c$

— Da vestimenta

A qual é definida pela sua resistência térmica cuja unidade e o CLO:

$$1 \ CLO = 0{,}18 \ m^2h \ C/kcal = 0{,}155 \ m^2 \ C/W$$

— Da atividade

A qual é definida em função do metabolismo, cuja unidade ao MET, fixado em:

$$1 \ MET = 50 \ kcal/m^2h = 58{,}2 \ W/m^2$$

Nestas condições foi possível definir uma nova temperatura efetiva, que por comodidade foi vinculada a umidade relativa de 50% (que é próxima à de conforto):

"Temperatura efetiva de um ambiente qualquer onde são definidas, a temperatura equivalente em meio seco, a umidade, a velocidade de deslocamento do ar, o tipo de atividade, e a vestimenta das pessoas; é a temperatura uniforme de um ambiente que, com uma umidade relativa de 50% e com o ar em repouso, no qual uma pessoa nas mesmas condições de vestuário e atividade, teria a mesma sensação de conforto térmico que no ambiente em consideração.

Tal conceituação possibilitou a publicação em 1981 pela ASHRAE (normas 55-74) de cartas de conforto como a da figura 10-1a, a qual foi elaborada para as seguintes condições:

TEMS = ta
Atividade sedentária = 0,5 MET
Vestimenta leve = 0,5 CLO

## 3 – *TRATAMENTO DO AR*

A fim de obter o ar condicionado, quer seja destinado ao conforto humano, quer seja destinado a outras finalidades, é necessário executar sobre o mesmo uma série de operações que recebem o nome de operações de tratamento do ar. As operações de tratamento de ar podem ser classificadas em:

a) purificação; b) aquecimento; c) umidificação;

d) refrigeração;
e) desumidificação;
f) mistura.

Todas essas operações, com exceção da purificação, que não envolve modificações das grandezas características do ar, podem ser analisadas com o auxílio da carta psicrométrica, onde são representadas por meio de linhas retas.

a — *Purificação*

A purificação do ar consiste na eliminação das partículas sólidas (poeiras, fumaças e fumos) e até mesmo líquidos (*mist*, *fog*) que o mesmo arrasta em suspensão. A purificação do ar é feita por meio dos seguintes dispositivos:

câmaras de retenção de pó,
filtros secos,
filtros de carvão ativado,
filtros úmidos,
lavadores de ar,
filtros eletrostáticos.

b — *Aquecimento*

O aquecimento do ar é obtido diretamente por meio de resistências elétricas e caloríferos (caldeiras de ar) ou indiretamente por meio de serpentinas de água quente, vapor ou mesmo fluido frigorígeno trabalhando em ciclo reverso. (Veja a Sec. 9 do Cap. 9 e Sec. 6g deste capítulo.)

c — *Umidificação*

A umidificação do ar consiste no aumento do seu conteúdo de umidade, o que se consegue por meio de:

injetores de vapor;
recipientes com água, a qual é vaporizada por aquecimento;
borrifadores de água quente ou mesmo água fria.

Quando o ar é posto em contato com a água a uma temperatura superior à temperatura de orvalho do ar, este sofre umidificação (veja a carta psicrométrica, onde a água é locada, em função de sua temperatura, sobre a linha de saturação). Essa umidificação pode ser com ganho de calor (se a temperatura da água for superior a *TTU* do ar), adiabática (se a temperatura da água for igual à *TTU* do ar), ou com perda de calor (se a temperatura da água for inferior à *TTU* do ar) conforme nos mostra a Fig. 10-2 (veja também a Sec. 9 do Cap. 9 e 6g deste capítulo), embora a temperatura do ar possa diminuir. Na realidade, o ar tende para a temperatura da água e a água para a *TTU* do ar.

d — *Refrigeração*

Nas instalações de ar condicionado, a refrigeração pura do ar é obtida, colocando-se o mesmo em contato com uma superfície fria, a uma temperatura

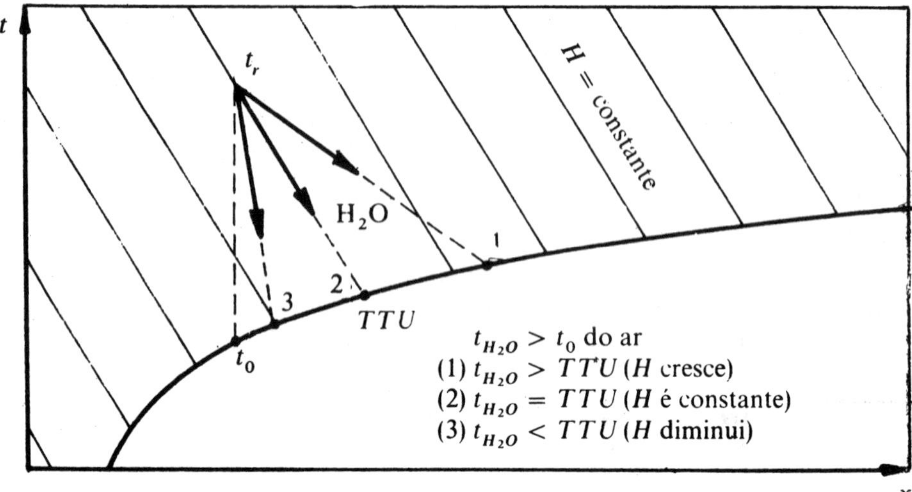


Figura 10-2

igual ou superior a sua temperatura de orvalho, a qual pode ser:

serpentina evaporadora de uma instalação de refrigeração (resfriador de expansão direta);
serpentina de água gelada (resfriador de expansão indireta);
borrifadores de água gelada;
serpentina resfriadora com borrifadores de água.

Adotando-se água, a temperatura da mesma deve ser igual à temperatura de orvalho do ar, para que não haja umidificação, conforme ficou esclarecido no item anterior.

e – *Desumidificação*

A desumidificação do ar consiste na redução de seu conteúdo de umidade (secagem). Essa operação é obtida por meio de refrigeração, por meios químicos e por adsorção.

A secagem do ar por meio de refrigeração se dá quando a temperatura da superfície fria (temperatura de orvalho do equipamento) é inferior à temperatura de orvalho do ar em tratamento (veja a Fig. 10-3). Naturalmente, a retirada de calor latente (umidade) em consideração é acompanhada de retirada de calor sensível.

A escolha adequada da temperatura de orvalho da instalação, $t_o$, permite-nos preparar um ar que retire do ambiente condicionado as quantidades de calor sensível e latente necessárias para mantê-lo nas condições de conforto, quantidades essas que podem ser caracterizadas pelo chamado fator de calor latente:

$$\text{F.C.L.} = \frac{Q_L}{Q_s + Q_L} = \frac{597 \Delta x}{\Delta H}.$$

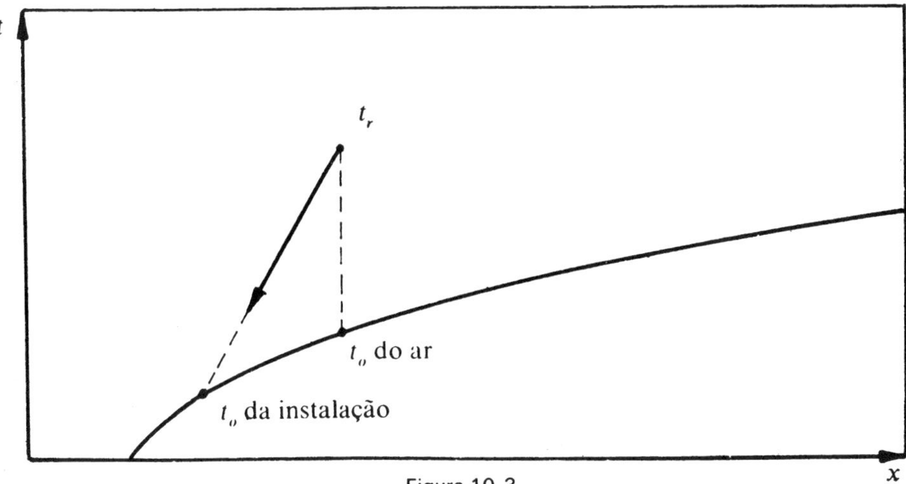


Figura 10-3

A determinação da temperatura de orvalho do equipamento, juntamente com a quantidade de ar a ser tratado, é um dos aspectos mais importantes do condicionamento do ar. (Veja a Sec. 6e deste capítulo.) A superfície fria em consideração pode ser qualquer uma das citadas no item anterior (refrigeração).

A secagem química consiste em fazer passar o ar em contato com substâncias higroscópicas como o $CaCl_2$, o Na, o $H_2SO_4$ etc.

A secagem por adsorção consiste na retenção da umidade por meio de substâncias porosas como a *sílica-gel*, que pode ser reativada facilmente pela passagem de uma corrente de ar quente, depois de estar completamente saturada de umidade. A adsorção da umidade pela *sílica-gel* se dá com produção de calor, correspondente à condensação da água e parte devido ao próprio fenômeno.

## f – *Mistura*

A mistura de duas parcelas de ar em condições físicas diversas é uma operação de tratamento do ar bastante usada para o condicionamento do mesmo.

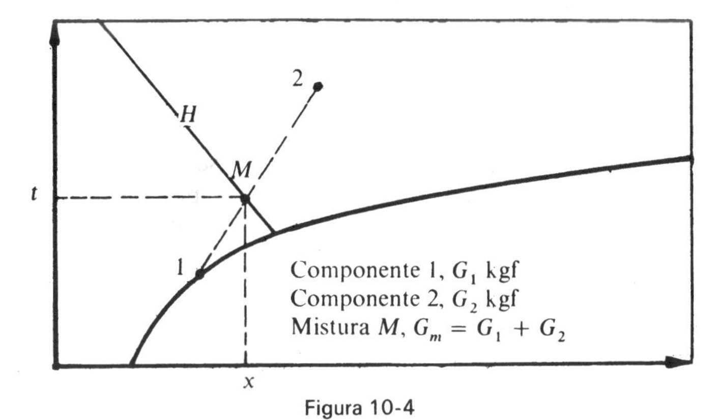


Figura 10-4

As características da mistura de duas parcelas de ar cujas condições são conhecidas, podem ser determinadas com o auxílio da carta psicrométrica (Fig. 10-4). Com efeito, o ponto correspondente às condições da mistura fica situado sobre a reta que une os pontos característicos das duas parcelas, de tal forma a dividir os segmento 12 em partes inversamente proporcionais aos pesos dos respectivos componentes:

$$\frac{G_1}{2M} = \frac{G_2}{1M} = \frac{G_m}{12}.$$

## 4 – *SISTEMAS DE CONDICIONAMENTO DE AR*

As instalações de condicionamento de ar podem ser classificadas conforme segue.

a – *Quanto ao tratamento do ar*

Simples aquecimento, adotado no inverno quando o calor latente ambiente é elevado.

Simples refrigeração, adotado no verão quando o calor ambiente é apenas sensível.

Simples desumidificação, adotado quando o calor ambiente é principalmente latente.

Simples umidificação, adotado quando se deseja baixar a temperatura do ar e ao mesmo tempo aumentar o seu conteúdo de umidade (saturação adiabática do ar).

Aquecimento com umidificação é o processo de condicionamento mais usado no inverno, onde o ar, ao ser aquecido, baixa excessivamente seu grau higrométrico, necessitando ser umidificado.

Refrigeração com desumidificação, que é o processo de condicionamento mais usado no verão. Quando a desumidificação é elevada, o ar atinge temperaturas muito baixas. Nesse caso, o ar refrigerado deve sofrer um tratamento adicional de mistura com o ar de retorno, para depois ser insuflado na peça. (Fig. 10-5.) Tal operação permite, além disso, a regulação da temperatura independentemente da regulação da umidade. (Veja a Sec. 6f deste capítulo.)

Refrigeração com desumidificação e reaquecimento, adotada quando a desumidificação é tão elevada em relação à retirada de calor sensível (fatores de calor latente superiores a 40%, como ocorrem em salões de baile, boates etc., ou no outono e primavera) que a desumidificação por meio de refrigeração torna-se antieconômica (temperatura de evaporação muito baixa), ou até mesmo impossível (veja carta psicrométrica). O reaquecimento, no caso, funciona como um aumento do calor sensível ambiente, o qual reduz o fator de calor latente do mesmo. (Veja a Sec. 6e deste capítulo.)

Condicionamento completo (inverno-verão ou todo ano) a qual permite o tratamento do ar para o conforto, a partir de qualquer condição, devendo, portanto, possibilitar todos os tipos de tratamento de ar analisados anterior-

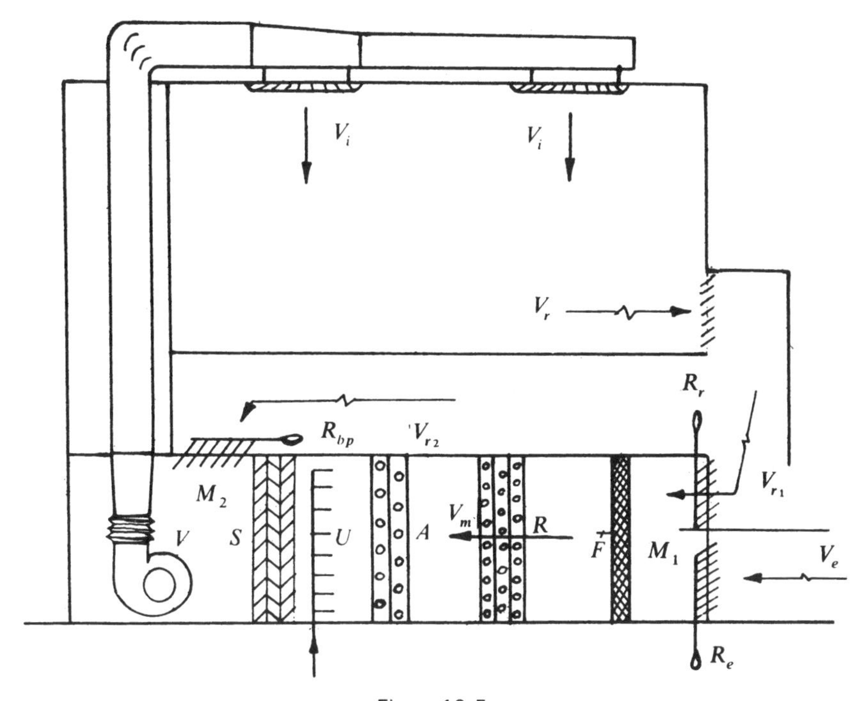


Figura 10-5

mente. Tal instalação, portanto, constará dos seguintes elementos (Fig. 10-5):

seção de mistura de ar de retorno com o ar exterior, $M_1$ ;
filtro, $F$;
serpentina de refrigeração ou borrifadores de água gelada, $R$;
serpentina de aquecimento, $A$;
umidificadores, $U$;
separadores de gotas, $S$;
seção de mistura do ar tratado com o ar de retorno de *by pass* (*by pass* do ar de retorno), $M_2$ ;
ventilador, $V$.

Nas cartas psicrométricas das Figs. 10-6, 10-7 e 10-8 estão registrados os tratamentos necessários para situações expostas a seguir.

*Inverno*. Mistura do ar de retorno com o ar exterior (1); filtragem; aquecimento (2); umidificação (3).

*Outono ou primavera*. Mistura do ar de retorno com o ar exterior (1); filtragem; refrigeração com desumidificação (2); reaquecimento (3).

*Verão*. Mistura do ar de retorno com o ar exterior (1); filtragem; refrigeração com desumidificação (2); mistura do ar refrigerado com o ar de *by pass* de retorno (3).

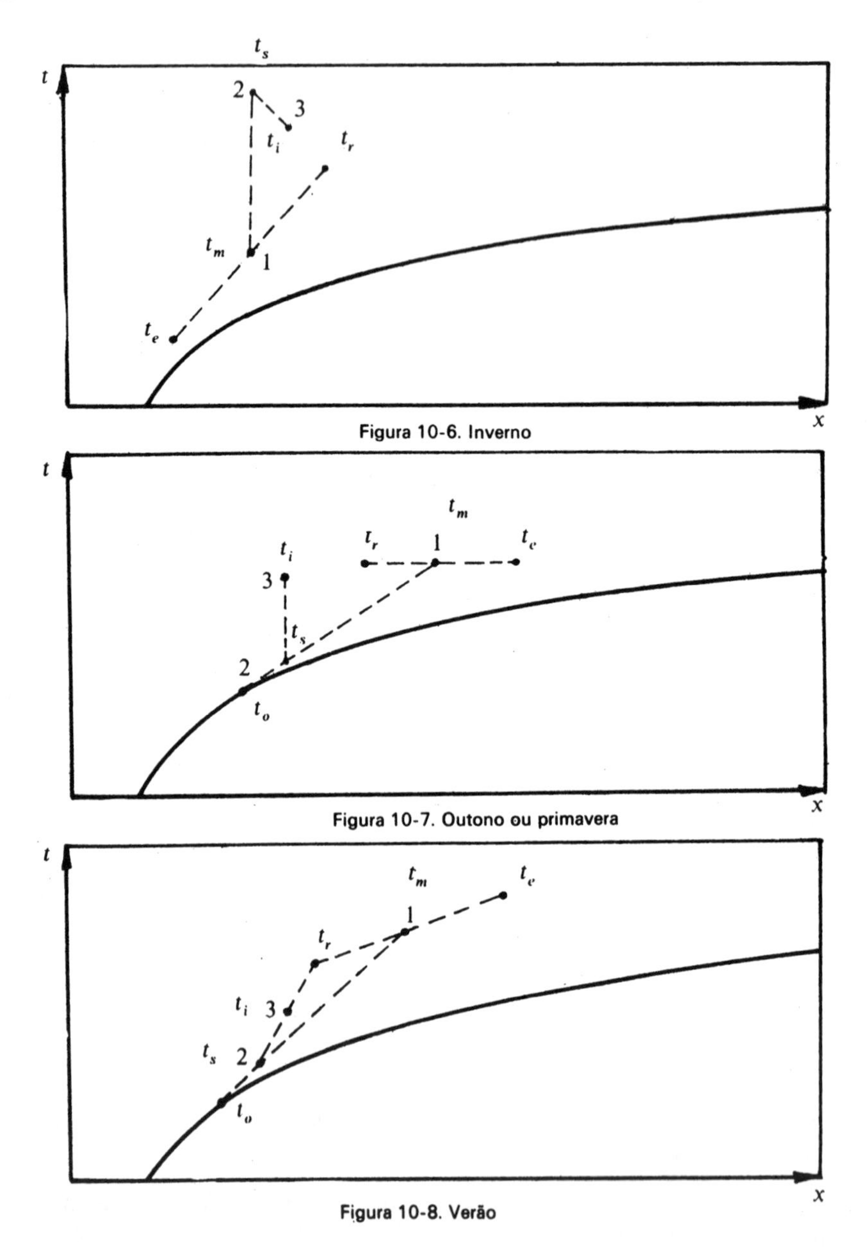


Figura 10-6. Inverno

Figura 10-7. Outono ou primavera

Figura 10-8. Verão

b – *Quanto à localização do equipamento*

*Local* (aparelhos de janela); indicada para pequenos ambientes onde a distribuição do ar tratado pode ser feita por insuflamento e retorno, direto do aparelho.

Adotam condensação a ar e podem, portanto, proporcionar o aquecimento de inverno por meio de reversão do ciclo de refrigeração.

*Pequenas centrais* (unidades compactas, tipo *selfcontained* ou *package*). São pequenas unidades, dispostas em caixa horizontal ou armário vertical, cujas capacidades variam normalmente de 3 a 15 T.R., que funcionam com condensação a ar ou a água. Dispõem, no seu interior, de todo o equipamento necessário para o condicionamento de ar inverno e verão. O aquecimento é direto por por meio de resistências elétricas, caloríferos, ou indireto por meio de reversão de ciclo de refrigeração.

Quando com condensador a água, elas trabalham com água da rede em circuito aberto (consome cerca de 600 l/h T.R.) ou com um sistema de recuperação da água de condensação (torre de arrefecimento) que pode ser centralizada, atendendo a vários condicionadores (veja instalações *Semicentrais*). A Fig. 10-9 mostra uma moderna unidade desse tipo, marca Worthington (E.U.A.), em forma de armário com condensador a água e aquecimento por meio de calorífero. A Fig. 10-10, por sua vez, mostra duas unidades compactas marca

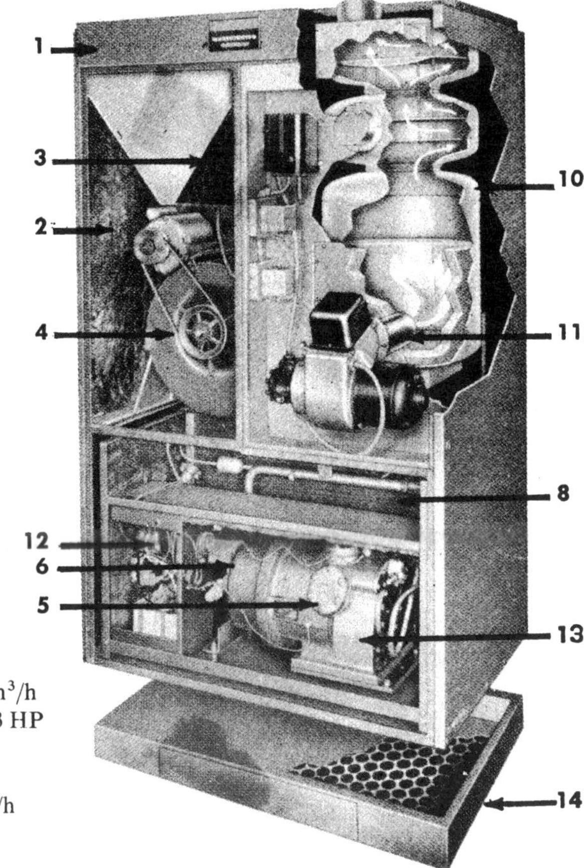


1. Gabinete (0,7 × 1,0 × 1,8 m)
2. Isolamento
3. Filtro de ar
4. Ventilador de 1/3 HP, 2 000 $m^3/h$
5. Compressor de refrigeração, 3 HP
6. Condensador
8. Serpentina de refrigeração
10. Aquecedor do ar, 20 000 kcal/h
11. Queimador, 0,75 G.P.H.
12. Controles elétricos

Figura 10-9

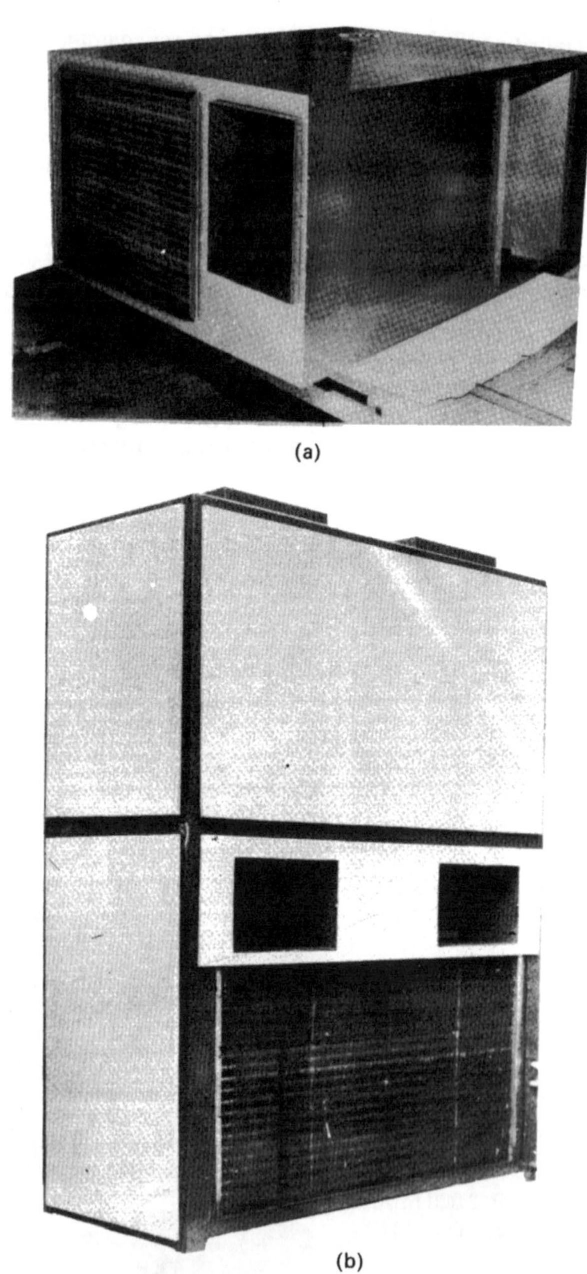

(a)

(b) Figura 10-10

Tecnoclina (fabricadas em Porto Alegre e projetadas pelo autor), uma em disposição horizontal (TCH) e outra em forma de armário vertical (TCV), com condensação a ar e aquecimento por ciclo reverso, cujas características principais constam da Tab. 10-4.

Tabela 10-4

| Características técnicas | Condicionadores horizontais | | | | Condicionadores verticais | | | |
|---|---|---|---|---|---|---|---|---|
| | TCH 350 | TCH 360 | TCH 550 | TCH 560 | TCV 350 | TCV 360 | TCV 550 | TCV 560 |
| Potência nominal do compressor | 3 HP | 3 HP | 5 HP | 5 HP | 3 HP | 3 HP | 5 HP | 5 HP |
| Fases | 3 | 3 | 3 | 3 | 3 | 3 | 3 | 3 |
| Tensão | 200-240 V | 208-240 V | 200-240 V | 208-240 V | 200-240 V | 208-240 V | 200-240 V | 208-240 V |
| Freqüência | 50 Hz | 60 Hz | 50 Hz | 60 Hz | 50 Hz | 60 Hz | 50 Hz | 60 Hz |
| Fluído frigorígeno | F22 | F22 | F22 | F22 | F22 | F22 | F22 | F22 |
| Potência frigorífica em fg/h a 32 °C | 8 550 | 10 050 | 13 800 | 16 350 | 8 550 | 10 050 | 13 800 | 16 350 |
| Fator de calor latente (normal) | 20 a 30% | 20 a 30% | 20 a 30% | 20 a 30% | 20 a 30% | 20 a 30% | 20 a 30% | 20 a 30% |
| Potência calorífica em kcal/h a 5 °C | 7 750 | 8 950 | 12 600 | 14 850 | 7 750 | 8 950 | 12 600 | 14 850 |
| Motor ventilador do evaporador | 1 HP | 1 HP | 1,5 HP | 2 HP | 0,5 HP | 0,5 HP | 0,5 HP | 0,5 HP |
| Motor ventilador do condensador | | | | | 0,5 HP | 0,75 HP | 1 HP | 1,5 HP |
| Ar de insuflamento, $m^3/h$ | 1 880 | 2 200 | 3 030 | 3 580 | 1 880 | 2 200 | 3 030 | 3 580 |
| Ar de ventilação (normal), $m^3/h$ | 300 | 360 | 500 | 600 | — | — | — | — |
| Ar de condensação, $m^3/h$ | 3 300 | 3 960 | 5 500 | 6 600 | 3 300 | 3 960 | 5 500 | 6 600 |
| Velocidade de insuflamento, m/s | 7 | 8,2 | 7 | 8,2 | 6,6 | 7,8 | 6,6 | 7,8 |
| Pressão disponível no insuflamento | 7 mm $H_2O$ | 10 mm $H_2O$ | 7 mm $H_2O$ | 10 mm $H_2O$ | 7 mm $H_2O$ | 10 mm $H_2O$ | 7 mm $H_2O$ | 10 mm $H_2O$ |
| Pressão disponível no ar de condensação | 4 mm $H_2O$ | 6 mm $H_2O$ | 4 mm $H_2O$ | 6 mm $H_2O$ | 4 mm $H_2O$ | 6 mm $H_2O$ | 4 mm $H_2O$ | 6 mm $H_2O$ |
| Altura, mm | 605 | 605 | 705 | 705 | 1 615 | 1 615 | 1 615 | 1 615 |
| Largura, mm | 885 | 885 | 1 120 | 1 120 | 980 | 980 | 1 280 | 1 280 |
| Comprimento ou espessura, mm | 1 250 | 1 250 | 1 412 | 1 412 | 680 | 680 | 680 | 680 |
| Peso aproximado, kgf | 180 | 180 | 230 | 240 | 220 | 220 | 280 | 280 |

*Observação.* As unidades acima são fabricadas tanto com descarga para cima como horizontal (direita ou esquerda)

Essas unidades são indicadas para ambientes de tamanho médio (residências, apartamentos, pequenas lojas, escritórios particulares etc.) e dispensam elementos acessórios como torres de arrefecimento e caldeiras de água quente. São de fácil instalação, como ilustram as sugestões da Fig. 10-11.

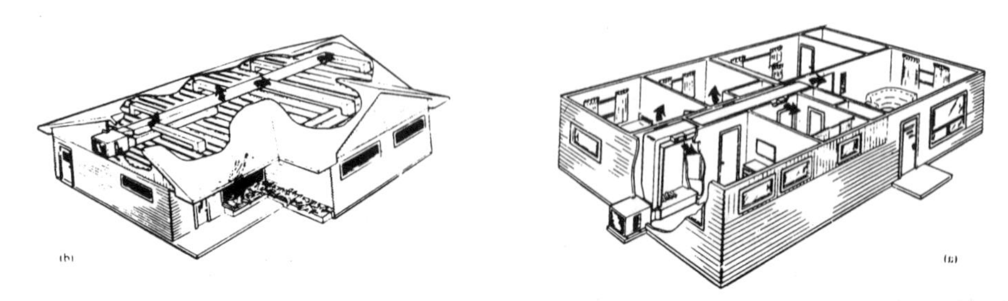

Figura 10-11

*Grandes centrais.* São grandes instalações nas quais todo equipamento de ar condicionado é localizado em sala de máquinas adequada. São indicadas para grandes ambientes como cinemas, teatros, salas de conferências, salões de baile, restaurantes etc., onde a distribuição do ar não exige dutos muito longos.

*Semicentrais.* São grandes instalações de ar condicionado nas quais, para facilitar a distribuição do ar, os condicionadores propriamente ditos são repartidos pelo prédio, centralizando-se na casa de máquinas apenas uma parte do equipamento, como, por exemplo:

a) o sistema de recuperação da água de condensação (torre de arrefecimento);

b) o sistema de aquecimento (caldeira ou preparador de água quente), quando o aquecimento é indireto por meio de água quente;

c) o sistema de refrigeração (preparador de água gelada) quando a refrigeração é por expansão indireta, como ficou esclarecido na Sec. 4c do Cap. 8, Fig. 8-8 (central frigorígena de água gelada).

Esse tipo de instalação é recomendado especialmente para grandes áreas coletivas (não em condomínio) como edifícios públicos, escritórios com vários andares (de uma mesma organização), grandes magazines etc.

Atualmente os sistemas de ar condicionado com central de água gelada, estão sendo largamente utilizados face a possibilidade da termoacumulação, a qual consiste no armazenamento do frio em tanques de água gelada ou mesmo tanques de gelo.

A grande vantagem da termoacumulação decorre do fato de que as instalações de ar condicionado, além de funcionarem apenas uma parte do dia, apresentam uma carga térmica variável, com um pique que nas instalações convencionais define a potência a ser instalada ($P_{f_{máx}}$).

Nestas condições a energia frigorífica total consumida nas 24 horas em TRh (que seria igual ao somatório das energias frigoríficas apropriadas hora a hora durante o tempo real de utilização do frio), poderia ser produzida também nas 24 horas (desde que fosse acumulada quando não utilizada), com uma potência frigorífica instalada média ($P_{f_m}$) significativamente inferior à potência frigorífica de pique da instalação (veja figura 10-11c).

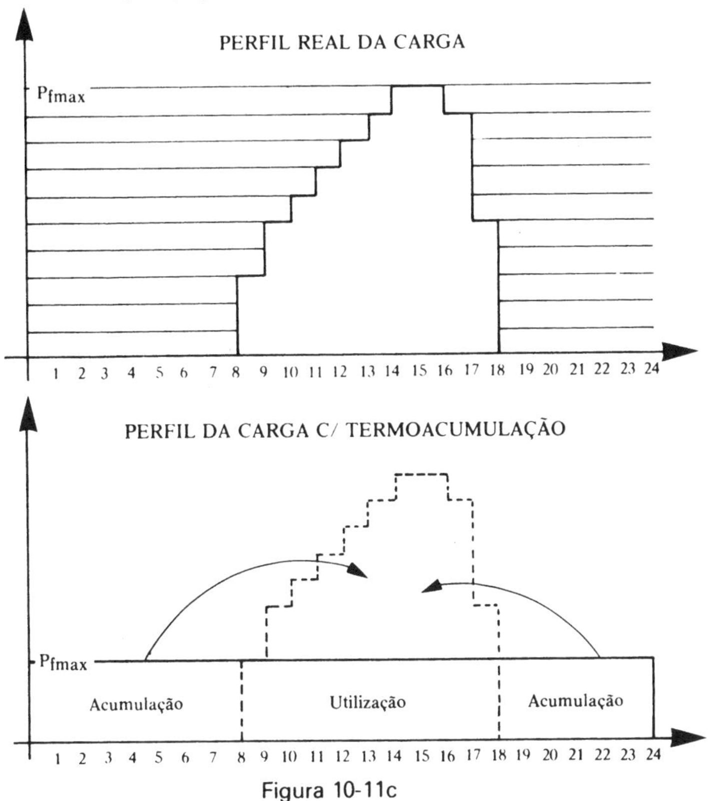


Figura 10-11c

Decorre daí uma demanda de energia elétrica bastante inferior, acrescida da vantagem adicional de possibilitar o uso da energia elétrica em períodos de tarifa reduzida (tarifa noturna) o que representa um baixo custo operacional.

Por outro lado sendo a potência instalada menor, mesmo levando em conta os equipamentos adicionais de termo acumulação e, o aumento da complexidade da instalação, esta pode ter seu custo de investimento também reduzido.

As desvantagens da termoacumulação são, a necessidade de espaços adicionais para os tanques de acumulação e, o seu maior consumo de energia global, devido as perdas de acumulação e, sobretudo devido ao rendimento frigorífico inferior da instalação que deve necessariamente operar a uma temperatura de evaporação mais baixa (cerca de + 2 °C para a acumulação em água gelada e, cerca de − 10 °C para a acumulação em gelo).

Os tanques de água gelada para acumulação, operam com uma diferença de temperatura da ordem de 10 °C (6,5 − 16,5), tem volume de cerca de 350 l/TRh e, podem ser tanto enterrados como aéreos de forma cilíndrica horizontal ou vertical.

Os tanques de gelo, tem volume da ordem de 80 l/TRh e, podem adotar várias técnicas:

— Tanques com serpentinas evaporadoras em sistemas de expansão direta, onde o gelo se forma em volta dos canos e, a água para a climatização circula livremente dentro do tanque (sistema B.A.C.).

— Tanque com serpentinas (de polietileno) por onde circula água glicolada preparada pela central de frio e que serve também para a climatização.

Neste caso, o gelo se forma em volta dos canos preenchendo o tanque, já que não há circulação no mesmo (sistema CALMAQ).

— Tanque com envólucros estanques de plástico (em forma de esferas com reentrâncias ou bolsas) contendo água adicionada de cerca de 0,03% de sais de alcalino terrosos para facilitar o início da cristalização), que deixam vazios por onde circula água glicolada, preparada pela central de frio e que serve também para a climatização (sistema francês CRIOGEL).

c – *Quanto ao ar insuflado*

Quando o prédio a ser condicionado é zoneado de forma tal que todos os ambientes atendidos por uma mesma instalação apresentam a mesma proporção entre o calor latente e o calor sensível a ser retirado (F.C.L.), o ar é insuflado em todos os ambientes nas mesmas condições. Entretanto, quando os diversos ambientes atendidos por uma determinada instalação não apresentam o mesmo F.C.L., devido a condições externas (insolação) ou internas (ocupantes, iluminação etc.), o ar em cada um deles deverá ser adaptado a suas condições particulares de carga térmica. Para atender a esse aspecto, as instalações de ar condicionado podem ser projetadas da maneira exposta a seguir.

*Com insuflamento de ar único.* Nesse caso, o ar é tratado na central, corrigindo-se a sua temperatura $t$ e umidade $x$, para, a seguir, ser insuflado em canalização única. A alteração de seu F.C.L. em relação ao ambiente, é feita por meio de reaquecedores instalados em cada recinto a condicionar (Fig. 10-12).

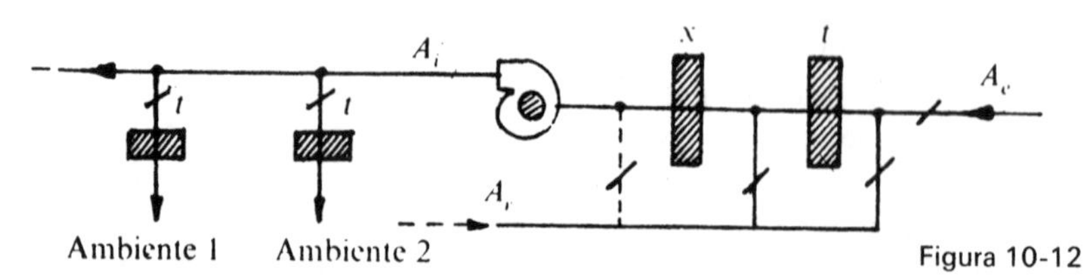

Figura 10-12

*Com insuflamento de ar duplo.* Nesse caso, o ar é tratado na central, corrigindo-se a sua temperatura $t$ e umidade $x$ para, a seguir, ser insuflado em duas canalizações, das quais uma é provida de reaquecedor. As condições de conforto dos diversos ambientes são obtidas por meio de tomadas de ar nas duas canalizações, na proporção exigida pelo F.C.L. próprio de cada um deles (Fig. 10-13).

*Com tratamento de ar primário* (Fig. 10-14). Consiste no tratamento da

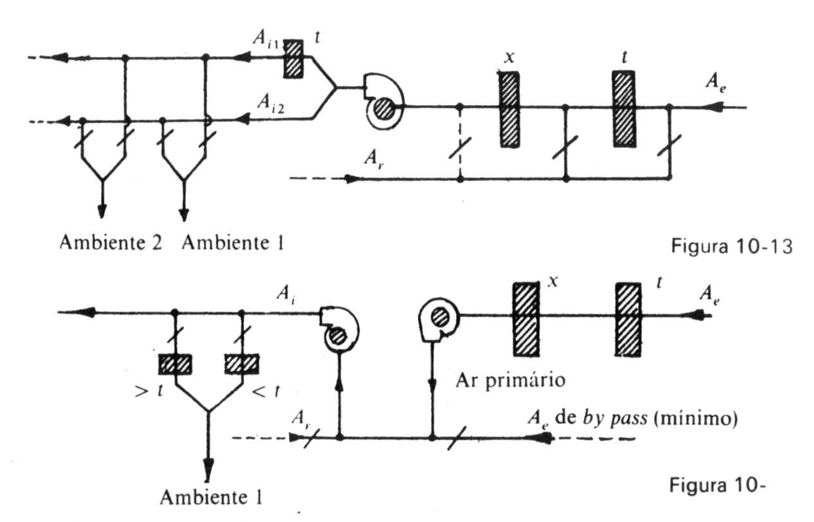


Figura 10-13

Figura 10-

temperatura e umidade do ar de ventilação numa central de ar primário, que é então movimentado por ventilador próprio até os sistemas de distribuição secundários, que podem ser projetados com insuflamento de ar simples (que é lançado no ambiente parte aquecido e parte refrigerado) ou com insuflamento de ar duplo (um aquecido e outro refrigerado).

Realmente, como a retirada de calor sensível é efetuada a temperaturas bastante superiores às que se verificam na retirada do calor latente, justifica-se o uso econômico de duas temperaturas de refrigeração nas instalações suficientemente grandes.

## 5 – *CARGA TÉRMICA*

Dá-se o nome de carga térmica de uma instalação de ar condicionado à quantidade de calor que, por unidade de tempo, deve ser fornecida ou retirada do ar a ser introduzido nos recintos condicionados, a fim de que os mesmos se mantenham nas condições de conforto prefixadas.

Para o projeto completo de uma instalação de ar condicionado, é necessário que, no levantamento da carga térmica, sejam caracterizados os elementos que seguem (veja também a Sec. 9 do Cap. 9).

a) *Carga térmica de aquecimento* (inverno). Carga térmica ambiente sensível; carga térmica externa sensível e latente (umidificação).

b) *Carga térmica de refrigeração* (verão). Carga térmica ambiente sensível ($Q_{S_A}$) e latente ($Q_{L_A}$); carga térmica externa sensível e latente (desumidificação).

Entendendo-se carga térmica ambiente como todos os calores (sensíveis e latentes) que entram em jogo desde o condicionador propriamente dito (depois de terminado o tratamento do ar) até a saída do ar do ambiente e externa as demais (como trocas de calor no retorno, condicionador até o fim do tratamento, calor em jogo no ar de ventilação etc.). Por outro lado, o cálculo da carga térmica deve incluir as parcelas discriminadas a seguir.

a – *Carga térmica ambiente*

a-1. Transmissão de calor (por meio de condução) através das superfícies-limites do recinto, dada pela equação geral

$$Q = \sum KS\,\Delta t \text{ kcal/h.} \tag{10-4}$$

a-2. Calor de insolação (verão), calculado para a pior situação (a hora da insolação máxima depende da orientação das superfícies-limites mais vulneráveis, que são as janelas), o qual pode ser calculado por expressão semelhante à anterior:

$$Q = \sum KS\,\Delta t' \text{ kcal/h,}$$

onde $\Delta t'$ é uma diferença de temperatura hipotética dita de insolação, a qual varia com a hora do dia, orientação da superfície, cor da parede ou proteção da janela.

Para locais situados na latitude 30° sul, seus valores são dados pelas Tabs. 10-4 (*Trane Air Conditioning Manual*).

a-3. Transmissão de calor através das paredes dos dutos de insuflamento em relação ao exterior ou ambientes não condicionados (adotar para tal cálculo a temperatura de insuflamento).

a-4. Calor ganho devido a fontes próprias do ambiente, por exemplo, pessoas, aparelhos de iluminação, equipamentos diversos. O calor liberado pelas pessoas, na forma sensível ou latente, depende da temperatura do ambiente

Tabela 10-4a. Superfícies opacas

| | Hora | Direção da face | | | | | | | Forro |
|---|---|---|---|---|---|---|---|---|---|
| | | SE | E | NE | N | NO | O | SO | |
| Cor escura (Preto, Cinza escuro) | 8 | 3,34 | 3,89 | — | — | — | | | — |
| | 9 | 14,5 | 17,8 | 8,32 | — | — | | | 5 |
| | 10 | 17,8 | 24,42 | 14,45 | — | — | | | 16,1 |
| | 11 | 13,3 | 22,2 | 15,5 | — | — | | | 25,6 |
| | 12 | 6,66 | 15 | 13,3 | 0,55 | — | | | 32,8 |
| | 13 | | 6,11 | 7,8 | 2,78 | — | | | 36,7 |
| | 14 | | | 1,11 | 3,33 | 1,11 | — | | 38,3 |
| | 15 | | | | 2,78 | 7,8 | 6,1 | | 36,7 |
| | 16 | | | | 0,55 | 13,3 | 15 | 6,67 | 32,8 |
| | 17 | | | | — | 15,5 | 22,2 | 13,3 | 25,6 |
| | 18 | | | | — | 14,4 | 24,4 | 17,8 | 16,1 |
| | 19 | | | | — | 8,32 | 17,8 | 14,45 | 5 |
| | 20 | | | | — | — | 3,9 | 3,33 | — |

Tabela 10-4a. Superfícies opacas (*continuação*)

Cor média (Vermelho, marrom, cinza claro)

| Hora | Direção da face | | | | | | | Forro |
|---|---|---|---|---|---|---|---|---|
| | SE | E | NE | N | NO | O | SO | |
| 8 | 0,55 | 1,11 | — | | — | — | | — |
| 9 | 7,8 | 9,45 | 3,89 | | — | — | | 1,67 |
| 10 | 10 | 14,45 | 8,34 | | — | — | | 9,45 |
| 11 | 7,22 | 12,8 | 8,9 | | — | — | | 15,00 |
| 12 | 2,78 | 8,9 | 7,22 | | — | — | | 20,00 |
| 13 | | 2,78 | 3,89 | | — | — | | 22,2 |
| 14 | | | | 0,55 | — | — | | 23,3 |
| 15 | | | | | 3,89 | 2,78 | | 22,2 |
| 16 | | | | | 7,22 | 8,9 | 2,78 | 20,00 |
| 17 | | | | | 8,9 | 12,8 | 7,2 | 15,00 |
| 18 | | | | | 8,32 | 14,4 | 10,0 | 9,45 |
| 19 | | | | | 3,88 | 9,45 | 7,8 | 1,67 |
| 20 | | | | | — | 1,11 | 0,55 | — |

Cor clara (Branco, Alumínio)

| Hora | Direção da face | | | | | | | Forro |
|---|---|---|---|---|---|---|---|---|
| | SE | E | NE | N | NO | O | SO | |
| 8 | 3,33 | — | — | — | — | | | — |
| 9 | 4,44 | 4,44 | 1,11 | — | — | | | — |
| 10 | 2,78 | 7,22 | 3,33 | — | — | | | 3,89 |
| 11 | | 6,1 | 3,89 | — | — | | | 7,8 |
| 12 | | 3,98 | 2,78 | — | — | | | 10,6 |
| 13 | | | 0,55 | — | — | | | 12,2 |
| 14 | | | | — | — | | | 12,8 |
| 15 | | | | — | 0,55 | | | 12,2 |
| 16 | | | | — | 2,78 | 3,89 | | 10,6 |
| 17 | | | | — | 3,89 | 6,1 | 2,78 | 7,8 |
| 18 | | | | — | 3,33 | 7,22 | 4,45 | 3,89 |
| 19 | | | | — | 1,11 | 4,45 | 3,33 | — |
| 20 | | | | — | — | — | — | — |

Tabela 10-4b. Superfícies transparentes

Sem proteção contra insolação ou cortinas escuras

| Hora | Direção da face | | | | | | | Forro de vidro |
|---|---|---|---|---|---|---|---|---|
| | SE | E | NE | N | NO | O | SO | |
| 6 | 24,4 | 26,1 | 11,1 | — | — | — | | 2,20 |
| 7 | 61,6 | 74 | 38,9 | — | — | — | | 25,00 |
| 8 | 70,5 | 96,2 | 58,4 | — | — | — | | 65,00 |
| 9 | 50,5 | 85,6 | 59,5 | — | — | — | | 98,00 |
| 10 | 21,6 | 58,4 | 48,4 | 3,89 | — | — | | 123,00 |
| 11 | 1,11 | 20,0 | 26,7 | 8,90 | — | — | | 137,00 |
| 12 | | | 5,0 | 10,6 | 5,0 | — | | 142,00 |
| 13 | | | | 8,9 | 26,7 | 20,0 | 1,11 | 137,00 |
| 14 | | | | 3,89 | 48,4 | 58,4 | 21,6 | 123,00 |
| 15 | | | | | 59,5 | 85,5 | 50,5 | 98,00 |
| 16 | | | | | 58,4 | 96,2 | 70,5 | 65,00 |
| 17 | | | | | 38,9 | 74,0 | 61,6 | 25,00 |
| 18 | | | | | 11,1 | 26,1 | 24,4 | 2,20 |

Com cortinas claras ou persianas internas

| Hora | Direção da face | | | | | | | Forro de vidro |
|---|---|---|---|---|---|---|---|---|
| | SE | E | NE | N | NO | O | SO | |
| 6 | 12,2 | 13,3 | 5,55 | — | — | — | | 1,11 |
| 7 | 31,1 | 37,2 | 19,40 | — | — | — | | 12,8 |
| 8 | 35,5 | 48,3 | 29,4 | — | — | — | | 32,8 |
| 9 | 25,5 | 42,8 | 30,00 | — | — | — | | 48,9 |
| 10 | 10,5 | 29,4 | 23,9 | 1,67 | — | — | | 61,5 |
| 11 | 0,55 | 10 | 13,3 | 4,44 | — | — | | 68,4 |
| 12 | — | — | 2,78 | 5,00 | 2,78 | | | 71,0 |
| 13 | — | — | — | 4,44 | 13,30 | 10 | 0,55 | 68,4 |
| 14 | — | — | — | 1,67 | 23,9 | 29,4 | 10,5 | 61,5 |
| 15 | — | — | — | — | 30,0 | 42,7 | 25,5 | 48,9 |
| 16 | — | — | — | — | 29,4 | 48,3 | 35,5 | 32,8 |
| 17 | — | — | — | — | 19,4 | 37,2 | 31,0 | 12,8 |
| 18 | — | — | — | — | 5,55 | 13,3 | 12,2 | 1,11 |

Tabela 10-4b. Superfícies transparentes (*continuação*)

Com persianas externas

| Hora | Direção da face | | | | | | | Forro de vidro |
|---|---|---|---|---|---|---|---|---|
| | SE | E | NE | N | NO | O | SO | |
| 6 | 7,23 | 7,8 | 3,34 | — | | | | |
| 7 | 18,3 | 22,2 | 11,65 | — | | | | |
| 8 | 21,0 | 28,9 | 17,8 | — | | | | |
| 9 | 15 | 25,5 | 17,8 | — | | | | |
| 10 | 6,66 | 17,8 | 14,4 | 1,11 | | | | |
| 11 | — | 6,1 | 7,8 | 2,78 | | | | |
| 12 | — | — | 1,67 | 3,34 | 1,67 | | | |
| 13 | — | — | | 2,78 | 7,8 | 6,1 | | |
| 14 | — | — | | 1,11 | 14,4 | 17,8 | 6,66 | |
| 15 | — | — | | | 17,8 | 25,5 | 15,0 | |
| 16 | — | — | | | 17,8 | 28,9 | 21,0 | |
| 17 | — | — | | | 11,65 | 22,2 | 18,3 | |
| 18 | — | — | | | 3,34 | 7,8 | 7,23 | |

e é dado pela Tab. 10-2, enquanto que o número de pessoas a considerar nos recintos habitados, na falta de outra indicação, de acordo com a PNB-10, devem ser os que constam da Tab. 10-5.

Tabela 10-5. Valores recomendados para ocupação dos recintos

| Local | $m^2$/Pessoas |
|---|---|
| Dormitórios | 10 |
| Salas residenciais | 8 |
| Salões de hotel | 6 |
| Escritórios privados | 8 |
| Escritórios em geral | 6 |
| Bancos, recintos privados | 7 |
| Bancos, recintos públicos | 4 |
| Lojas de pouco público | 5 |
| Lojas de muito público | 3 |
| Restaurantes | 2 |
| Boates | 1 |
| Auditórios, conferências | 1,5 |
| Teatros, cinemas | 0,75 |

O calor liberado pelos aparelhos de iluminação elétrica é dado por

$$Q = 860\,\mathrm{W}\,\frac{\mathrm{kcal}}{\mathrm{h}}, \qquad (10\text{-}5)$$

onde os valores mínimos da potência elétrica W por m², admitidas pela PNB-10, para iluminação direta por meio de lâmpadas incandescentes, na falta de outra indicação, devem ser as que constam da Tab. 10-6.

Tabela 10-6. Valores recomendados para consumo de energia elétrica para iluminação

| Local | Tipos de Iluminação | Nível de Iluminação LUX | Potência dissipada W/m² |
|---|---|---|---|
| Escritórios | Fluorescente | 1 000 | 40 |
| Lojas | Fluorescente | 1 000 | 50 |
| Residências | Incandescente | 300 | 30 |
| Supermercados | Fluorescente | 1 000 | 35 |
| Barbearias e Salões de beleza | Fluorescente | 500 | 20 |
| Cinemas e teatros | Incandescente | 60 | 15 |
| Museus e | Fluorescente | 500 | 45 |
| Bibliotecas | Incandescente | 500 | 70 |
| Restaurante | Fluorescente | 150 | 15 |
| | Incandescente | 150 | 25 |
| Bancos | Fluorescente | 1 000 | 35 |
| Auditórios: | | | |
| a) Tribuna | Incandescente | 1 000 | 50 |
| b) Platéia | Incandescente | 500 | 30 |
| c) Sala de espera | Incandescente | 150 | 20 |
| *Hotéis:* | | | |
| a) Banheiros | Incandescente | 150 | 25 |
| b) Corredores | Incandescente | 100 | 15 |
| c) Sala de leitura | Fluorescente | 500 | 45 |
| | Incandescente | (500) | 70 |
| d) Quartos | Incandescente | 500 | 35 |
| e) Salas Reuniões | | | |
| — Platéia | Incandescente | 150 | 20 |
| — Tablado | Incandescente | 500 | 30 |
| f) Portaria e recepção | Incandescente | 250 | 35 |

**Nota:**
1. Os valores de dissipação das lâmpadas fluorescentes já incluem os rastores.

Os calores liberados por equipamentos diversos estão relacionados na Tab. 10-7.

Tabela 10-7

| Equipamentos diversos | kcal/h | | |
|---|---|---|---|
| | Sensível | Latente | Total |
| *Equipamento Elétrico* | | | |
| Aparelhos elétricos — por kW | 860 | 0 | 860 |
| Forno elétrico — Serviço de cozinha por kW | 690 | 170 | 860 |
| Torradeiras e aparelhos de grelhar por kW | 770 | 90 | 860 |
| Mesa quente — por kW | 690 | 170 | 860 |
| Cafeteiras — por litro | 100 | 50 | 150 |
| *Equipamento a Gás* | | | |
| GLP 50% butano + 50% propano por m³/h | 5 540 | 700 | 6 240 |
| GLP (50/50%) por kg | 9 800 | 1 200 | 11 000 |

Tabela 10-7 (*continuação*)

| Equipamentos diversos | | | kcal/h | | |
|---|---|---|---|---|---|
| | | | Sensível | Latente | Total |
| Bico de Bunsen — tamanho grande | | | 835 | 215 | 1 050 |
| Fogão a gás — Serviço de Restaurante por $m^2$ superfície da mesa | | | 10 500 | 10 500 | 21 000 |
| *Banho Maria* | | | | | |
| Por $m^2$ de superfície superior | | | 2 130 | 1 200 | 3 250 |
| Cafeteira — por litro | | | 150 | 50 | 200 |
| *Equipamentos a Vapor* | | | | | |
| Banho maria por $m^2$ de boca | | | 1 125 | 2 625 | 3 750 |
| *Alimentos* | | | | | |
| Por pessoa (Restaurante) | | | 7 | 7 | 14 |
| Motores Elétricos | | | | | |
| *Potência (Placa)* | | Eficiência aproximada (%) | | | |
| Até 1/4 CV | Por CV | 60 | 1 050 | 0 | 1 050 |
| 1/2 a 1 CV | Por CV | 70 | 900 | 0 | 900 |
| 1½ a 5 CV | Por CV | 80 | 800 | 0 | 800 |
| 7½ a 20 CV | Por CV | 85 | 750 | 0 | 750 |
| acima de 20 CV | Por CV | 88 | 725 | 0 | 725 |

a-5. Calor em jogo devido à infiltração de ar pelas frestas ou pelo movimento das portas, o qual é calculado em função das condições exteriores e interiores:

$$\left.\begin{aligned} Q_s &= V\gamma C_p(t_e - t_r) \cong 0{,}288\,V\,\text{m}^3/\text{h}\,(t_e - t_r)\,\text{kcal/h} \\ Q_L &= V\gamma r(x_e - x_r) \cong 0{,}72\,V\,\text{m}^3/\text{h}\,(x_e - x_r)\,\text{kcal/h} \end{aligned}\right\}, \qquad (10\text{-}6)$$

onde os conteúdos de umidade $x_r$ e $x_e$, dados em gramas por $\text{kgf}_{\text{ar seco}}$, respectivamente do ar ambiente e do ar exterior, podem ser tirados da carta psicrométrica em função da temperatura e do grau higrométrico.

Os volumes de ar de infiltração a considerar, de acordo com as normas brasileiras PNB-10, constam na Tab. 10-8.

Tabela 10-8. Infiltração de ar exterior

a) Pelas frestas

| Tipo de abertura | Observação | $m^3$/h por metro de fresta |
|---|---|---|
| *Janelas* | | |
| Comum | | 3,0 |
| Basculante | | 3,0 |
| Guilhotina com caixilho de madeira | Mal-ajustada | 6,5 |
| | Bem-ajustada | 2,0 |
| Guilhotina com caixilho metálico | Sem vedação | 4,5 |
| | Com vedação | 1,8 |
| *Portas* | Mal-ajustada | 13,0 |
| | Bem-ajustada | 6,5 |

Tabela 10-8 (*continuação*)

b) Pelas portas

| Local | $m^3/h$ por pessoa presente no no recinto condicionado | |
|---|---|---|
| | Porta giratória (1,80 m) | Porta de vai-e-vem (0,90 m) |
| Bancos | 11 | 14 |
| Barbearias | 7 | 9 |
| Drogarias e farmácias | 10 | 12 |
| Escritórios de corretagem | 9 | 9 |
| Escritórios privados | — | 4 |
| Escritórios em geral | — | 7 |
| Lojas de cigarros | 32 | 51 |
| Lojas em geral | 12 | 14 |
| Quartos de hospitais | — | 7 |
| Restaurantes | 3 | 4 |
| Salas de chá ou café | 7 | 9 |

c) Pelas portas abertas

Porta de 90 cm — 1 350 $m^3/h$
Porta de 180 cm — 2 000 $m^3/h$

Para contrabalançar a infiltração com tomada de ar nos condicionadores:

Porta de 90 cm — 1 750 $m^3/h$
Porta de 180 cm — 2 450 $m^3/h$

*Observações.*

1. Os valores das infiltrações pelas frestas são baseadas na velocidade de 15 km/h para o vento.
2. Os valores das infiltrações pelas portas são baseadas em:

   a) tempos médios de permanência das pessoas nos recintos condicionados;
   b) infiltrações de 2,2 $m^3/h$ e 3,4 $m^3/h$, por pessoa que transpõe, respectivamente, porta giratória e porta de vai-e-vem;
   c) velocidade do vento nula; a infiltração devida ao vento pode ser desprezada no caso do resfriamento do ar, mas deve ser considerada no caso do aquecimento;
   d) porta ou portas de vai-e-vem situadas em uma única parede externa.

3. Os valores das infiltrações pelas portas abertas são baseadas em:

   a) ausência de ventos;
   b) somente uma porta aberta em uma parede externa.

4. No caso de resfriamento, deve-se considerar como valor mínimo da infiltração 1,5 renovação por hora de ar nos ambientes condicionados; entretanto, para grandes volumes com pequena ocupação, em ambientes praticamente estanques, esse limite poderá ser reduzido de 1,5 para 1.

Para a determinação da temperatura de orvalho da instalação ($t_o$) a partir das condições ambientes ($t_r$), de um modo prático, adota-se (processo Carrier) incluir carga térmica ambiente (juntamente com o ar de infiltração), também o ar de ventilação não-refrigerado (ar de ventilação em *by pass* pela serpentina de refrigeração), que é a única parcela da mistura de ar tratado que não fica sobre a linha $t_r$-$t_o$. (Veja a Sec. 6e deste capítulo.)

a-6. Imprevistos como vazamentos nos condutos de insuflamento, calor produzido pelo ventilador e seu acionamento, fator de segurança e colocação em marcha, etc., os quais são considerados como cerca de 10 a 20% das parcelas anteriores.

b — *Carga térmica exterior*

b-1. Transmissão de calor através das paredes dos dutos de retorno em relação ao exterior ou ambientes não-condicionados (adotar para tal cálculo a temperatura do recinto).

b-2. Calor em jogo devido ao ar de ventilação (descontadas as parcelas já calculadas como infiltrações ou como ar de ventilação não-refrigerado), calculado de acordo com as Eqs. (10-6).

b-3. Imprevistos tal como vazamentos nos condutos de retorno, condicionador etc., os quais são considerados com cerca de 1 a 3% de todas as parcelas anteriores.

Para facilitar o cálculo de todas as parcelas citadas, é interessante o uso de planilhas de cálculos de carga térmica como a que aparece no Exemplo 10-2. Caso ocorram, devem ser incluídas na carga térmica:

o reaquecimento adotado nas instalações de ar condicionado de verão para atender a F.C.L. elevados ou para a desumidificação de outono e primavera;

o calor de reaquecimento, de acordo com o processo de tratamento adotado, é dado pela carta psicrométrica onde o mesmo pode ser comparado com o calor sensível e latente ambiente (veja a Sec. 6e deste capítulo);

o calor de aquecimento (caso a temperatura de água seja inferior à temperatura do termômetro úmido do ar) e o calor de vaporização da água adotado na umidificação de inverno, o qual nos é dado pela Eq. (9-19). (Veja a Sec. 9 do Cap. 9.)

Finalmente, quando se deseja apenas a seleção de equipamentos de ar condicionado já fabricados (aparelhos de janela ou aparelhos compactos) para instalações normais, o cálculo da carga térmica pode reduzir-se a um valor global (veja a planilha de carga térmica de refrigeração simplificada preparada para Porto Alegre, no Exemplo 10-3).

Por outro lado, observando que a carga térmica de refrigeração depende essencialmente de

$$P_f = f\,(\text{superfície, pessoas, ração de ar})$$

considerando que, de acordo com o nosso clima (Porto Alegre):

para a ventilação,

$$Q = V\gamma\Delta H \cong (66V\ \text{m}^3/\text{h})\ \text{kcal/h},$$

para as pessoas,

$$Q_{\text{em repouso}} = 100\ \text{kcal/h pessoa},$$
$$Q_{\text{em atividade moderada}} = 166\ \text{kcal/h pessoa},$$
$$Q_{\text{em atividade}} = 200\ \text{kcal/h pessoa},$$

podemos registrar, para ambientes de pé direito usual, sem insolação excessiva, os dados práticos aproximados que constam da Tab. 10-9.

Tabela 10-9

| Local | Área por pessoa, $m^2$/pessoa | Ração de ar, $m^3$/h pessoa | $P_f$ por pessoa, kcal/h | Capacidade de 1 T.R. | |
|---|---|---|---|---|---|
| | | | | Área, $m^2$ | Pessoas |
| Residências | 10 | 30 | 346 | 22 | 2,2 |
| Escritórios | 5 | 30 | 346 | 18 | 3,6 |
| Repartições, bancos | 2,5 | 20 | 286 | 14 | 5 a 7 |
| Lojas | 2,5 | 10 | 226 | 16 | 6 a 8 |
| Restaurantes, Boates | 1,4 | 30 | 380 | 8 | 5 a 7 |
| Salas de reuniões | 1 | 30 | 346 | 6,5 | 6 a 7 |
| Cinemas | 0,7 a 0,8 | 13 | 172 | 7 a 10 | 10 a 13 |

## 6 – *PROJETOS DE INSTALAÇÕES DE AR CONDICIONADO*

No planejamento de uma instalação de ar condicionado completa, devem ser incluídos os itens a seguir relacionados.

### a – *Dados*

Dados construtivos completos sobre os recintos a condicionar (e adjacentes para a escolha do local para a casa de máquinas), como plantas, cortes, orientação e especificações dos materiais usados nas paredes-limites; finalidade das peças e número de seus ocupantes; aparelhos de iluminação e demais equipamentos que produzem calor.

### b – *Condições de funcionamento*

Condições internas e externas limites em que se deve basear o projeto.

Para as condições externas, de acordo com a PNB-10, deverão ser adotadas as médias das máximas que constam da Tab. 10-10.

Para condições internas, por sua vez, em se tratando de instalações de ar condicionado para o conforto, de acordo com a PNB-10, deverão ser adotados os valores que constam das Tabs. 9-1 para o inverno e 10-3 para o verão.

Tabela 10-10. Condições exteriores para verão

| Cidades | TBS | TBU | Temperatura máxima |
|---|---|---|---|
| *I — Região Norte* | | | |
| Macapá (AP) | 34 | 28,5 | 34,7 |
| Manaus (AM) | 35 | 29,0 | 36,9 |
| Santarém (PA) | 35 | 28,5 | 37,3 |
| Belém (PA) | 33 | 27,0 | 34,9 |
| *II — Região Nordeste* | | | |
| João Pessoa (PB) | 32 | 26,0 | — |
| São Luiz (MA) | 33 | 28,0 | 33,9 |
| Parnaíba (PI) | 34 | 28,0 | 35,2 |
| Terezina (PI) | 38 | 28,0 | 40,3 |
| Fortaleza (CE) | 32 | 26,0 | 32,4 |
| Natal (RN) | 32 | 27,0 | 32,7 |
| Recife (PE) | 32 | 26,0 | 32,6 |
| Petrolina (PE) | 36 | 25,5 | 38,4 |
| Maceió (AL) | 33 | 27,0 | 35,0 |
| Salvador (BA) | 32 | 26,0 | 33,6 |
| Aracajú (SE) | 32 | 26,0 | — |
| *III — Região Sudeste* | | | |
| Vitória (ES) | 33 | 28,0 | 36,1 |
| Belo Horizonte (MG) | 32 | 24,0 | 35,5 |
| Uberlândia (MG) | 33 | 23,5 | 37,6 |
| Rio (RJ) | 35 | 26,5 | 39,4 |
| São Paulo (SP) | 31 | 24,0 | 34,9 |
| Santos (SP) | 33 | 27,0 | 37,7 |
| Campinas (SP) | 33 | 24,0 | 37,4 |
| Pirassununga (SP) | 33 | 24,0 | 37,8 |
| *IV — Região Centro-Oeste* | | | |
| Brasília (DF) | 32 | 23,5 | 34,8 |
| Goiânia (GO) | 33 | 26,0 | 37,3 |
| Cuiabá (MT) | 36 | 27,0 | 39,0 |
| Campo Grande (MT) | 34 | 25,0 | 37,0 |
| Ponta-Porã (MT) | 32 | 26,0 | 35,8 |
| *V — Regão Sul* | | | |
| Curitiba (PR) | 30 | 23,5 | 33,3 |
| Londrina (PR) | 31 | 23,5 | 34,0 |
| Foz de Iguaçu (PR) | 34 | 27,0 | 38,0 |
| Florianópolis (SC) | 32 | 26,0 | 36,0 |
| Joinville (SC) | 32 | 26,0 | 36,0 |
| Blumenau (SC) | 32 | 26,0 | 36,0 |
| Porto Alegre (RS) | 34 | 26,0 | 39,0 |
| Santa Maria (RS) | 35 | 25,5 | 40,0 |
| Rio Grande (RS) | 30 | 24,5 | — |
| Pelotas (RS) | 32 | 25,5 | — |
| Caxias do Sul (RS) | 29 | 22,0 | — |
| Uruguaiana (RS) | 34 | 25,5 | — |

Quando a instalação se destina a outras finalidades (conservação de equipamentos eletrônicos, culturas de cogumelos e outros vegetais, preparação e embalagem de produtos especiais, dependências hospitalares etc.), deverão ser especificadas as condições internas exigidas de temperatura, grau higrométrico e renovação do ar (veja as tabelas da PNB-10 de 1972, dadas a seguir).

Condições recomendadas para dependências hospitalares

| Natureza dos recintos | Sala de operação e anestesia | Sala de diagnósticos e tratamentos | Berçários | Quartos e enfermarias |
|---|---|---|---|---|
| 1 – Temperatura-term. seco (°C) | 24 | 24 | 27 | 25 |
| 2 – Umidade relativa (%) | 55 | 55 | 60 | 55 |
| 3 – Taxa de ar exterior renovado, por hora | 100 % | 100 %[1] | 100 %[1] | 100 %[1] |
| 4 – Movimento do ar (m/min) | 5,0 | 5,0 | 2,5 | 2,5 |
| 5 – Filtração do ar | Necessária | Necessária | Necessária | Necessária |
| 6 – Esterilização do ar | Necessária | Necessária | Necessária | Dispensável |
| 7 – Nível de ruídos (db) | 40 | 40 | 25 | 30 |

*Nota.* [1]O retorno do ar é admissível apenas nos sistemas individuais

Condições recomendadas para recintos de computadores eletrônicos

| | |
|---|---|
| 1 — Temperatura (°C) | 20 a 26 |
| 2 — Umidade relativa (%) | 40 a 60 |
| 3 — Taxa de ar exterior ($m^3$/h pessoa) | 35 |
| 4 — Movimentação de ar (m/min) | 1,5 a 15,0 |
| 5 — Filtração | Necessária |
| 6 — Nível de ruídos (db) | 60 |

c – *Escolha do sistema*

Atendendo à qualidade, finalidade e natureza do prédio em que será executada a instalação, será escolhido inicialmente o sistema de ar condicionado a adotar, quanto ao tratamento, localização e mesmo se será feito um zoneamento ou adotado um tipo de insuflamento de ar diferenciado. Segue-se então a escolha do local para a ou as casas de máquinas e do sistema de distribuição do ar, implantando-se o anteprojeto nas disposições construtivas.

d – *Levantamento da carga térmica*

Seguem-se o cálculo das cargas térmicas de aquecimento e refrigeração que para projetos mais completos devem ser subdivididas conforme ficou esclarecido, a fim de permitir os cálculos subseqüentes.

e – *Cálculo da temperatura de orvalho* ($t_o$) *da instalação*

A fim de permitir a retirada de calor latente e calor sensível na proporção necessária para manter as condições de conforto nos recintos condicionados, a temperatura de orvalho da instalação ($t_o$) (temperatura da superfície fria) deve ser escolhida criteriosamente. Para facilitar essa determinação, adota-se o processo indicado por Carrier (veja a Bibliografia), que consiste em incluir na carga térmica ambiente o ar de ventilação em *by pass* pela serpentina. (Veja a Sec. deste capítulo.) Com efeito, para retirar do ambiente a condicionar as parcelas de calor sensível $Q'_{SA}$ e $Q'_{LA}$ na proporção desejada, caracterizada pelo fator de calor latente real,

$$\text{F.C.L.}' = \frac{Q'_{LA}}{Q'_{SA} + Q'_{LA}},$$

o ar de insuflamento deve situar-se sobre a reta $RO'$ paralela a reta (veja a Sec. 6 do Cap. 5)

$$\frac{H'}{x'} = \frac{597}{\text{F.C.L.}'},$$

que passa pela origem (veja a Fig. 10-15). Como, entretanto,

a) o ar a ser tratado é uma mistura $V_m$ de ar de retorno $V_r$ e ar exterior $V_e$ (veja a Fig. 10-5) de proporção inicialmente desconhecida (ponto $M$);

b) as condições de equilíbrio de saturação (entre a água e o ar em condensação) que apresenta a superfície fria estão localizadas sobre a linha de saturação à temperatura $t_o$;

c) o contato entre o ar e a superfície fria (serpentina ou água) não é perfeito, de modo que o ar sai da mesma a uma temperatura $t'_s$ levemente superior a $t_o$, situada sobre a reta $MO$ que une $t_m$ a $t_o$, podendo-se definir

fator de contato da serpentina ou lavador de água,

$$F_c = \frac{t_m - t'_s}{t_m - t_o}, \quad (10\text{-}7)$$

como a parcela de ar que entra em íntimo contato com a superfície fria, atingindo a sua temperatura $t_o$, e a fração restante, dita fator de *by pass*,

$$F_{BP} = 1 - F_c = \frac{t'_s - t_o}{t_m - t_o}, \quad (10\text{-}8)$$

que representa a parcela de ar que não entra em contato com a superfície e, portanto, mantém a sua temperatura $t_m$ inalterada:

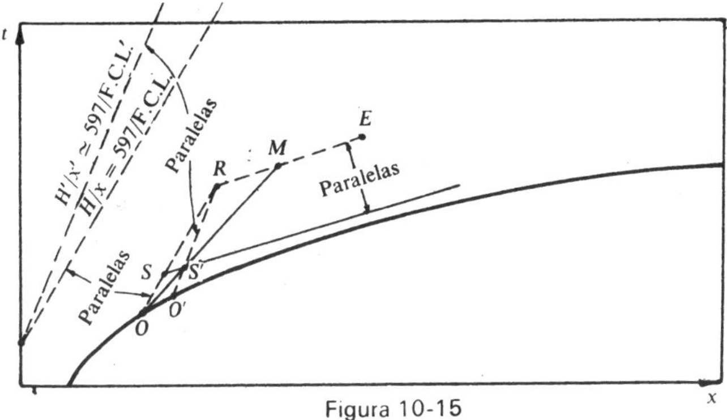


Figura 10-15

definições essas que resultam da expressão do equilíbrio térmico

$$F_c \cdot t_o + F_{BP} \cdot t_m = (F_c + F_{BP})t'_s = t'_s,$$

podemos concluir que a condição de equilíbrio citada (ponto $O$) deve estar localizada sobre a linha de saturação à esquerda do ponto $O'$, para que a temperatura de saída do ar $t'_s$ esteja situada sobre a reta de tratamento $RO'$.

Ora, incluindo na carga térmica ambiente o ar de ventilação não-refrigerado, podemos determinar, para o novo F.C.L. assim achado, uma nova linha $RO$ paralela a reta que passa pela origem,

$$\frac{H}{x} = \frac{597}{\text{F.C.L.}},$$

e que corta a linha de saturação no ponto $O$ procurado. Realmente, de acordo com os conceitos de $F_c$ e $F_{PB}$, podemos fazer o seguinte esquema:

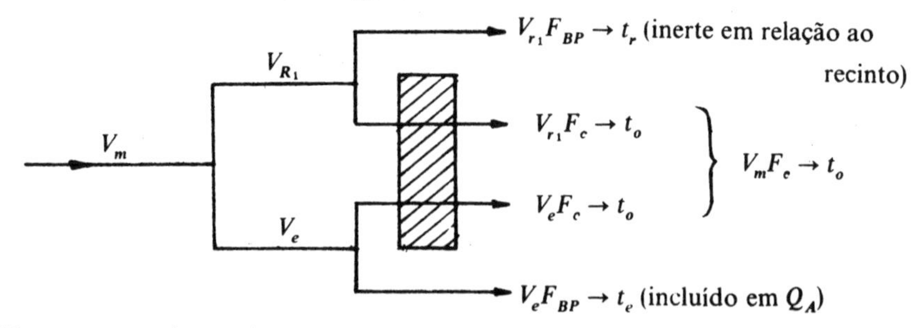


E, como o volume de ar tratado $V_m$ à temperatura $t_s$, ou mesmo a parcela útil $V_mF_c$ à temperatura $t_o$ é que deve retirar do ambiente à temperatura $t_r$ o calor sensível $Q_{SA}$, podemos escrever

$$Q_{SA} = V_m F_c \gamma C_p(t_r - t_o) \equiv V_m \gamma C_p(t_r - t_s), \tag{10-9}$$

$$F_c = 1 - F_{BP} = \frac{t_r - t_s}{t_r - t_o}.$$

Donde uma nova expressão, para o $F_{BP}$,

$$F_{BP} = \frac{t_s - t_o}{t_r - t_o}, \tag{10-10}$$

a qual nos fornece a temperatura hipotética de saída,

$$t_s = t_o + F_{BP}(t_r - t_o), \tag{10-11}$$

que é a necessária para retirar o calor sensível ambiente também hipotético $Q_{SA}$ e nos permite calcular o volume de ar a ser tratado (veja Sec. 6f deste capítulo).

Para demonstrar que o ponto $O$ é o ponto de orvalho de temperatura $t_o$ procurado, basta provar que se verifica a igualdade

$$Q_{SA} = Q'_{SA} + F_{BP} V_e \gamma C_p(t_e - t_r).$$

Ora, fazendo

$$Q_{SA} = V_m \gamma C_p(t_r - t_s), \qquad (10\text{-}9)$$
$$Q'_{SA} = V_m \gamma C_p(t_r - t'_s),$$
$$V_e \gamma C_p(t_e - t_r) = V_m \gamma C_p(t_m - t_r) \quad \text{(veja mistura)},$$

obtemos

$$t_r - t_s = t_r - t'_s + F_{BP}(t_m - t_r),$$

donde

$$F_{BP} = \frac{t'_s - t_s}{t_m - t_r},$$

expressão que pode ser comprovada pela igualdade das Eqs. (10-8) e (10-10) (c.q.d.)

Como orientação, relacionamos na Tab. 10-11, os valores aproximados de $t_o$, para as instalações mais comuns, em função das parcelas da carga térmica de refrigeração (F.C.L.) calculados de acordo com o processo de Carrier e das condições de conforto médias adotadas em Porto Alegre ($TTS = 26{,}5\,°C$ e $\varphi = 48\,\%$).

Tabela 10-11

| Local | $Q_{SA}$, % | $Q_{LA}$, % | $Q_E$, % | F.C.L., % | $\frac{\Delta H}{\Delta x}$ | $t_0$ |
|---|---|---|---|---|---|---|
| Residências | 78,4 | 11,6 | 10 | 13 | 4 600 | 13,5 °C |
| Escritórios | 67 | 16,8 | 16,2 | 20 | 2 985 | 12,5 °C |
| Repartições, bancos | 56 | 24 | 20 | 30 | 1 990 | 11,5 °C |
| Lojas | 62,5 | 27 | 10,5 | 30 | 1 990 | 11,5 °C |
| Cinemas | 50 | 24,5 | 25,5 | 33 | 1 810 | 10,5 °C |
| Salas de reuniões | 37 | 28 | 35 | 43 | 1 390 | Inatingível |
| Restaurantes, boates | 40 | 35 | 25 | 47 | 1 270 | Inatingível |

Proporções entre o calor latente ambiente e o calor total ambiente superiores a 42,5 % ($t_o = 0\,°C$) não podem ser retirados por simples refrigeração (a linha de tratamento $\Delta H/\Delta x$ que passa pelo ponto característico das condições de conforto estabelecidas para o ambiente não corta a linha de saturação).

Por outro lado, como a temperatura de refrigeração deve ser 3 a 9 °C inferior à temperatura de orvalho, o rendimento frigorífico da instalação de refrigeração cai rapidamente com $t_o$ (veja a Tab. 8-2 na Sec. 4 do Cap. 8). Nessas condições, para possibilitar o condicionamento do ar para ambientes cujo F.C.L. é superior a 42,5 %, ou mesmo evitar a quebra do rendimento frigorífico pela adoção de temperaturas de orvalho muito baixas, adotam-se as soluções que seguem.

a. Reaquecimento

Conforme vimos, consiste no aquecimento do ar após a sua refrigeração com desumidificação (veja a Fig. 10-6). O reaquecimento, além de aumentar a carga térmica de refrigeração da instalação, implica na despesa do próprio calor de reaquecimento. Mesmo assim, atendendo à melhoria obtida no rendimento frigorífico do sistema de refrigeração, com a elevação do valor de $t_o$, o reaquecimento torna-se econômico para valores de $t_o$ inferiores a 10 °C e indispensável para boates, restaurantes, salas de reuniões, desumidificação de outono, primavera etc.

Para melhorar as condições econômicas do reaquecimento, o mesmo pode ser efetuado à custa do calor do próprio sistema de condensação da instalação de refrigeração.

Uma interpretação intuitiva do problema do reaquecimento consiste em considerá-lo como um aumento da carga térmica sensível ambiente, de modo a reduzir o F.C.L. do mesmo a valores aceitáveis do ponto de vista da temperatura de orvalho da instalação.

O cálculo do calor de reaquecimento necessário é feito com o auxílio da carta psicrométrica, fixando-se uma temperatura de orvalho aceitável ($t_o \cong$ 10 °C) e estabelecendo-se uma proporção entre $Q_{SA}$ ou $Q_{LA}$ e $Q_R$ (calor de reaquecimento). (Veja a Fig. 10-16.)

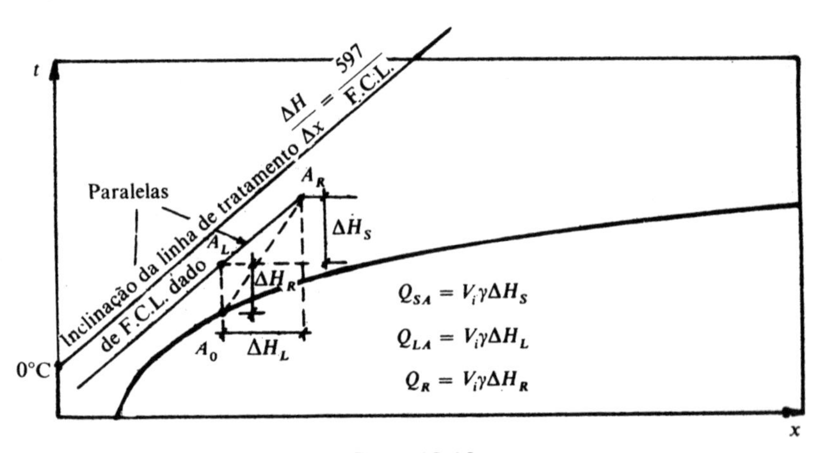


Figura 10-16

b. Escolha de condições de conforto mais próximas da linha de saturação (veja a Tab. 10-3)

Com efeito, selecionando para Porto Alegre as condições de conforto de $TTS$ = 25 °C, $TTU$ = 20,5 °C e $\varphi$ = 66%, também permitidas pelas normas, podemos conseguir, mesmo para uma temperatura de orvalho de 10 °C, retiradas de calor sensível e latente em relação ao recinto correspondentes a um F.C.L. de até 47% (Boates).

Essas alterações das condições de conforto, por outro lado, acarretam um aumento de aproximadamente 10% em $Q_{SA}$ (reduzindo, conseqüentemente, de um modo favorável, o F.C.L.) e uma diminuição de aproximadamente 10% em $Q_E$. Nessas condições, o uso da seleção em estudo não só possibilitará o condicionamento do ar por simples refrigeração com desumidificação para ambientes cujo F.C.L. atinge 47% e aumentará o rendimento frigorífico do sistema de refrigeração (pelo aumento de $t_o$) como, dependendo da proporção entre $Q_{SA}$ e $Q_E$, poderá ainda reduzir a carga térmica de refrigeração necessária.

Conclui-se, conforme já acentuamos anteriormente (veja a Sec. 4c deste capítulo), que o condicionamento de ar por redução de calor latente é mais dispendioso do que o obtido por meio de redução do calor sensível.

f – *Cálculo das quantidades de ar em circulação*

Numa instalação de ar condicionado completa, parte do ar que retorna do recinto ($V_{r_1}$) é misturado com o ar exterior de ventilação ($V_e$), fornecendo o ar a ser tratado:

$$V_m = V_e + V_{r_1}.$$

No final da operação de condicionamento, o ar tratado pode ser novamente misturado com uma parcela de ar de retorno ($V_{r_2}$) (ar de retorno de *by pass*) para formar o ar de insuflamento

$$V_i = V_m + V_{r_2} = V_e + V_{r_1} + V_{r_2}$$

(veja a Fig. 10-4).

O volume de ar exterior de ventilação é calculado a partir da Tab. 7-1 (veja Sec. 3 do Cap. 7), podendo-se descontar do mesmo a parcela de infiltração dada pela Tab. 10-8.

Por outro lado, o ar tratado $V_m$ deve ter capacidade para retirar todo calor sensível e latente ambiente (calores em jogo desde o final do tratamento até a saída do recinto), isto é:

$$Q_{SA} = V_m \gamma C_p (t_r - t_s),$$
$$Q_{LA} = V_m \gamma r (x_r - x_s).$$

Assim, podemos calcular

$$V_m = \frac{Q_{SA}}{\gamma C_p (t_r - t_s)} \cong \frac{Q_{SA}}{0{,}288(t_r - t_s)} \; \frac{\text{m}^3}{\text{h}}, \qquad (10\text{-}12)$$

onde, incluindo-se na carga térmica ambiente, o ar de ventilação não-refrigerado ($F_{BP} V_e$), a temperatura de saída $t_s$ do ar da serpentina nos será dada pela expressão 10-11.

O fator de *by pass*, que deve ser aquele já preestabelecido no levantamento da carga térmica para calcular a parcela $V_e F_{BP}$ do ar de ventilação não-refrigerado, depende do tipo de serpentina, do número de fileiras de tubos e da velocidade de face do ar através da mesma.

Para os tipos de serpentinas usuais na técnica do ar condicionado, podemos relacionar, para o $F_{BP}$, os valores médios que constam da Tab. 10-12 (para maiores detalhes veja, na Bibliografia, *Transmissão de calor*). Conhecido $V_m$ e $V_e$, podemos calcular

$$V_{r_1} = V_m - V_e.$$

Tabela 10-12

| $c_f$ m/s | $F_{BP}$ | | | | |
|---|---|---|---|---|---|
| | n = 2 | 3 | 4 | 5 | 6 |
| 1,8 | 0,42 | 0,27 | 0,17 | 0,12 | 0,07 |
| 2,1 | 0,45 | 0,30 | 0,20 | 0,14 | 0,09 |
| 2,4 | 0,48 | 0,33 | 0,22 | 0,16 | 0,11 |
| 2,7 | 0,50 | 0,35 | 0,24 | 0,18 | 0,13 |
| 3,0 | 0,52 | 0,37 | 0,27 | 0,19 | 0,14 |

O *by pass* do ar de retorno, por sua vez, é adotado para reduzir a diferença de temperatura do ar de insuflamento em relação ao recinto $t_i - t_r$, a qual deve estar compreendida entre 8 e 16 °C. Nessas condições, podemos calcular

$$Q_{SA} = V_i \gamma C_p (t_r - t_i),$$

$$V_i = \frac{Q_{SA}}{\gamma C_p (t_r - t_i)} \cong \frac{Q_{SA}}{0{,}288(t_r - t_i)} \; \frac{\text{m}^3}{\text{h}}, \tag{10-13}$$

donde

$$V_r = V_i - V_m.$$

Além de reduzir a diferença de temperatura de insuflamento, o *by pass* do ar de retorno apresenta a vantagem de permitir o controle da temperatura do ambiente independentemente do controle da umidade (veja a Sec. 6j deste capítulo).

g – *Seleção do equipamento de tratamento do ar*

Os resfriadores de ar podem ser serpentinas de expansão direta, serpentinas de água gelada ou mesmo borrifadoras de água gelada.

Nos dois primeiros casos, o dimensionamento é feito a partir da quantidade de ar a tratar ($V_m$) e do fator de *by pass* já preestabelecido no cálculo da carga térmica, isto é,

$$F_{BP} = f(\text{tipo } n, c_f),$$

donde a Tab. 10-12 nos fornece

$$n, c_f, \Omega f = \frac{V_m}{3\,600 c_f}.$$

As velocidades escolhidas devem estar de acordo com os dados da Tab. 7-4, enquanto que o $F_{BP}$, para um bom rendimento, normalmente é preestabelecido em valores da ordem de 0,05 a 0,25 (geralmente 0,2).

No caso de borrifadores de água gelada, o dimensionamento também é feito a partir da quantidade de ar a tratar ($V_m$) e do fator de contato:

$$F_c = 1 - F_{BP} = \frac{t_e - t_s}{t_e - T_{H_2O}}, \tag{10-14}$$

(na carta psicrométrica, a temperatura da água, assim como a temperatura de orvalho da instalação, situa-se sobre a linha de saturação).

O fator de contato dos lavadores de ar depende:

da velocidade de face do ar, a qual varia de 2 a 3 m/s (geralmente 2,5 m/s);
da atomização da água;
do comprimento do lavador de ar;
da relação de peso $G_{H_2O}/G_{ar}$, a qual varia de 0,5 a 1,3 (geralmente 0,8);
do número de bancos de borrifadores e de sua disposição.

Assim, para atomizadores de alta pressão (1,5 a 2,5 kgf/cm$^2$ de pressão efetiva), podemos relacionar $F_c$, os valores médios que constam da Tab. 10-13.

Tabela 10-13

| Número de bancos de borrifadores | Direção de jato de água nos borrifadores | Comprimento do lavador, m | $F_c$ |
|---|---|---|---|
| 1 | Na direção do fluxo de ar | 1,2 | 0,5 a 0,6 |
| 1 | Na direção do fluxo de ar | 1,8 | 0,6 a 0,75 |
| 1 | Na direção contrária à do fluxo do ar | 1,8 | 0,65 a 0,8 |
| 2 | Na direção do fluxo de ar | 2,4 a 3 | 0,8 a 0,9 |
| 2 | Um banco contra o outro | 2,4 a 3 | 0,85 a 0,95 |
| 2 | Na direção contrária à do fluxo de ar | 2,4 a 3 | 0,9 a 0,98 |

Quando o sistema de resfriamento é indireto, a instalação disporá de um preparador de água gelada, do tipo *shell and tube* fechado, no qual o fluido frigorígeno circula geralmente pelos tubos e a água pela carcaça. O seu dimensionamento é assunto especializado que consta na *Transmissão de calor* e na *Refrigeração* (veja a Bibliografia e dados práticos a seguir).

O condensador de uma instalação de ar condicionado, como em qualquer sistema de refrigeração, pode ser:

a ar, tipo serpentina de tubos aletados ($t_c$ = 45 a 55 °C);
a água, tipo *shell and tube* ($t_c$ = 32 a 45 °C); ou
a água e ar em contato ($t_c$ = 35 a 45 °C), tipo evaporativo (torre com condensador).

No caso de ser empregado condensador tipo *shell and tube*, a água de condensação pode ser recuperada por meio de torre de arrefecimento.

O dimensionamento desses equipamentos constitui-se assunto especializado que consta da *Transmissão de calor* e da *Refrigeração* (veja a Bibliografia e dados práticos a seguir).

Os compressores adotados no sistema de refrigeração das instalações de ar condicionado podem ser:

alternativos (herméticos, semi-herméticos ou abertos);
centrífugos.

Os alternativos adotam como fluido frigorígeno, normalmente, o freon 12 (maior volume, mas menores pressões) ou o freon 22 (menor volume, mas maiores pressões), enquanto que os centrífugos, usados em instalações de grande porte ($>$ 100 T.R.), adotam o freon 113 para as instalações menores e o freon 11 para as maiores.

O dimensionamento dos compressores é assunto especializado que consta da *Refrigeração* (veja Bibliografia). A potência mecânica dos mesmos pode ser calculada aproximadamente a partir da Tab. 8-2, em função da potência frigorífica necessária ($P_f$) (carga térmica total de refrigeração) e das temperaturas de evaporação e condensação.

O sistema de refrigeração inclui ainda equipamentos diversos, como canalização de refrigerante, sub-resfriadores, depósitos de líquido, válvulas de expansão, bombas de circulação, sistemas elétricos de ligação, controle e segurança etc.

O sistema de aquecimento de uma instalação de ar condicionado pode ser por:

resistências elétricas;
bomba de calor;
serpentinas de água quente ou vapor;
caloríferos de combustão.

No primeiro caso, a potência elétrica é dada em função da carga térmica de aquecimento $Q$,

$$P_{\mathrm{kW}} = \frac{Q\ \mathrm{kcal/h}}{860}$$

e adotam-se resistências elétricas tubulares aletadas para uma melhor dissipação do calor.

As serpentinas, tanto condensadoras (do sistema de refrigeração trabalhando em ciclo reverso) como de água quente ou vapor, podem ser dimensionadas de acordo com o conceito de $F_{BP}$ já citado. Para o aquecimento por meio de água quente ou vapor, normalmente são adotadas serpentinas aletadas de duas fileiras de tubos, com as velocidades de face recomendadas na Tab. 7-4.

Quando se deseja também a umidificação do ar, são usados borrifadores de água ou de vapor. Pode-se empregar também um recipiente com água aquecida por meio de resistências elétricas.

No caso de vapor, o resultado é uma mistura ar mais o vapor empregado (somam-se as massas e os calores), enquanto que, no caso da água, o processo é semelhante ao já analisado para os borrifadores de água gelada (veja também a Sec. 3c deste capítulo).

A umidificação pode ser também obtida por meio de borrifadores de água fria (em temperatura superior à temperatura de orvalho do ar), sendo tanto maior a umidificação e menor o resfriamento do ar, quanto maior for a temperatura da água.

Tanto a variação da temperatura como da umidade podem ser analisadas por meio da carta psicrométrica (onde a temperatura da água se situa sobre a linha de saturação), adotando-se o conceito de $F_c$ (veja a Tab. 10-13). O calor em jogo, para entreter o aquecimento da água (quando a temperatura desta é inferior à *TTU* do ar) e a sua vaporização, pode ser calculado também pela Eq. (9-19).

h – *Circuito de distribuição do ar*

O sistema de circulação do ar, numa instalação de ar condicionado completa, é semelhante aos das instalações já estudadas de ventilação e aquecimento central por meio de ar quente (ar condicionado de inverno). Acrescem-se apenas a serpentina de refrigeração, os borrifadores de água, os separadores de gotas e o circuito (em paralelo com o condicionador) do ar de *by pass* de retorno, de modo que podemos relacionar, para o conjunto, os elementos que aparecem na Tab. 10-14, com suas respectivas perdas de carga (veja a Fig. 10-4).

Tabela 10-14

| Elemento | $j$, mm $H_2O$ | | Observações |
|---|---|---|---|
| | Expressão | Valor médio | |
| Grade de retorno, $c = c_f/a$ | $1 \text{ a } 8 \frac{c^2}{2g}\gamma$ | 2 a 8 | Tab. 7-14 |
| Duto de retorno | $0{,}001026 l \frac{c^{2,51}}{V_s^{0,61}}$ | — | Fig. 7-22 |
| Registro de retorno, $R_r$ | $1 \text{ a } 2 \frac{c^2}{2g}\gamma$ | — | |
| Filtro | $6 \text{ a } 15 \frac{c_f^2}{2g}\gamma$ | 2 a 4 | Tab. 7-15 |
| Serpentina de refrigeração | $(6 \text{ a } 8)n \frac{c_f^2}{2g}\gamma$ | 4 a 10 | |
| Serpentina de aquecimento | $(4{,}5 \text{ a } 6)n \frac{c_f^2}{2g}\gamma$ | 3 a 7 | |
| Borrifadores de gotas | $(8 \text{ a } 16)n \frac{c_f^2}{2g}\gamma$ | 9 a 12 | |
| Separadores de gotas (45°) | $(250 \text{ a } 500)e \frac{c_f^2}{2g}\gamma$ | 6 a 12 | $e$ = comprimento, m |
| Ventilador | $\frac{c^2}{2g}\gamma$ | 2 a 8 | pressão cinética |
| Lona de adaptação do ventilador | $0{,}1 \text{ a } 0{,}2 \frac{c^2}{2g}\gamma$ | 0,2 a 1,2 | |
| Duto principal | $0{,}001026 l \frac{c^{2,51}}{V_s^{0,61}}$ | — | Fig. 7-22 |
| Ramais | $0{,}001026 l \frac{c^{2,51}}{V_s^{0,61}}$ | — | Recuperado |
| Bocas de insuflamento | $0{,}7 \text{ a } 1{,}5 \frac{c^2}{2g}\gamma$ | 0,5 a 2 | Tab. 7-10 |

O sistema de tomada de ar exterior, que é controlado pelo registro de ar exterior ($R_e$), deve ter sua perda de carga equilibrada com a perda de carga no sistema de retorno descontada da sobrepressão na peça.

A perda de carga no sistema de *by pass* do ar de retorno deve ser equilibrada com as perdas de carga em paralelo do condicionador, por meio de registro de *by pass* ($R_{BP}$) (Fig. 10-4).

Nessas condições, considerando-se, de modo geral, um adicional de 5 a 10 mm $H_2O$ para entreter perdas de carga não-recuperáveis dos dutos, a diferença de pressão total necessária para o ventilador de uma instalação de ar condicionado completa será da ordem de 30 a 50 mm $H_2O$ (veja também a Tab. 7-18).

Para a escolha do sistema de distribuição de ar, cálculo das bocas de insuflamento, cálculo das canalizações, cálculo das bocas de descarga e tomadas de ar exterior, cálculo dos filtros, dimensionamento exterior do ventilador, procure as Secs. 5, 6, 7, 8, 9, 10, 11 e 12 do Cap. 7.

i – *Isolamento térmico e acústico*

Todas as partes da instalação de ar condicionado, que mantêm diferença de temperatura útil, em relação ao exterior, devem ser isoladas, como sejam:

as canalizações frias de fluido frigorígeno ou água gelada destinadas à refrigeração de verão;

as canalizações quentes destinadas ao aquecimento de inverno;

o condicionador e as canalizações de ar tratado que entram em contato com o exterior ou ambientes não-condicionados;

o próprio recinto condicionado, quando houver justificativa econômica.

As canalizações frias são isoladas normalmente com calhas de *Styropor* na espessura dada por

$$e_{mm} = \sqrt{25 D_{mm}} \quad \text{até um máximo de} \sim 75\,\text{mm}. \qquad (10\text{-}15)$$

As canalizações quentes são isoladas normalmente com calhas de lã de vidro na espessura de

$$e_{mm} = \sqrt{15 D_{mm}} \quad \text{até um máximo de} \sim 40\,\text{mm}. \qquad (10\text{-}16)$$

O condicionador, canalizações de ar tratado e o próprio recinto, quando necessário, são isolados com Styropor, Eucatex, cortiça ou mesmo lã de vidro em espessuras que variam de 15 a 25 mm.

Uma canalização isolada, onde o ar circula com uma velocidade da ordem de 6 m/s, apresenta os seguintes coeficientes totais de transmissão de calor ($K$):

chapa galvanizada com 15 mm de Eucatex, $1{,}5 \ \dfrac{\text{kcal}}{\text{m}^2\text{h}\ {}^\circ\text{C}}$;

chapa galvanizada com 25 mm de Eucatex, $1{,}0 \ \dfrac{\text{kcal}}{\text{m}^2\text{h}\ {}^\circ\text{C}}$;

$$\text{alvenaria com 15 mm de Eucatex,} \quad 1{,}2\ \frac{\text{kcal}}{\text{m}^2\text{h °C}};$$

$$\text{alvenaria com 25 mm de Eucatex,} \quad 0{,}85\frac{\text{kcal}}{\text{m}^2\text{h °C}}.$$

Por outro lado, a fim de reduzir ao máximo os ruídos provenientes do funcionamento da instalação, devem-se tomar os cuidados que seguem.

A casa de máquinas deve ser colocada preferencialmente em piso contra o solo, sendo, em caso contrário, aconselhável o uso de estrutura de concreto reforçada, com espessura mínima de 15 cm.

Quando a casa de máquinas estiver localizada próximo à zona de ocupação, a mesma deve sofrer tratamento acústico adequado, a fim de que o seu ruído não seja transmitido para os ambientes condicionados.

Todos os equipamentos dinâmicos devem ser montados sobre blocos de concreto de massa adequada e separados do piso por meio de material elástico.

Os ventiladores serão ligados às suas canalizações por meio de golas de lona.

As bombas serão ligadas por meio de mangotes de borracha ou de aço flexível.

As canalizações de fluido frigorígeno serão projetadas de tal maneira que possam absorver as vibrações transmitidas pelos compressores.

As velocidades, periférica do ventilador e do ar nas canalizações, devem ser compatíveis com os níveis de ruídos exigidos (veja as Tabs. 7-4, 7-6 e 7-16). Em casos especiais, o isolamento dos dutos (Eucatex ou Styropor) será executado por dentro, a fim de reduzir a propagação do ruído do ventilador através dos mesmos.

j – *Sistema de controle e segurança*

Uma instalação de ar condicionado completa dispõe, para o controle e segurança de seus equipamentos, dos elementos discriminados a seguir.

Chaves magnéticas para a ligação dos ventiladores de insuflamento, das bombas de circulação de água gelada, das bombas e ventiladores do sistema de condensação, dos elementos de aquecimento, da bomba de circulação da água de umidificação, dos compressores etc. Essas chaves magnéticas devem apresentar um sistema de bloqueio completo, de modo que a ordem de ligação das mesmas não possa ser alterada.

Os compressores deverão dispor de pressostatos de alta, pressostatos de baixa e pressostatos diferenciais de óleo, agindo diretamente sobre as chaves magnéticas dos mesmos.

O controle da temperatura no verão é feito por meio de um termostato de ambiente potenciométrico, que comanda o motor (*motor damper*) do registro de *by pass* de retorno ($R_{BP}$) e do registro de retorno ($R_r$), alterando assim a quantidade de ar de retorno a ser tratada.

Um termostato-limite ou mesmo em contato de limite de curso do *motor damper* age sobre uma válvula solenóide (magnética) colocada na canalização do líquido frigorígeno, permitindo o desligamento do sistema de refrigeração por baixa pressão.

O controle de umidade no verão é feito por meio da alteração da temperatura de orvalho na instalação, que é função da pressão de sucção do compressor.

Um umidostato potenciométrico (ou pneumático) comanda um Modutrol (motor que aciona diversos contatos) que agem sobre o sistema de redução de capacidade do compressor, aumentando ou diminuindo sua pressão de sucção.

O controle de temperatura no inverno é feito por meio de um termostato de ambiente, progressivo ou não, comandando os elementos de aquecimento (resistências elétricas, bomba de água quente, válvula motorizada de água quente etc.).

No caso de aquecimento por água quente ou vapor, a caldeira disporá também de um sistema de controle e segurança próprio, conforme ficou esclarecido na Sec. 5c do cap. 9.

O controle de umidade no inverno é feito por meio de um umidostato que comanda o sistema de umidificação (bomba de circulação de água, válvula solenóide, que corta a injeção de vapor, resistência, que aquece água em uma bacia etc.).

O controle do ar de ventilação é feito por meio de um registro manual ou automático de renovação ($R_e$).

Em instalações maiores, a diversificação do ar de insuflamento ou mesmo o comando individual das condições de conforto em cada peça exigem equipamentos de controle e segurança bastante mais complexos que os citados.

k – *Casa de máquinas*

A casa de máquinas de uma instalação de ar condicionado deve apresentar condições de ligação, localização e espaço indispensáveis a suas funções. Assim, quanto à localização, a casa de máquinas deve ser acessível, se possível em piso térreo, em zona não ocupada e com aberturas para o exterior a fim de permitir a tomada de ar para o sistema e sua própria ventilação. O local deve dispor de ligação, da potência elétrica necessária, assim como de água para alimentação dos equipamentos de condensação e umidificação, se for o caso, e esgoto para a limpeza e dreno da água de desumidificação.

O espaço deve ser suficiente para a instalação adequada dos equipamentos, permitindo a fácil remoção e manutenção de qualquer um de seus elementos.

De um modo geral, dependendo do tipo de instalação, podemos indicar os seguintes valores médios das áreas necessárias, em função da sua potência frigorífica, em T.R.:

pequenas centrais com ciclo reverso ou aquecimento elétrico,

$$S_{m^2} = \frac{P_{f\,T.R.}}{3} + 1;$$

pequenas centrais, centrais ou semicentrais completas com aquecimento por meio de água quente,

$$S_{m^2} = \frac{P_{f\,T.R.}}{2} + 2.$$

Para maiores detalhes veja os dados práticos apresentados a seguir.

1 – *Dados práticos*

Unicamente como orientação inicial de projeto e localização das instalações de ar condicionado compactos ou centrais, relacionamos a seguir os valores médios de suas características mais importantes por T.R. de potência frigorífica.

*Compressores*

$P_m$ = 1 a 1,2 cv/T.R. (veja a Tab. 7-2)
$t_E$ = 0 a 10 °C (em média, 4,5 °C)
$t_c$ = 35 °C, 40 °C, 55 °C (água, ar-água, ar).

*Evaporadores ou resfriadores*

Para o ar (expansão direta ou indireta):

serpentinas de quatro fileiras de tubos de cobre de 3/8″ ou 5/8″ com 10 aletas por polegada,

$\Omega_f$ = 0,05 a 0,09 m²/T.R.
$t_o$ = 2 a 15 °C (depende do F.C.L., veja a Tab. 10-11).

Para a água (*shell and tube*):

$S$ = 0,6 a 1,5 m²/T.R. (volume ≅ 0,025 m³/T.R.)
$t_e$ = 2 a 8 °C (depende do F.C.L., aspectos econômicos entre o $\eta f$ e o custo das canalizações)

$t_s$ = 5 a 13 °C
$t_s - t_e$ = 3 a 5 °C
$\Delta t$ = 4 a 6 °C
$K$ = 500 a 800 kcal/m²h °C
$V_{H_2O}$ = 600 a 1 000 litros/h T.R.
$\Omega_{canalização}$ = 1 a 1,5 cm²/T.R.
$P_{bomba}$ ≅ 0,04 a 0,1 cv/T.R.
$\Delta p$ = 10 a 40 m $H_2O$.

*Ventiladores de insuflamento*

$V$ = 300 a 700 m³/h T.R.
$\Delta p_t$ = 20 a 50 mm $H_2O$

$$P_m = 0{,}05 \text{ a } 0{,}2 \text{ HP/T.R.}$$
$$D_{\text{dupla aspiração}} = 0{,}12 \text{ a } 0{,}15 \sqrt{\text{T.R.}} \text{ m}$$
$$H = 2{,}2D$$
$$L = 1{,}44D$$
$$\Omega_{\text{canalização}} = 0{,}02 \text{ a } 0{,}03 \text{ m}^2\text{/T.R. (insuflamento)}$$
$$\Omega_{\text{canalização}} = 0{,}03 \text{ a } 0{,}06 \text{ m}^2\text{/T.R. (retorno)}$$
$$\Omega_{\text{bocas}} = 0{,}05 \text{ a } 0{,}07 \text{ m}^2\text{/T.R. (insuflamento)}$$
$$\Omega_{\text{bocas}} = 0{,}03 \text{ a } 0{,}05 \text{ m}^2\text{/T.R. (retorno)}$$

cogumelos de 8″ = 0,045 a 0,075 $m^2$/T.R. (1,5 a 2,5 cogumelos/T.R.).

*Condensadores*

A água:

$$S = 0{,}4 \text{ a } 1 \text{ m}^2\text{/T.R. (volume} \cong 0{,}012 \text{ a } 0{,}02 \text{ m}^3\text{/T.R.)}$$
$$t_e = 25 \text{ a } 30\ °\text{C}$$
$$t_s = 30 \text{ a } 40\ °\text{C}$$
$$t_s - t_e = 5 \text{ a } 10\ °\text{C}$$
$$t_c = t_s + 2 \text{ a } 4\ °\text{C}$$
$$\Delta t = 5 \text{ a } 10\ °\text{C}$$
$$K = 750 \text{ a } 1\,000 \text{ kcal/m}^2\text{h } °\text{C}$$
$$V_{H_2O} = 600 \text{ a } 700 \text{ litros/h T.R.}$$
$$\Omega_{\text{canalização}} = 1 \text{ cm}^2\text{/T.R.}$$
$$P_{\text{bomba}} = 0{,}08 \text{ a } 0{,}15 \text{ cv/T.R.}$$
$$\Delta p = 20 \text{ a } 40 \text{ m H}_2\text{O.}$$

A ar:

serpentinas de quatro fileiras de tubos de cobre de 3/8″ ou 5/8″ com 10 aletas por polegada,

$$\Omega f = \text{m}^2\text{/h T.R.} \Omega_f = 0{,}1 \text{ a } 0{,}135 \text{ m}^2\text{/T.R.}$$
$$t_c = 45 \text{ a } 55\ °\text{C}$$
$$\Delta t_{ar} = t_s - t_e = 10 \text{ a } 15\ °\text{C}$$
$$V_{ar} = 850 \text{ a } 1\,250 \text{ m}^3\text{/h T.R.}$$
$$\Delta p_t = 20 \text{ a } 35 \text{ mm H}_2\text{O}$$
$$P_m = 0{,}15 \text{ a } 0{,}3 \text{ cv/T.R.}$$

A água e ar em contato (evaporativos):

$$S = 1{,}2 \text{ m}^2\text{/T.R. (superfície horizontal} = 0{,}1 \text{ m}^2\text{/T.R.)}$$
$$H = 2 \text{ a } 6 \text{ m}$$
$$V_{ar} = 700 \text{ m}^3\text{/h T.R.}$$

$$P_{ventilador} = 0{,}075 \text{ a } 0{,}1 \text{ cv/T.R.}$$
$$V_{H_2O} = 200 \text{ a } 400 \text{ litros/h T.R.}$$
$$P_{bomba} = 0{,}05 \text{ a } 0{,}1 \text{ cv/T.R.}$$
$$\text{borrifadores} = 1 \text{ m}^3\text{/h de água a } 10 \text{ m } H_2O \text{ de pressão.}$$

*Torres de arrefecimento*

$$\text{superfície horizontal} = 0{,}1 \text{ m}^2\text{/T.R.}$$
$$H = 2 \text{ a } 6 \text{ m.}$$
$$V_{ar} = 700 \text{ m}^3\text{/T.R.}$$
$$P_{ventilador} = 0{,}05 \text{ a } 0{,}075 \text{ cv/T.R.}$$
$$V_{H_2O} = 600 \text{ a } 700 \text{ litros/h T.R.}$$
$$P_{bomba} = 0{,}08 \text{ a } 0{,}15 \text{ cv/T.R.}$$
$$\text{borrifadores} = 1 \text{ m}^3\text{/h de água a } 10 \text{ m } H_2O \text{ de pressão.}$$

*Elementos de aquecimento*

potência calorífica $P_c \cong P_f = 3\,023$ kcal/h T.R. (dependendo da carga térmica)

Caldeira:

$$\text{área do local} \cong (P_c/80\,000) + 1 \text{ m}^2$$
$$V_{H_2O} = 150 \text{ a } 300 \text{ litros/h T.R.}$$
$$\Delta t_{H_2O} = 10 \text{ a } 20\text{ °C}$$
$$\Omega_{canalização} = 0{,}25 \text{ a } 0{,}5 \text{ cm}^2\text{/T.R.}$$
$$\Delta p = 10 \text{ a } 40 \text{ m } H_2O$$
$$P_{bomba} = 0{,}015 \text{ a } 0{,}05 \text{ cv/T.R.}$$

Serpentinas de aquecimento:

serpentinas de duas fileiras de tubos de 5/8″ com 10 aletas por polegada

$$\Omega_f = 0{,}05 \text{ a } 0{,}09 \text{ m}^2\text{/T.R.}$$
$$V_{ar} = 660 \text{ m}^3\text{/h T.R.}$$
$$\Delta t_{ar} = 16\text{ °C.}$$

Resistências elétricas:

$$W = 3{,}5 \text{ kW/T.R.}$$

*Exemplo* 10-2

Projetar a instalação de ar condicionado de um cinema de 12 000 m³, para 1 500 pessoas, situado em Porto Alegre.

Adotando a orientação dada na Sec. 6 deste capítulo, podemos dividir o projeto em consideração nos itens que seguem.

a) Dados

Os dados construtivos do cinema em estudo constam dos Exemplos 7-4 e 9-3, onde foram analisados, para o mesmo recinto, os projetos de ventilação e calefação. Como potência elétrica para iluminação, adotaremos 10 W/m².

b) Condições de funcionamento

Para um melhor rendimento da instalação de refrigeração (veja item 6e), adotaremos, de acordo com as normas PNB-10, as seguintes condições de conforto internas:

| Condições | Estação | TTS | TTU | | $xg/kg_{ar\,seco}$ |
|---|---|---|---|---|---|
| Interiores | Verão | 26 °C | 19,5 °C | 54% | 11,4 |
| | Inverno | 23 °C | — | — | |
| Exteriores | Verão | 32 °C | 25,5 °C | 60% | 18 |
| | Inverno | 5 °C | — | — | — |

c) Escolha do sistema

O sistema de ar condicionado a adotar deve ser o central com tratamento do ar por meio de refrigeração com desumidificação (que, de acordo com a Tab. 10-11, para o caso, é aplicável em condições econômicas) para o verão e simples aquecimento para o inverno.

d) Levantamento da carga térmica

O levantamento da carga térmica completa consta da planilha anexa, onde foram levados em conta os elementos (valores de $K$, Tab. 6-8):

insolação mais desfavorável (10 h),

$$\text{N}, \Delta t' = 0\ °\text{C}$$
$$\text{E}, \Delta t' = 14{,}45\ °\text{C} \quad \text{(Tab. 10-4a)};$$

isolamento do insuflamento, Eucatex 1/2" ($K = 1{,}5$ kcal/m²h °C);
calor dissipado pelos ocupantes (Tab. 10-2);
ar de ventilação, 13 m³/h pessoa (Tab. 7-1);
fator de *by-pass* da serpentina de refrigeração, $F_{BP} = 0{,}2$;
temperatura de insuflamento de verão (provável), 18 °C;

(veja também Exemplo 9-3, onde foi calculada a carga térmica de aquecimento).

e) Cálculo da temperatura de orvalho ($t_o$) da instalação

Em resumo, os valores das cargas térmicas, para o verão, são:

$$Q_{SA} = 169\,861 \text{ kcal/h } (44{,}8\%)$$
$$Q_{LA} = 98\,903 \text{ kcal/h } (26{,}2\%)$$
$$Q_E = 110\,196 \text{ kcal/h } (29\%)$$

Donde podemos calcular

$$\text{F.C.L.} = \frac{Q_{LA}}{Q_{SA} + Q_{LA}} = \frac{98\,903}{268\,764} = 0{,}368 \ (36{,}8\,\%)$$

$$\frac{\Delta H}{\Delta x} = \frac{597}{\text{F.C.L.}} = \frac{597}{0{,}367} = 1\,627.$$

De modo que, de acordo com a construção da Fig. 10-15, a carta psicrométrica fornece $t_o = 10$ °C (valor que, para refrigeração com desumidificação pura, apresenta condições de funcionamento bastante econômicas).

A temperatura do ar, à saída da serpentina, por sua vez, será dada pela Eq. (10-11),

$$t_s = t_o + F_{BP}(t_r - t_o) = 10 + 0{,}2(26 - 10) = 13{,}2 \text{ °C}.$$

f) Cálculo das quantidades de ar em circulação

O volume de ar a ser tratado é dado pela Eq. (10-12):

$$V_m = \frac{Q_{SA}}{0{,}288(t_r - t_s)} = \frac{169\,861}{0{,}288(26 - 13{,}2)} = 46\,078 \text{ m}^3\text{/h} \quad (12{,}8 \text{ m}^3\text{/s}),$$

de modo que, tendo estabelecido o volume de ar de ventilação,

$$V_e = 1\,500 \cdot 13 \text{ m}^3\text{/h pessoa} = 19\,500 \text{ m}^3\text{/h} \quad (5{,}4 \text{ m}^3\text{/s}),$$

podemos calcular:

$$V_{r_1} = V_m - V_e = 46\,078 - 19\,500 = 26\,578 \text{ m}^3\text{/h} \quad (7{,}4 \text{ m}^3\text{/s}).$$

O volume de ar de insuflamento depende da temperatura de insuflamento $t_i$. Entretanto nos atendo ao volume de ar de insuflamento já adotado nos projetos dos Exemplos 7-4 (ventilação) e 9-3 (calefação) que é de 75 000 m³/h, podemos calcular [Eq. (10-13)]:

$$t_i = t_r - \frac{Q_{SA}}{0{,}288 V_i} = 26{,}5 - \frac{166\,390}{0{,}288 \cdot 75\,000} = 18{,}3 \text{ °C}.$$

E, igualmente,

$$V_{r_2} = V_i - V_m = 75\,000 - 46\,078 = 28\,922 \text{ m}^3\text{/h} \quad (8{,}0 \text{ m}^3\text{/s}).$$

g) Seleção do equipamento de tratamento de ar

A serpentina de refrigeração (de expansão direta) é calculada a partir da Tab. 10-12, onde achamos:

$$F_{BP} = 0{,}2,$$
$$n = 4,$$

$c_f = 2{,}1$ m/s (velocidade de acordo com a Tab. 7-4). Donde

$$\Omega_f = \frac{V_m}{3\,600 c_f} = \frac{46\,078}{3\,600 \cdot 2{,}1} = 6{,}1 \text{ m}^2.$$

Ar condicionado, cálculo da carga térmica
(cinema em Porto Alegre para 1 500 pessoas)

*Condições para o verão*

Exteriores: T.T.S., 32 °C; T.T.U., 25,5 ° C; $\varphi$ = 60 %; $x$ = 18 g/kgf
Interiores: T.T.S., 26 °C; T.T.U., 19,5 °C; $\varphi$ = 54 %; $x$ = 11,4 g/kgf

*Condições para o inverno*

Exteriores: T.T.S., −5 °C
Interiores: T.T.S., −23 °C; T.T.U., −16 °C; $\varphi$ = 50 %

| | Natureza do calor | Calor sensível ganho (verão) | | | | | Calor latente ganho (verão) | | | | Calor perdido (inverno) | | | | |
|---|---|---|---|---|---|---|---|---|---|---|---|---|---|---|---|
| | | Orientação | $S$, m² | $K$, $\frac{kcal}{m^2 h\,°C}$ | $\Delta t$, °C | $Q$, $\frac{kcal}{h}$ | Grandeza | Coeficiente | $\Delta x$, °C | $Q$, $\frac{kcal}{h}$ | Orientação | $S$, m² | $K$, $\frac{kcal}{m^2 h\,°C}$ | $\Delta t$, °C | $Q$, $\frac{kcal}{h}$ |
| Transmissão | *Superfícies do ambiente* | | | | | | | | | | | | | | |
| | Parede externa de um tijolo | N | 500 | 1,7 | 6 | 5 100 | | | | | N | 500 | 1,7 | 18 | 15 300 |
| | Parede externa de um tijolo | S | 500 | 1,7 | 6 | 5 100 | | | | | S | 500 | 1,7 | 18 | 15 300 |
| | Parede externa de um tijolo | E | 240 | 1,7 | 6 | 2 448 | | | | | E | 240 | 1,7 | 18 | 7 350 |
| | Parede interna de um tijolo | | 210 | 1,4 | 6 | 1 764 | | | | | | 210 | 1,4 | 13 | 3 830 |
| | Forro de concreto rebocado | | 1 200 | 2,1 | 6 | 15 120 | | | | | | 1 200 | 2,8 | 18 | 60 700 |
| | Piso de concreto com tacos | | 1 200 | 2,0 | — | — | | | | | | 1 200 | 1,6 | 0 | 0 |
| | Portas internas (madeira de 3,3 cm) | | 30 | 1,71 | 6 | 308 | | | | | | 30 | 1,71 | 13 | 668 |
| | *Adicional de orientação* | | | | | | | | | | | | | | |
| | Parede externa de um tijolo | N | | | | | | | | | N | (6 %) | | | 920 |
| | Parede externa de um tijolo | S | | | | | | | | | S | (20 %) | | | 3 060 |
| | Parede externa de um tijolo | E | 240 | 1,7 | 14,45 | 5 900 | | | | | E | (15 %) | | | 1 100 |
| | *Condutos de insuflamento* | | | | | | | | | | | | | | |
| | Chapa galvanizada com 1/2", Eucatex | | ~400 | 1,5 | 14 | 8 400 | | | | | | ~400 | 1,5 | 26 | 15 600 |
| Interno | Ocupantes (1 500 pessoas) | | | (× 56) | | 84 000 | | (× 44) | | 66 000 | | | (× 69) | — | 103 500 |
| | *Equipamento* (10 W/m²) | | | | | | | | | | | | | | |
| | 12 $kW$ | | | (× 860) | | 10 300 | | | | | | | | | |

| | | | | | | | | | | | |
|---|---|---|---|---|---|---|---|---|---|---|---|
| Ar exterior | *Ar de ventilação não-refrigerado* | | | | | | | | | | |
| | 0,2 · 19 500 m³/h | $F_{BP}V_e\gamma C_p(t_e-t_r) = 6\,740$ | | | | $F_{BP}V_e\gamma r(x_e-x_r) = 18\,533$ | | | | | |
| | *Infiltração* | | | | | | | | | | |
| | | | | | | | | | | | |
| | Calor sensível parcial | | | | 145 180 | Calor latente parcial | 84 533 | Calor perdido parcial | | | 20 328 |
| Imprevistos | Vasamento nos condutos de insuflamento, 2 % | | | | 2 904 | | 1 690 | | | | 407 |
| | Ventilador e seu acionamento, 5 % | | | | 7 259 | | 8 453 | | | | 1 016 |
| | Fator de segurança e acionamento | | | | 14 518 | | 98 903 | | | | 2 033 |
| | Calor sensível ambiente | | | | 169 861 | Calor latente ambiente | | Calor perdido ambiente | | | 23 784 |
| Alimentação | Ar de ventilação 0,8 · 19 500 | | | | 25 960 | | 74 132 | 19 500 | m³/h | | 102 000 |
| | Condutos de retorno | 200 | 1,7 | 6 | 2 040 | | — | 200 | 1,7 | 18 | 6 130 |
| | Vasamentos no retorno, 1 % | | | | 1 699 | | 989 | | | | 238 |
| | Condicionador, 2 % | | | | 3 398 | | 1 978 | | | | 476 |
| | Calor sensível total | | | | 202 958 | Calor latente total | 176 002 | Calor perdido total | | | 132 628 |
| | Carga térmica de refrigeração | | | | 378 960 | 125,3 T.R. | | Carga de aquecimento | | | 132 628 |

Os condensadores serão tipo *shell and tube* com torre de arrefecimento, elementos esses que, de acordo com os dados práticos apresentados (veja a Sec. 61 deste capítulo), terão as características (125,3 T.R.) discriminados a seguir.

*Condensadores*:

superfície de transmissão, ~ 150 $m^2$;
volume externo, ~ 2,5 $m^3$;
dimensões, ~ dois de 0,7 m de ∅ e 3 m de comprimento;
volume água, ~ 84 000 litros/h;
canalização, ~ 5″;
bomba, ~ 15 cv (podem ser 2 de 7,5 cv).

*Torre de arrefecimento*:

área da base, ~ 12,5 $m^2$;
altura, ~ 6 m;
borrifadora, ~ 84 de ~ 10 m $H_2O$ de pressão;
ventiladores, ~ 84 000 $m^3$/h e ~ 10 cv.

Os compressores que vão trabalhar entre as temperaturas

$t_E \cong t_o - 6 = 10 - 6 = 4\ °C$ (reveja a Sec. 6e deste Cap.),
$t_c \cong 40\ °C$ (Tab. 8-1),

serão do tipo alternativo (em número de dois para maior maleabilidade da instalação) e terão uma potência de

$$P_m \cong \frac{378\,960}{3\,000} \cong 127 \text{ cv} \quad \text{(Tab. 8-2).}$$

O sistema de aquecimento de inverno pode ser por meio de serpentina de água quente (veja o Exemplo 9-3) com caldeira para cerca de 160 000 kcal por hora a qual ocupará uma área aproximada de 3 $m^2$ e disporá dos seguintes elementos:

canalização de água quente, ~ 3″;
bomba de água quente, ~ 4 cv.

Em virtude, entretanto, da pequena carga de aquecimento e o funcionamento intermitente (cinema) é preferível, no caso, aquecimento elétrico por meio de resistências cuja potência será ~ 160 kW (praticamente igual à de compressão).

Não foi prevista umidificação, em virtude da grande carga térmica latente do recinto, mesmo no inverno.

A casa de máquinas deverá dispor das ligações necessárias de água, luz e esgoto e apresentar uma área útil da ordem de 62 $m^2$. (Veja as Secs. 6k e 61 deste capítulo.)

h) Circuito de distribuição do ar

Dos elementos relacionados neste item (veja a Sec. 6h), apenas não constam dos Exemplos 7-4 e 9-3, os seguintes:

| Item | Elemento | $V_s$, $m^3/s$ | $C_f$, m/s | $\Omega$, $m^2$ | $j$, mm $H_2O$ Expressão | Valor |
|---|---|---|---|---|---|---|
| 1 | Registro de retorno ($R_r$) | < 7,5 | 4 | 2,0 | $1{,}5\frac{c^2}{2g}\gamma$ | > 1,5 mm $H_2O$ |
| 2 | Duto de retorno de *by pass* | > 7,9 | 4 | 2,0 | Fig. 7-22 | > 0,05 mm $H_2O$ |
| 3 | Registro de retorno ($R_{BP}$) | > 7,9 | 4 | 2,0 | $1{,}5\frac{c^2}{2g}\gamma$ | Variável |
| 4 | Registro de ar externo ($R_E$) | 5,4 | 4 | 1,4 | $1{,}5\frac{c^2}{2g}\gamma$ | 1,5 mm $H_2O$ |
| 5 | Serpentina de refrigeração | 12,9 | 2,1 | 6,15 | $(6 \text{ a } 8)n\frac{c_f^2}{2g}\gamma$ | 7 mm $H_2O$ |

O item 4, a fim de proporcionar o funcionamento da instalação a circuito aberto (100% ar exterior), na realidade, deverá ser previsto para

$$\Omega = \frac{20{,}8}{4} = 5{,}2\,\text{m}^2.$$

Os itens 1, 2 e 5 serão adicionados ao circuito de ar, conforme mostra o esquema da instalação adaptado à nova situação (ar condicionado completo).

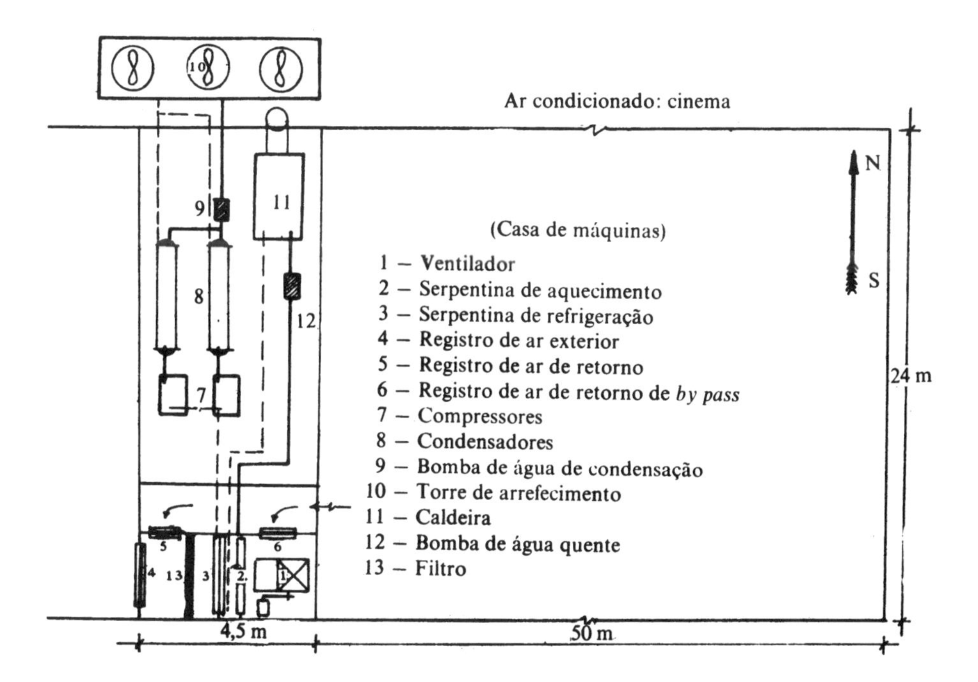

Assim, o ventilador, embora tenha as mesmas dimensões do sistema de calefação ou ventilação já projetados, deve ter pressão suficiente para vencer as perdas de carga adicionais de $\sim 9$ mm $H_2O$, isto é (veja o Exemplo 9-3),

$$\Delta p_t = 15{,}915 + 5{,}4 + 9 = 30{,}315 \text{ mm } H_2O \quad \text{(veja a Tab. 7-18)},$$

$$V = 20{,}8 \text{ m}^3/\text{s},$$

$$P_m = \frac{V \cdot \Delta p_t}{75 \eta_t} = \frac{20{,}8 \cdot 30{,}315}{75 \cdot 0{,}5} = 16{,}8 \text{ cv}.$$

O restante do circuito de distribuição do ar permanecerá como nos exemplos anteriores, já que as vazões em todos os seus elementos não foram alteradas.

É interessante observar, ainda, que a perda de carga na canalização de ar de retorno de *by pass*, para a vazão desejada, deve ser igual à perda de carga do condicionador, o que se consegue com a regulagem de $R_{BP}$ (e $R_r$).

Por sua vez, a perda de carga da canalização de ar exterior deve ser inferior à perda de carga da canalização de retorno, a fim de garantir uma sobrepressão na peça.

*Exemplo* 10-3

Projetar a instalação de ar condicionado do conjunto de escritórios esquematizado na figura deste exemplo.

a) Dados

Além dos dados construtivos que constam do desenho anexo, consideraremos, para o projeto em consideração, os seguintes elementos:

janelas com persianas internas;
taxa de ocupação, 1 pessoa para cada 6,0 m$^2$ (Tab. 10-5);
iluminação 15 W/m$^2$ (Tab. 10-6);
infiltração $5 \cdot 8 \cdot 13 = 520$ m$^3$/h (Tab. 10-8);
ventilação 25 m$^3$/h pessoa (Tab. 7-1).

b) Condições de funcionamento

Como condições de conforto, adotaremos as médias recomendadas para Porto Alegre pela Tab. 10-3.

As condições externas a adotar para o verão serão as médias das máximas que constam na Tab. 10-10.

c) Escolha do sistema

Como se trata do condicionamento de um conjunto de escritórios pequeno, adotaremos uma instalação central tipo compacta com condensação a ar, que permite o aquecimento por ciclo reverso e dispensa caldeiras de calefação e torre de arrefecimento, podendo ser instalada em pequena sala adjacente aos escritórios.

# DIAGRAMA PARA O CÁLCULO DE AEROFUSOS TIPO ES

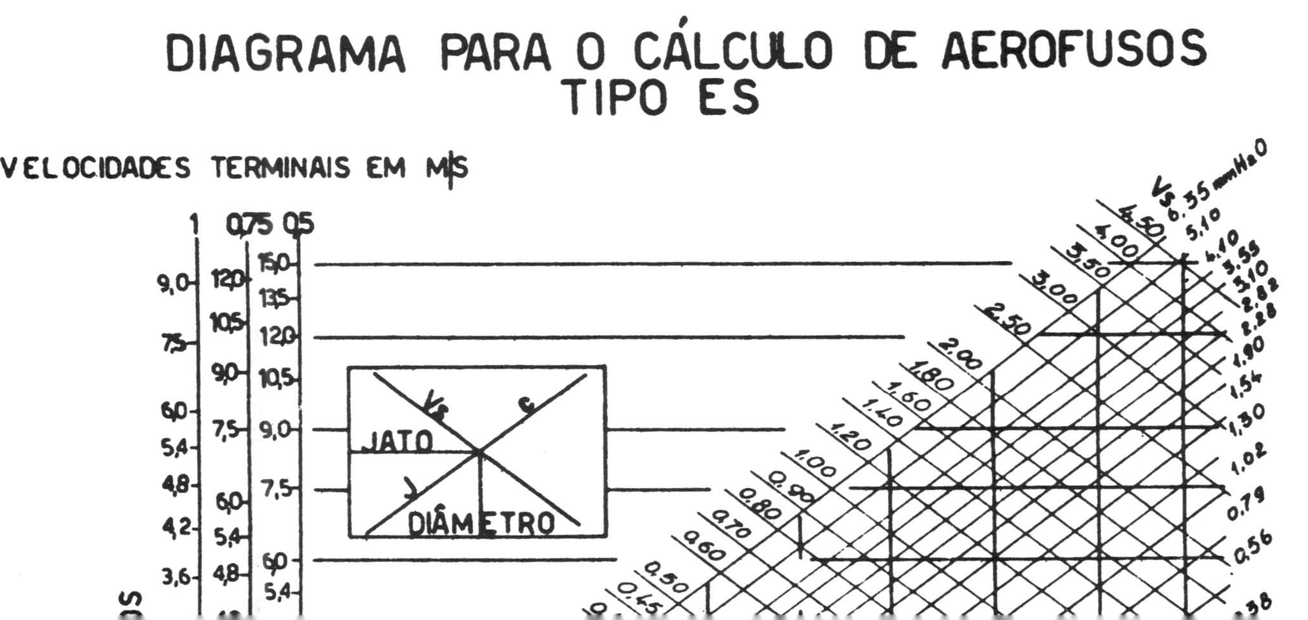

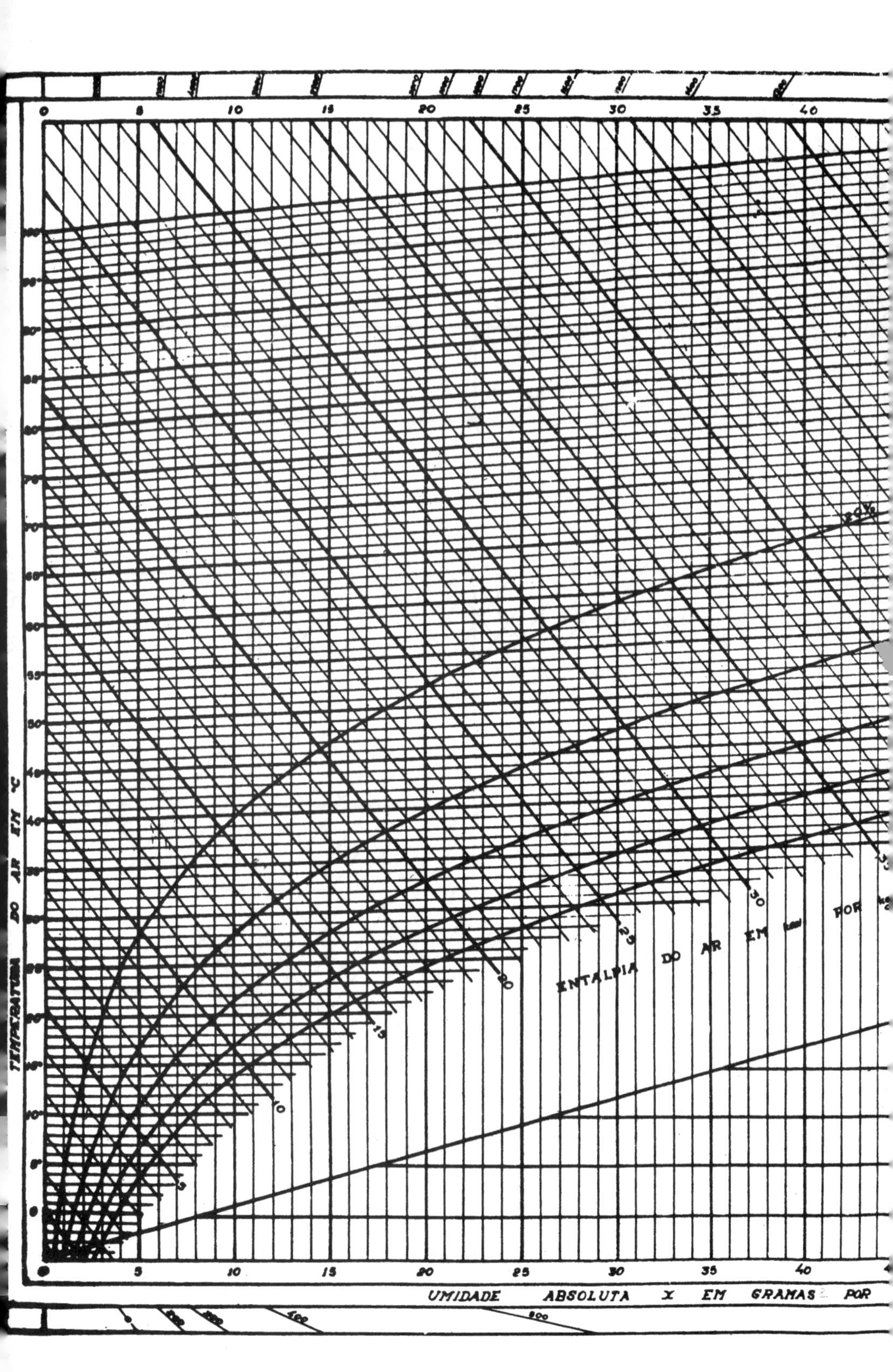

UMIDADE ABSOLUTA X EM GRAMAS POR
TEMPERATURA DO AR EM °C
ENTALPIA DO AR EM kcal POR kg
0
5
10
15
20
25
30
35
40
20%

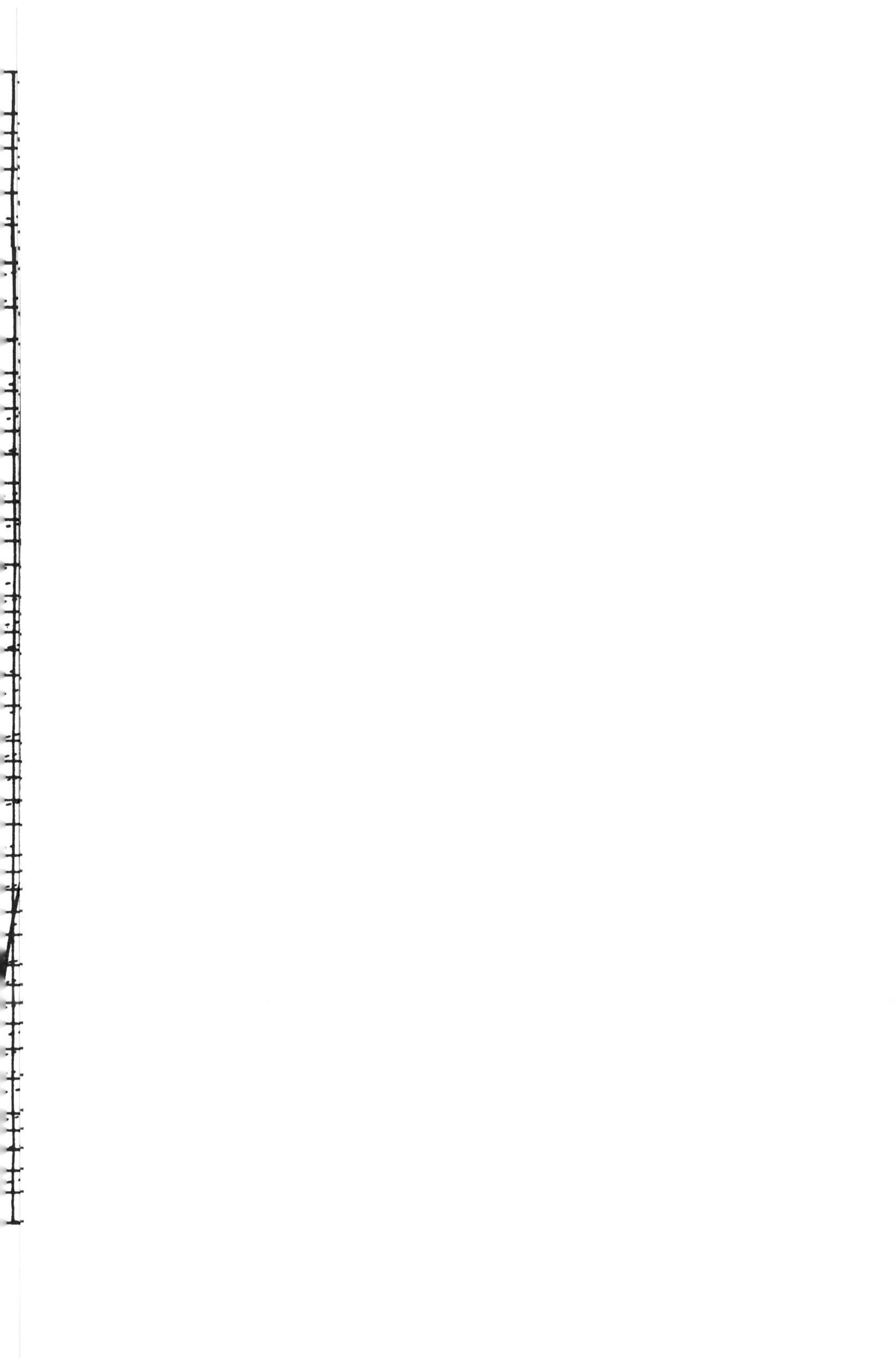

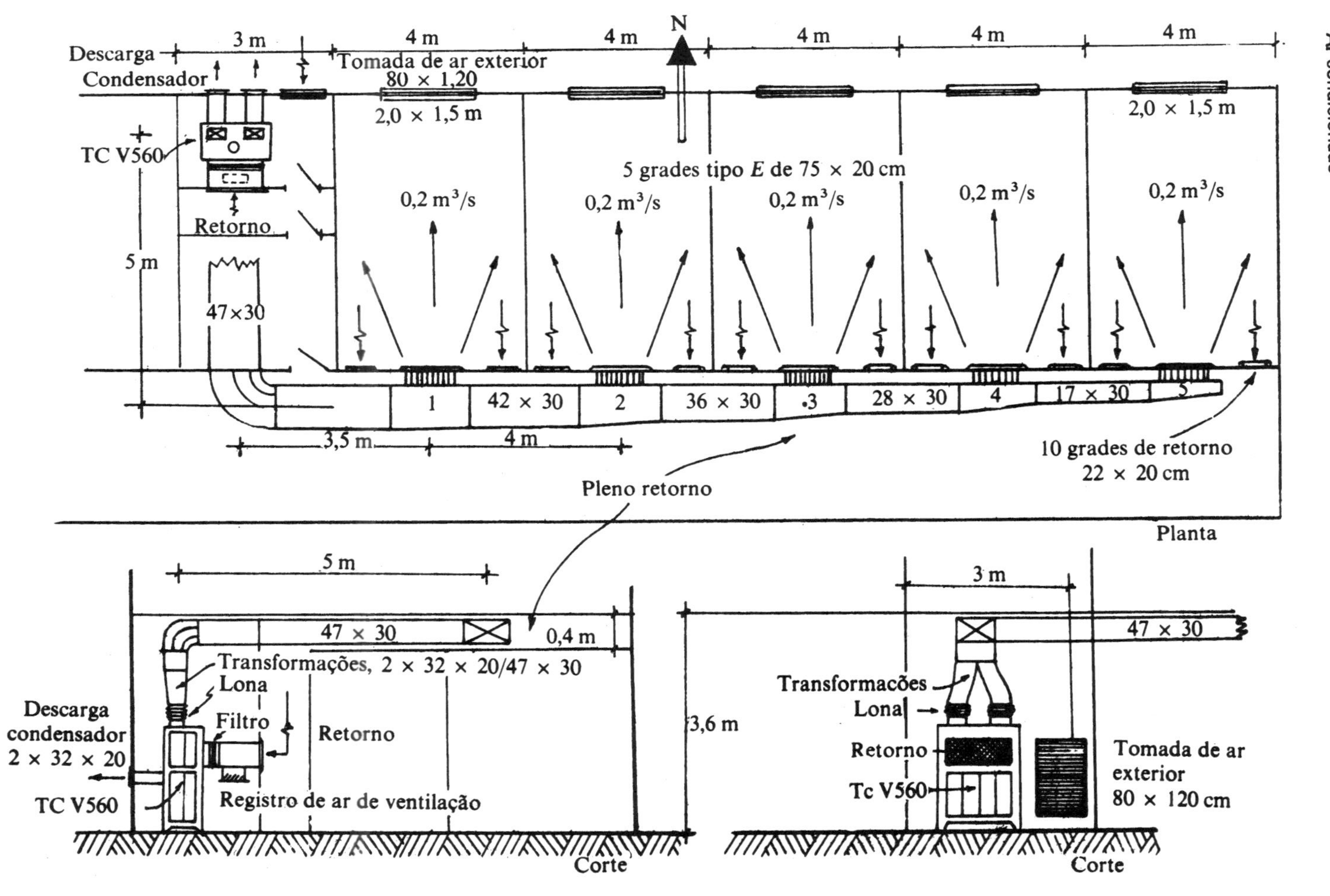
Descarga
Condensador
3 m
4 m
4 m
N
4 m
4 m
4 m
Tomada de ar exterior
80 × 1,20
2,0 × 1,5 m
2,0 × 1,5 m
TC V560
5 grades tipo E de 75 × 20 cm
0,2 m³/s
0,2 m³/s
0,2 m³/s
0,2 m³/s
0,2 m³/s
Retorno
5 m
47×30
1
42 × 30
2
36 × 30
3
28 × 30
4
17 × 30
5
3,5 m
4 m
10 grades de retorno
22 × 20 cm
Pleno retorno
Planta
5 m
47 × 30
0,4 m
Transformações, 2 × 32 × 20/47 × 30
Lona
Descarga
condensador
2 × 32 × 20
Filtro
Retorno
TC V560
Registro de ar de ventilação
Corte
3,6 m
3 m
47 × 30
Transformações
Lona
Retorno
Tc V560
Tomada de ar
exterior
80 × 120 cm
Corte

PLANILHA DE CÁLCULO DA CARGA TÉRMICA DE REFRIGERAÇÃO

Condições: Internas – $TTS$ 26,5 °C, $TTU$ 19 °C; $\varphi = 48\%$; $x = 10{,}5$ g/kg$_{\text{ar seco}}$
Externas – $TTS$ 32 °C, $TTU$ 25,5 °C; $\varphi = 60\%$; $x = 18$ g/kg$_{\text{ar seco}}$

Latitude – Sul – 30°

Cidade – Rua –

| Natureza do calor | Orientação | $S$, m$^2$ | Diversos | $K$ | $\Delta t'$ | $\Delta t$ | $\Delta t' + \Delta t$ | $Q$, kcal/h |
|---|---|---|---|---|---|---|---|---|
| 1 – Janelas ao Sol* | E | — | | 6 | 95 | 5,5 | | |
| 2 – Janelas ao Sol | O | — | | 6 | 95 | 5,5 | | |
| 3 – Janelas ao Sol | SE e NE | | | 6 | 70 | 5,5 | | |
| 4 – Janelas ao Sol | SO e NO | — | | 6 | 70 | 5,5 | | |
| 5 – Janelas ao Sol | N | 15 | | 6 | 10 | 5,5 | 10,5 | 945 |
| Entre os itens 1 e 5, tomar apenas o de maior valor | | | | | | | | |
| 6 – Janelas à sombra | S | — | | 6 | | 5,5 | | |
| Incluir no item 6 as janelas não computadas nos itens 1 a 5 por terem menor valor | | | | | | | | |
| 7 – Parede mais insolada pesada | | 57 | | 1,7 | 7 | 5,5 | | 1 215 |
| 8 – Parede mais insolada leve | | — | | 2,5 | 7 | 5,5 | | |
| 9 – Paredes restantes, pesadas | | 18 | | 1,7 | | 5,5 | | 168 |
| 10 – Paredes restantes, leves | | 80 | | 2,5 | | 5,5 | | 1 100 |
| 11 – Terraço sem isolamento | | — | | 3,5 | 17 | 5,5 | | |
| 12 – Terraço com isolamento | | — | | 1 | 17 | 5,5 | | |

| | | | | | |
|---|---|---|---|---|---|
| 13 – Forro de telhado não-arejado | — | 3,5 | 17 | 5,5 | |
| 14 – Forro de telhado arejado | — | 3,5 | | 5,5 | |
| 15 – Forro entre andares | 100 | 1,6 | | 5,5 | 880 |
| 16 – Piso contra o solo | 100 | | | | |
| 17 – Piso entre andares | — | 2 | | 5,5 | |
| 18 – Pessoas em repouso | — | 100 kcal/pessoa h | | | |
| 19 – Pessoas em atividade moderada | 17 | 166 kcal/pessoa h | | | 2 830 |
| 20. – Aparelhos elétricos (watt) | 1 500 W | 0,86 kcal/pessoa h | | | 1 290 |
| 21 – Ventilação por pessoa**, 25 $m^3/h$ | 17 | 165 kcal/pessoa h | | | 2 805 |
| 22 – Infiltrações** | 520 | (6,6 $V m^3/h$) kcal/h | | | 3 432 |
| Subtotal | | | | | 12 115 |
| Imprevistos, 10 % | | | | | 1 211 |
| Total | | | | | 13 326 |

*Janelas com cortinas claras ou persianas internas, reduzir $\Delta t'$ para 50 %
Janelas com persianas externas, reduzir $\Delta t'$ para 25 %
**Entre os itens 21 e 22, considerar apenas o de maior valor

d) Levantamento da carga térmica

Como o equipamento em consideração já é projetado para uma retirada de umidade fixa (F.C.L. = 20 a 30%) perfeitamente aceitável para o caso de escritórios (veja a Tab. 10-11), podemos fazer um levantamento simplificado da carga térmica, como nos mostra a planilha anexa.

e) Seleção do aparelho do condicionamento de ar

De acordo com a potência frigorífica achada, podemos selecionar um condicionador de ar Tecnoclima modelo TCV-560, cujas principais características (para um funcionamento em 60 Hz) são (Tab. 10-4):

$$P_f = 16\,350 \text{ fg/h};$$
$$P_c = 14\,850 \text{ kcal/h};$$

volume de ar de insuflamento = 3 580 $m^3$/h (~ 1 $m^3$/s);
bocas de descarga, duas de 32 × 20 cm;
pressão disponível no insuflamento = 10 mm de água;
volume de ar de condensação = 6 600 $m^3$/h;
tamanho, 680 × 1 280 × 1 615 mm,

o qual mantém, em relação à carga térmica de refrigeração calculada, uma folga de 28%.

O aquecimento de inverno (sem umidificação) será suprido perfeitamente pela potência calorífica de ciclo reverso do equipamento citado (a carga térmica de aquecimento é, para o caso, aproximadamente 14 000 kcal/h).

f) Circuito de distribuição do ar

Aproveitando o rebaixo de 0,4 m (0,3 m úteis) do corredor, foi projetada uma distribuição de ar cruzada, com insuflamento por meio de grades com 45° de divergência de jato (*E*) (veja a Fig. 7-15) e retorno pelo pleno formado pelo próprio rebaixo (veja a figura).

Nessas condições, atendendo aos dados do aparelho escolhido, as velocidades recomendadas na Tab. 7-4 e os dados obtidos no diagrama da Fig. 7-22, podemos elaborar a tabela de cálculo que segue.

Para detalhes a respeito do dimensionamento dos dutos e bocas de insuflamento, procure o Exemplo 7-3, onde as vazões e as dimensões achadas são as mesmas.

De acordo com a planilha de cálculos elaborada, além da pressão necessária para vencer as perdas de carga internas do próprio aparelho (serpentina de refrigeração e ligações com o exterior ≅ 10 mm $H_2O$), o ventilador deve dispor das seguintes pressões adicionais:

pressão cinética, 3,55 mm $H_2O$ (correspondente à velocidade de saída de 7,7 m/s);

pressão dinâmica (estática), 8,18 mm $H_2O$ (o aparelho escolhido dispõe de 10 mm $H_2O$).

| Item | Elemento | $V_s$, $m^3/s$ | $l_e$, m | $c$, m/s | $\Omega$, $m^2$ | Dimensões, cm | $j$ Expressão | $j$ mm $H_2O$ | Recuperação de pressão |
|---|---|---|---|---|---|---|---|---|---|
| 1 | Grades de retôrno, $c_f$ | 0,17 | — | 2 | 0,085 | duas de 22 × 20 | $1 \text{ a } 8 \frac{c^2}{2g} \gamma$ | 2 | |
| 2 | Pleno de retorno | 0,85 | ~20 | 0,85 | ~1 | — | Fig. 7-22 | 0,02 | |
| 3 | Filtro, $c_f$ | 1 | — | 1,8 | 0,55 | 50 × 110 | $6 \; a \; 15 \frac{c_f^2}{2g} \gamma$ | 2,97 | |
| 4 | Condicionador (pressão cinética) | 1 | — | 7,7 | 2 · 0,064 | Duas de 32 × 20 | $\frac{c^2}{2g} \gamma$ | 3,55 | — |
| 5 | Lona de ligação | 1 | — | 7,7 | 2 · 0,064 | Duas de 32 × 20 | $0{,}1 \text{ a } 0{,}2 \frac{c^2}{2g} \gamma$ | 0,71 | |
| 6 | Transformação | 1 | — | ↓ | ↓ | ↓ | — | — | 0,3 |
| 7 | Duto principal (trecho 0-1) | 1 | 9,0 | 7,2 | 0,140 | 47 × 30 | Fig. 7-22 | 2,5 | — |
| 8 | Duas curvas, duto principal | 1 | 8,16 | 7,2 | 0,140 | 47 × 30 | Fig. 7-22 | | — |
| 9 | Ramal: trecho 1-2 | 0,8 | 4 | 6,35 | 0,126 | 42 × 30 | Fig. 7-22 | 0,5 | 0,5 |
| 10 | Ramal: trecho 2-3 | 0,6 | 4 | 5,5 | 0,109 | 36 × 30 | Fig. 7-22 | 0,4 | 0,4 |
| 11 | Ramal: trecho 3-4 | 0,4 | 4 | 4,7 | 0,085 | 28 × 30 | Fig. 7-22 | 0,35 | 0,35 |
| 12 | Ramal: trecho 4-5 | 0,2 | 4 | 3,9 | 0,051 | 17 × 30 | Fig. 7-22 | 0,35 | 0,35 |
| 13 | Bocas de insuflamento | 0,2 | — | 2,15 | 0,15 | 75 × 20 | $0{,}7 \text{ a } 1{,}5 \frac{c^2}{2g} \gamma$ | 0,28 | — |

Como elementos adicionais necessários para a instalação do aparelho, podemos calcular:

a tomada de ar exterior para o ar de condensação e ventilação,

$$\Omega = \frac{6\,600 + 425}{3\,600 \cdot 2} = 0{,}975 \text{ m}^2 \ (80 \times 120 \text{ cm}),$$

(a perda de carga deve ser inferior à do sistema de retorno, a fim de garantir uma sobrepressão no recinto condicionado);

o registro de ar de ventilação (na aspiração do aparelho),

$$\Omega = \frac{425 \text{ m}^3/\text{h}}{3\,600 \cdot 1} = 0{,}118 \text{ m}^2 \ (20 \times 60 \text{ cm}),$$

(veja o desenho da instalação).

# Bibliografia consultada


ALDEN, John L. *Design of industrial exhaust systems.* New York, Industrial Press, c1959.

AMERICAN SOCIETY OF HEATING, REFRIGERATING AND AIR-CONDITIONING ENGINEERS, NY. *ASHRAE guide and data book.* New York, c1968.

CARRIER, W. H.; CHERME, R. E.; GRANT, W. A. *Modern air-conditioning, heating and ventilating.* New York, Pitman, c1950.

CHAPMAN, Alan J. *Transmisión del calor.* Madrid, Interciencia, 1965.

COSTA, Ennio Cruz da. *Ar condicionado.* Porto Alegre, Emma, s.d.

——. *Calefação.* Porto Alegre, Emma, 1968.

——. *Refrigeração.* Porto Alegre, CEUE, 1965.

——. *Termodinâmica.* Porto Alegre, CEUE, 1966.

——. *Termodinâmica dos gases e vapores.* Porto Alegre, CEUE, 1967.

——. *Transmissão de calor.* Porto Alegre, Emma, 1967.

——. *Ventilação.* Porto Alegre, Emma, s.d.

FAIRES, Virgil Moring. *Termodinâmica.* Rio de Janeiro, Livro Técnico, 1966.

HOLMAN, J. P. *Heat transfer.* New York, McGraw-Hill, c1963.

KOMAROV, N. S. *Tratado de refrigeración.* Buenos Aires, Cartago, c1958.

LEE, J. F. & SEARS, F. W. *Termodinamycs.* New York, McGraw-Hill, 1969.

MADISON, R. D. *Fan engineering.* Buffal, Buffalo Force, c1949.

RIETSCHEL, H. *Tratado de calefacción y ventilación.* Barcelona, Labor, 1945.

TRANE AIR CONDITIONING MANUAL. La Crosse, 1968.

**GRÁFICA PAYM**
Tel. [11] 4392-3344
paym@graficapaym.com.br